新时代大数据管理与应用专业
新形态系列教材

U0368741

Data Visualization

数据可视化

王念新　尹隽◎主编

清華大学 出版社

北京

内 容 简 介

本书分为 3 篇,共 15 章。理论篇(第 1～4 章)从数据可视化概述、理论、过程和工具四个方面进行了介绍;方法篇(第 5～10 章)讲解了不同类型数据可视化的设计步骤、常用图表元素以及可视化样例展示;应用篇(第 11～15 章)从聚类分析、预测、评价、关联性分析、状态监控等应用场景出发,结合具体的案例背景,讲解了数据可视化的实际应用。此外,本书还提供了相应的示例、代码,以帮助读者进一步理解相关方案的实现过程。

本书可以作为大数据管理与应用、信息管理与信息系统等专业的教材和教学参考书,也可以作为数据可视化研究和应用的参考手册。

图书在版编目(CIP)数据

数据可视化/王念新,尹隽主编.—北京:清华大学出版社,2023.8(2025.3 重印)
新时代大数据管理与应用专业新形态系列教材
ISBN 978-7-302-63154-5

Ⅰ.①数… Ⅱ.①王… ②尹… Ⅲ.①可视化软件－数据处理－教材 Ⅳ.①TP317.3

中国国家版本馆 CIP 数据核字(2023)第 047782 号

责任编辑:张 伟
封面设计:李召霞
责任校对:王荣静
责任印制:宋 林

出版发行:清华大学出版社
  网　　址:https://www.tup.com.cn,https://www.wqxuetang.com
  地　　址:北京清华大学学研大厦 A 座　　　邮　　编:100084
  社 总 机:010-83470000　　　　　　　　　邮　　购:010-62786544
  投稿与读者服务:010-62776969,c-service@tup.tsinghua.edu.cn
  质量反馈:010-62772015,zhiliang@tup.tsinghua.edu.cn
  课件下载:https://www.tup.com.cn,010-83470332
印 装 者:三河市少明印务有限公司
经　　销:全国新华书店
开　　本:185mm×260mm　　印　张:18.5　　　　　字　　数:446 千字
版　　次:2023 年 8 月第 1 版　　　　　　　　 印　　次:2025 年 3 月第 2 次印刷
定　　价:59.00 元

产品编号:098609-01

丛书专家指导委员会

（按姓氏拼音排序）

前言

　　数据可视化这种新的视觉表达形式是信息社会蓬勃发展的产物,它为人类理解数据、发现数据的内在规律提供了重要手段。复杂的数据可视化位于计算机科学、艺术学和管理学的交叉领域,蕴藏着无限可能性。

　　本书编者为信息管理与信息系统、大数据管理与应用专业学生讲授数据可视化课程,要求学生以业务问题为起点,以可视化的手段分析和展现数据,锻炼学生对数据的敏感性和利用数据进行决策的能力。但是在为课程选择教材时,往往比较困难,当前许多数据可视化教材,要么是专注于数据可视化的计算机技术实现,要么是专注于数据可视化图形的艺术展现,而且展现的实例并不完全契合管理类专业学生的需要。适合管理类学生的数据可视化教材不仅要能传授知识,还要能培养学生结合实际业务需求完成数据可视化任务的能力。这促使编者从管理类学生需求的角度出发,进行本书的设计与编著。

　　本书主要分为三部分。

　　第一部分:理论篇(第1章至第4章),共4章,讲述了数据可视化的理论知识,包括数据可视化概述、数据可视化理论、数据可视化过程和数据可视化工具。

　　第二部分:方法篇(第5章至第10章),共6章,阐述了不同类型数据可视化的构造步骤、图形元素以及具体实例,包括结构化数据、关系型数据、文本数据、多媒体数据、时变型数据和空间型数据。

　　第三部分:应用篇(第11章至第15章),共5章,结合管理类专业主要应用方向进行案例的介绍,通过具体案例,阐述了数据可视化如何应用在聚类分析、预测、评价、关联性分析、状态监控等场景中,以及数据可视化的分析、设计和实现的过程。

　　本书能够帮助读者由浅入深地学习数据可视化,掌握数据可视化的基本理论与方法,也能够帮助管理类专业的读者应用可视化理论、方法和工具解决业务问题。

　　本书所面向的读者主要为大数据管理与应用、信息管理与信息系统等管理类专业本科生以及低年级研究生。此外,书中由浅入深的理论讲解和具体的应用实例,也适合读者自学使用。

　　本书几乎所有的图都是用 Python 绘制,原因在于 Python 语言的简单直观且强大的程序库。尽管如此,读者也可以选择用其他可视化工具予以实现,本书的第4章也介绍了目前常用的数据可视化工具和语言。

　　本书所用到的数据和代码可通过下方二维码获得。

本书由王念新提出详细的编写大纲,王念新和尹隽担任主编,刘鹏、李正华、贾昱和杨玉雪担任副主编,胡皓和李清香参与了第 7 章至第 10 章的编写工作,大部分章节是共同合作完成的。本书由王念新教授负责统稿工作。

　　本书的章节结构虽然经过精心设计、多次调整,但由于篇幅有限,无法涵盖过多的内容,因此可能无法满足读者的部分需求。由于编者水平有限,加上时间仓促,疏漏之处在所难免,衷心希望广大读者批评指正。

编　者

2023 年 1 月于宁波

目录

理 论 篇

方 法 篇

理论篇

第1章
数据可视化概述

在大数据时代,如何让决策者快速、准确地理解复杂数据(data)背后的隐藏信息,是数据管理者面临的重要挑战。数据可视化就是利用图形化的方法,让复杂的数据变得更加容易理解、更加便于接收者决策。本章首先介绍数据、信息以及两者之间的关系,引入数据可视化的必要性;然后介绍数据可视化的定义、原则、作用和分类等基本概念;接着介绍数据可视化的一般过程;最后介绍数据可视化的发展历史、面临的挑战、发展方向以及与其他课程的关系。

本章学习目标

(1) 掌握数据可视化的概念;

(2) 掌握数据可视化的原则;

(3) 掌握数据可视化的作用;

(4) 理解数据可视化的分类;

(5) 掌握数据可视化的过程;

(6) 了解数据可视化的发展。

1.1 数据和信息

1.1.1 数据

数据是指对客观事件进行记录并可以鉴别的符号,是对客观事物的性质、状态以及相互关系等进行记载的物理符号或这些物理符号的组合。数据是事实或观察的结果,是对客观事物的逻辑归纳,是用于表示客观事物的未经加工的原始素材。

数据可以是离散的,也可以是连续的,数据属性可分为离散属性和连续属性。离散属性的取值来自有限或可数的集合,如邮政编码、等级、文档、单词等;连续属性则对应于实数域,如温度、高度和湿度等。属性值可以是表达属性的任意数值或符号,同一类属性可以具有不同的属性值,如长度的度量单位可以是米或公里等;不同的属性也可能具有相同的取值和不同的含义,如年份和年龄都是整数型数值,而年龄通常有取值区间。

1.1.2 信息

信息是现代社会中一个被广泛使用的概念,技术信息、经济信息、金融信息、军事信息等充斥整个世界。作为一个科学术语,信息的定义很多,还不统一。信息论的鼻祖香农

(Shannon)将信息定义为"不确定性减少的一种量度",并给出了信息量的计算公式。此外，关于信息还有以下的概念，如：

信息是关于客观世界某一方面的知识；

信息对接收者来说是预先不知道的报道；

信息是使不确定因素减少的有用知识；

信息能改变决策中预期结果的概率，对决策过程有价值；

信息是经过加工并对人们行动产生决策影响的数据。

虽然上述定义的角度不同，但对信息特征的认识基本一致，均认为信息有如下特征。

1. 客观性

事物的运动和变化是不以人的意志为转移的客观存在，所以反映这种客观存在的信息，同样具有客观性。不仅信息反映的内容是客观的，而且信息本身也具有客观存在性。

2. 时效性

信息是对事物运动状态和变化的历史记录，总是先有事实后有信息，信息的使用价值与信息从信源至信宿经历的时间间隔成反比。时间的延误，会使信息的使用价值衰减甚至消失。

3. 共享性

信息在传递和使用中，允许多次和多方共享，原拥有者只失去信息的原始价值，不会失去信息的使用价值和潜在价值。因此，信息不会因共享而消失。

1.1.3 数据与信息的关系

数据与信息是紧密相关的两个概念。

（1）数据是信息的载体，是用可鉴别的符号记录下来的客观事物的属性描述。例如，"体重 60 千克""身高 1.65 米"等。数据可以是数字、文字、声音和图像等形式。

（2）信息是对数据进行解释以后的结果。比如表示学生的一组数据"女生，年龄 20 岁，体重 50 千克，身高 1.65 米"，这一组数据所反映的信息是该女生形体较为匀称。

图 1-1 说明了数据与信息之间的关系。数据是信息的载体，而信息是经过加工后的数据，它对接收者的行为产生影响，对接收者的决策或行为有现实或潜在的价值。

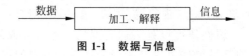

图 1-1　数据与信息

1.2　数据可视化的基本概念

信息对接收者的价值受到很多因素的影响。除了数据本身的完整性、准确性和时效性等之外，数据的展现方式，也将影响信息传递的准确性和接收者的认知，如人们常说的"一图胜千言",即图形能够以直观的形式呈现出复杂的数据所要表达的信息,方便接收者对数据进行进一步的分析与应用。特别是面对以高速(velocity)、大量(volume)和多样化(variety)3V为典型特征的大数据,迫切需要利用数据可视化,帮助决策者理解复杂数据背后隐藏的信息。

1.2.1　数据可视化的定义

数据可视化就是使用图形化手段表达数据的变化、联系或者趋势的方法,将数据转换为图形图像显示出来,其目的是清晰有效地传达与沟通信息,让用户更好地理解和使用数据。按过程来讲,数据可视化主要是记录信息、分析推理并进行信息传播与协同的过程。简而言之,数据可视化意味着以可视化图表的形式来显示数据信息,实现发现、分析、预测、监控、决策等目的。

数据可视化是一种关于数据视觉表现形式的方法,这种数据视觉表现形式被定义为一种以某种概要形式抽取出来的信息,包括相应信息单位的各种属性和变量。它是一个处于不断演变之中的概念,其边界在不断地扩大。其主要指的是技术上较为高级的技术方法,而这些技术方法允许利用图形图像处理、计算机视觉以及用户界面,通过表达、建模以及对立体、表面、属性和动画的显示,对数据加以可视化解释。

数据可视化是一个复杂而漫长的过程,首先需要理解模拟信息和数字化数据等基础知识,然后掌握数据获取的技巧和方法,使用多种数据清洗(data cleaning)方法去除"脏"数据,通过数据分析了解数据的整体特征,理解可视化基础并在符合可视化原则的基础上运用可视化工具完成数据可视化作品。

数据可视化与信息图形、信息可视化、科学可视化以及统计图形密切相关。当前,在研究、教学和开发领域,数据可视化乃是一个极为活跃而又关键的方面。"数据可视化"这个术语实现了成熟的科学可视化领域与较年轻的信息可视化领域的统一。

1.2.2　数据可视化的原则

数据可视化并非简单套用图形化方法和工具。数据可视化首先一定要理解数据含义、明确目标,否则非常容易进入的误区就是,拿到一堆数据,还没有理解数据有什么含义,直接就开始套用图形进行展示,把大部分时间用在美化图表上,而完全忽略数据本身传达的意义。数据可视化一般要遵循以下原则。

1. 逻辑清晰

数据可视化一定要根据分析目标,确认好内容主线,做到逻辑严密、结构清晰。

2. 表达精准

在数据准确的前提下,根据目的选择正确的图表,表达合适的信息,确保不会产生理解歧义。

3. 设计简洁

数据可视化的重点不是好看,而是突出重点、简洁美观。图表各元素,布局、坐标、单位、图例交互适中展示,不要过度设计。

1.2.3　数据可视化的作用

数据可视化是借助图形化手段,清晰有效地传达与沟通信息,帮助企业从数据中提取信息、从信息中收获价值。具体而言,数据可视化的作用包括以下几点。

1. 快速理解信息

科学研究表明,人类对图像的处理速度比文本快 6 万倍,同时人类右脑记忆图像的速度比左脑记忆抽象文字快 100 万倍。[①] 数据可视化正是利用人类天生技能来增强数据处理和组织效率。通过使用图形能够以清晰、一致的方式查看大量数据,快速理解这些数据隐含的信息。例如,Anscombe 四重奏的例子很好地说明数据可视化对快速理解信息的作用。

1973 年,统计学家 F.J. Anscombe 构造出了四组奇特的数据,如表 1-1 所示。这四组数据中,x 值的均值都是 9.0,y 值的均值都是 7.5;x 值的方差都是 10.0,y 值的方差都是 3.75;它们的相关度都是 0.816,线性回归线都是 $y=3+0.5x$。单从这些统计数字来看,四组数据所反映的实际情况非常相近,而事实上,这四组数据有着天壤之别。

表 1-1　Anscombe 的四重奏数据

I		II		III		IV	
x	y	x	y	x	y	x	y
10.0	8.04	10.0	9.14	10.0	7.46	8.0	6.58
8.0	6.95	8.0	8.14	8.0	6.77	8.0	5.76
13.0	7.58	13.0	8.74	13.0	12.74	8.0	7.71
9.0	8.81	9.0	8.77	9.0	7.11	8.0	8.84
11.0	8.33	11.0	9.26	11.0	7.81	8.0	8.47
14.0	9.96	14.0	8.10	14.0	8.84	8.0	7.04
6.0	7.24	6.0	6.13	6.0	6.08	8.0	5.25
4.0	4.26	4.0	3.10	4.0	5.39	19.0	12.50
12.0	10.84	12.0	9.13	12.0	8.15	8.0	5.56
7.0	4.82	7.0	7.26	7.0	6.42	8.0	7.91
5.0	5.68	5.0	4.74	5.0	5.73	8.0	6.89

当我们分别绘制四组数据的散点图(scatter graph)后,如图 1-2 所示,即可看出点的分布完全不同。

第一组是线性关系图,数据是大多人看到上述统计数字的第一反应,是最"正常"的一组数据;第二组是曲线关系图,数据所反映的事实上是一个精确的二次函数关系,只是在错误地应用线性模型后,各项统计数字与第一组数据恰好都相同;第三组是异常值图,数据描述

---

① EISENBERG H. Humans process visual data better[EB/OL]. (2014-09-15). http://www.t-sciences.com/news/humans-process-visual-data-better.

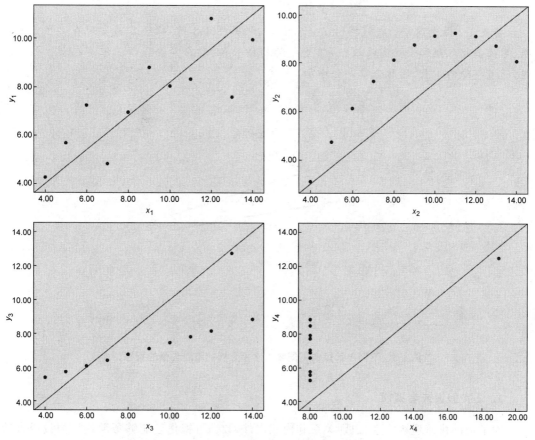

图 1-2　Anscombe 四重奏数据的可视化

的是一个精确的线性关系,只是这里面有一个异常值,它导致上述各个统计数字尤其是相关度值的偏差;第四组为极端异常值图,展示了一个更极端的例子,其异常值导致了均值、方差、相关度、线性回归线等所有统计数字全部的偏差。

2. 识别关系和模式

数据之间以及数据描述的对象之间,往往存在隐含的关系或者难以直接观测的模式,数据可视化以图形方式可以挖掘出这些隐含的关系或者难以观测的模式,这些关系和模式将有助于个人和企业作出科学合理的决策。

案例:不同人群的年龄与脂肪含量

表 1-2 为不同年龄段和不同收入水平人群的脂肪含量,从表 1-2 很难看出年龄收入和脂肪含量之间的关系。

表 1-2　不同年龄段和不同收入水平人群的脂肪含量　　　　　　　　　　%

收入水平	男　　性		女　　性	
	65 岁以下	65 岁及以上	65 岁以下	65 岁及以上
低收入	25	20	37.5	55
高收入	43	30	55	50

将表 1-2 做个简单的折线图(line chart),结果如图 1-3 所示,很容易发现在男性低收入组、男性高收入组和女性高收入组,随着年龄的增长,脂肪含量会下降;但是在女性低收入组,随着年龄的增长,脂肪含量却会增加。

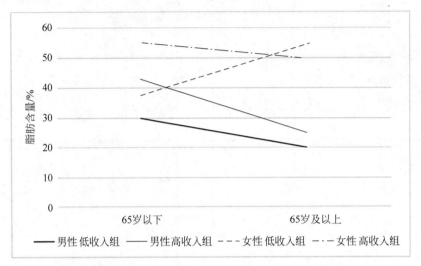

图 1-3　不同年龄段和不同收入水平人群的脂肪含量的折线图

3. 证实假设或者猜想

除了帮助快速理解信息、识别关系和模式之外,数据可视化还能够帮助论证假设或者猜想。常常通过 A/B 测试的模式,来验证假设,对于分析问题过程中的推论进行验证假设,从而发现根本原因。南丁格尔发明的玫瑰图(Nightingale's rose diagram)就是利用数据可视化证实假设的经典案例。

案例:南丁格尔玫瑰图

19 世纪 50 年代,英国、法国、土耳其和俄国进行了克里米亚战争。南丁格尔主动申请,自愿担任战地护士。当时的医院卫生条件极差,伤士死亡率高达 42%,直到 1855 年卫生委员会来到医院改善整体的卫生环境后,伤士死亡率才戏剧性地降至 2.5%。当时的南丁格尔注意到这件事,认为政府应该改善战地医院的条件来拯救更多年轻的生命。

出于对资料统计的结果会不受人重视的忧虑,她发明出一种色彩缤纷的图表形式,让数据能够更加让人印象深刻。如图 1-4 所示,这张图用以表达战地医院季节性的死亡率,从整体来看:这张图是用来说明、比较战地医院伤患因各种原因死亡的人数,每块扇形代表着各个月份的死亡人数,面积越大代表死亡人数越多。

说明:

(1) 各色块圆饼区均由圆心往外的面积来表现数字。

(2) 浅灰色区域:死于原本可避免的感染的士兵数。

(3) 深灰色区域:因受伤过重而死亡的士兵数。

(4) 黑色区域:死于其他原因的士兵数。

(5) 1854 年 10 月、1855 年 4 月的深灰色区域和黑色区域恰好相等。

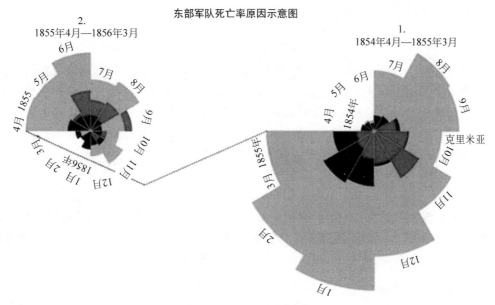

图 1-4 南丁格尔的玫瑰图

（6）1856 年 1 月与 2 月的浅灰色区域、黑色区域恰好相等。

（7）1854 年 11 月深灰色区域中的黑线指出该月的黑色区域大小。

由图 1-4 可知，左、右两个玫瑰图被时间点"1855 年 3 月"所隔开。其中，右侧较大的玫瑰图，展现的是 1854 年 4 月至 1855 年 3 月；而左侧的玫瑰图，展现的则是 1855 年 4 月至 1856 年 3 月。通过对两个图大小的对比，可以轻易地得出以下结论。

第一，浅灰色区域的面积明显大于其他颜色的面积。这意味着大多数的伤亡并非直接来自战争，而是来自糟糕医疗环境下的感染。

第二，卫生委员会到达后（1855 年 3 月），死亡人数明显地下降，证实了南丁格尔提出的"改善医院的医疗状况可以显著地降低英军死亡率"的假设。

这幅图让政府相关官员了解到：改善医院的医疗状况可以显著地降低英军的死亡率。南丁格尔的方法打动了当时的高层，包括军方人士和维多利亚女王本人，于是医事改良的提案才得到支持，甚至挽救了千万人的生命。这种新型的图表因为外形很像一朵绽放的玫瑰，被称为"南丁格尔玫瑰图"。

1.2.4 数据可视化的分类

从不同的角度，数据可视化有不同的分类。从数据可视化表现形式的角度，数据可以分为饼图、柱形图、条形图、折线图、圆环图、雷达图、直方图、词云图（word cloud diagram）等；从应用领域的角度，数据可以分为聚类分析中的数据可视化、评价分析中的数据可视化、关联性分析中的数据可视化、状态监控中的数据可视化；从应用行业的角度，数据可以分为制造业的数据可视化、农业的数据可视化、金融业的数据可视化、医学的数据可视化、教育的数据可视化等。

数据可视化的处理对象是数据，因此数据可视化与所处理的数据类型紧密相关。本书按照数据类型,将数据可视化分为以下六类。

1. 结构化数据可视化

结构化数据(structured data)主要借助二维表的形式表达数据逻辑,通常数据结构以行和列的形式存在。其中,行数据代表样本或观测,列数据代表变量或属性。结构化数据主要使用关系数据库管理系统进行存储和管理,而且广泛存在于信息系统中。结构化数据是最常见的数据类型。常见的结构化数据可视化视角主要包括比较与排序、局部与整体、分布、相关性、网络关系、时间趋势等,详细内容请见第5章。

2. 关系型数据可视化

关系型数据(relational data)可视化主要是为了揭示实体间的联系或关联,以便分析数据结构、规律和特征。针对不同的关系型数据可视化常用的图表有散点图、气泡图、韦恩图、树状图、旭日图、桑基图、和弦图、漏斗图、节点关系图等,详细内容请见第6章。

3. 文本数据可视化

文字是传递信息最常用的载体。文本数据可视化的需求一般可分为三级:词汇级(lexical level)、语法级(syntactic level)和语义级(semantic level)。针对不同级别的理解需要,其分析内容和可视化技术也是不同的。对于词汇级的理解,主要是通过各类分词算法,基于词频(term frequency,TF)的可视化技术,包括标签云、词云(word cloud)等;对于语法级的理解,需要采用一些句法分析算法,如 Cocke-Kasami-Younge(CKY)算法、Earley 算法和 Chart Parsing 算法等;而对语义级的理解则主要采用主题抽取等算法,详细内容请见第7章。

4. 多媒体数据可视化

多媒体数据一般包括声音(sound)、图像和视频等多种媒体形式。声音是能触发听觉的生理信号,声音属性包括音乐频率(音调)、音量、速度、空间位置等;图像是日常生活中最常见、最容易创造的媒体,图像属性包括明暗变化、场景复杂、轮廓色彩丰富等;视频分析涉及视频结构和关键帧的抽取、视频语义的理解,以及视频特征和语义的可视化与分析。这些多媒体数据的可视化旨在从原始数据集(dataset)中提取有意义的信息,来揭示其内在的结构和模式,并采用适当的视觉表达形式传达给用户,详细内容详见第8章。

5. 时变型数据可视化

随时间变化、带有时间属性的数据称为时变型数据(time-varying data 或者 temporal data),时变型数据可视化旨在揭示数据随时间变化的规律。时变型数据可视化主要从表达维度、比例维度和布局维度进行设计,常见的可视化图表有折线图、日历图、面积图、主题河流图、K线图等,具体内容详见第9章。

6. 空间型数据可视化

地理空间型图表主要展示数据中的精确位置和地理分布规律。空间型数据是带有地理位置信息的数据,它所具有的数据属性跟地理区域有关。空间数据可视化已有诸多成果,从点、线、面的角度出发可分为点数据可视化、线数据可视化和区域数据可视化。区域数据可视化的目的是表现区域的属性,它可以比点数据和线数据表达更多信息,具体内容详见第 10 章。

1.3 数据可视化的一般过程

数据可视化是以数据流向为主线的一个完整流程,主要包括数据获取、数据处理、可视化映射等环节。一个完整的可视化过程,可以看成数据流经过一系列处理模块并得到转化的过程,用户通过可视化结果获取信息,从而作出决策。数据可视化的一般过程如图 1-5 所示。

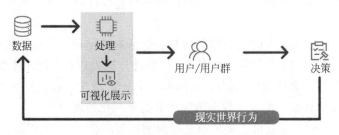

图 1-5 数据可视化的一般过程

1.3.1 数据获取

大数据时代的特点之一是数据开始变得廉价,即获取数据的途径多种多样,成本相对低廉。通常来说,数据获取的手段有实验测量、计算机仿真与网络数据传输等。传统的数据获取方式以文件输入/输出为主。在移动互联网时代,基于网络的多源数据交换占据主流。数据获取的挑战主要有数据格式变换和异构异质数据的获取协议两部分。数据的多样性导致不同的数据语义表述,这些差异来自不同的安全要求、不同的用户类型、不同的数据格式、不同的数据来源。

数据获取协议(Data Access Protocol,DAP)作为一种通用的数据获取标准,在科研领域应用比较广泛。该协议通过定义基于网络的数据获取句法,以完善数据交换机制,维护、发展和提升数据获取效率。DAP4 提供了更多的数据类型和传输功能,以适用于更广泛的环境,直接满足用户要求。OPeNDAP(网络数据访问协议的开源项目)是一个研发数据获取协议的组织,它提供了一个同名的科学数据联网的简要框架,允许以本地数据格式快速地获取任意格式远程数据的机制。协议中相关的系统要素包括客户端、浏览器界面、数据集成、服务器等。

除此之外,互联网上存在大量免费的数据资源,这些资源通常由网站进行维护,并开放专门的 API(应用程序编程接口)使用户得以访问。Google 作为全世界最大的互联网公司之一,提供了许多用于免费数据获取的 API,如用于获取高级定制搜索结果的 Google Custom Search,以及用于获取地理坐标信息的 Google Geocoding API 等。豆瓣和 Twitter 等社交网站也开放了数据获取 API,用于获取社交网络相关信息。在法律法规及行业规定允许的条件下,可采用爬虫技术针对网络数据进行爬取,以满足数据分析、可视化的研究需求。

1.3.2　数据处理

1. 数据清洗

数据质量是数据获取后所需考虑的第一个问题。对于海量数据来说,未经处理的原始数据包含大量的无效数据,这些数据在到达存储过程之前就应该被过滤掉。在原始数据中,常见的数据质量问题包括噪声和离群值、数值缺失、数值重复等。解决这些问题的方法称为数据清洗。

(1)噪声和离群值。噪声是指对真实数据的修改;离群值是指与大多数数据偏离较大的数据。

(2)数值缺失。数值缺失的主要原因包括:信息未被记录;某些属性不适用于所有实例。处理数据缺失的方法有:删除数据对象;插值计算缺失值;在分析时忽略缺失值;用概率模型估算缺失值等。非结构化数据(unstructured data)通常存在低质量数据项(如从网页和传感器网络获取的数据),构成了数据清洗和数据可视化的新挑战。

(3)数值重复。数值重复的主要来源是异构数据源的合并,可采用数据清洗方法消除。

处理数据丢失和重复记录仅是数据清洗的一部分,其他操作还包括:运用汇总统计删除、分辨或者修订错误或不精确的数据;调整数据格式和测量单位;数据标准化与归一化等。另外,实际采集的数据经常包含错误和自相矛盾的内容,而且实验、模拟和信息分析过程不可避免地存在误差,从而对分析结果产生很大的影响。

数据清洗最终需要达到的目标,包括有效性、准确性、可信性、一致性、完整性和时效性六个方面。在数据清洗步骤完成后,可以依据这 6 个指标对已清洗的数据进行数据质量评估,以满足可视化需求。

2. 数据精简

由高维性带来的维度灾难、数据的稀疏性和特征的多尺度性是大数据时代数据所特有的性质。直接对海量高维的数据集进行可视化通常会产生杂乱无章的结果,这种现象被称为视觉混乱。为了能够在有限的显示空间内表达比显示空间尺寸大得多的数据,需要进行数据精简。

在数据存储、分析层面进行的数据精简能降低数据复杂度,减少数据点数目并同时保留数据中的内涵特征,从而减少查询和处理时的资源开销,提升查询的响应性能。经典的数据精简包括统计分析、采样、直方图、聚类和降维,也可采用各类数据特征抽取方法,如奇异值分解、局部微分算子、离散小波变换等。

面向大数据的交互可视化对数据组织和管理提出了更高的要求。实施计算机图形学发展的一些理念经常被应用在交互式数据可视化应用上,如可伸缩的数据结构和算法、层次化数据管理和多尺度表达等。在选择恰当的数据精简方法时,使用者必须对时机、对象、使用策略和视觉质量评估等因素进行综合考察,这些考察项目不仅针对数据管理、数据可视化等学科,还往往涉及认知心理学、用户测试、视觉设计等相关学科。以是否使用可视化为标准,数据精简方法可分为两类:①使用质量指标优化非视觉因素,如时间、空间等;②使用质量指标优化数据可视化,称为可视数据精简。

3. 其他数据预处理过程

在解决质量问题后,通常需要对数据集进行进一步的处理操作,以符合后续数据分析步骤要求。这一类操作通常被归为数据预处理步骤。常用的预处理操作有以下几种。

(1)合并。合并是将两个以上的属性或对象合并为一个属性或对象。合并操作的效用包括:有效简化数据;改变数据尺度(例如,从乡村起逐级合并,形成城镇、地区、州、国家等);减小数据的方差。

(2)采样。采样是统计学的基本方法,也是对数据进行选择的主要手段,在对数据的初步探索和最后的数据分析环节经常被采用。统计学家实施采样操作的根本原因是获取或处理全部数据集的代价太高,或者时间开销无法接受。如果采样结果大致具备原始数据的特征,那么这个采样是具有代表性的。最简单的随机采样可以按某种分布随机从数据集中等概率地选择数据项。当某个数据项被选中后,它可以继续保留在采样对象中,也可以在后继采样过程中被剔除。在前一种模式中,同一个数据项可能被多次选中。采样也可分层次进行:先将数据全集分为多份,然后在每份中随机采样。

(3)降维。维度越高,数据集在高维空间的分布越稀疏,从而减小了数据集的密度和距离的定义对数据聚类与离群值检测等操作的影响。将数据属性的维度降低,有助于解决维度灾难,减少数据处理的时间和内存消耗;可以更为有效地可视化数据;降低噪声或消除无关特征等。降维是数据挖掘的核心研究内容,常规的做法有主成分分析、奇异值分解、局部结构保持的 LLP(局部线性投影)、ISOMAP(等度量映射)等方法。

(4)特征子集选择。从数据集中选择部分数据属性值可以消除冗余、与任务无关的特征。特征子集选择可达到降维的效果,但不破坏原始的数据属性结构。特征子集选择的方法包括暴力枚举法、特征重要性选择、压缩感知理论的稀疏表达方法等。

(5)特征生成。特征生成可以在原始数据集基础上构建新的能反映数据集重要信息的属性,常用的方法有特征抽取、将数据应用到新空间、基于特征融合与特征变换的特征构造三种。

(6)离散化与二值化。将数据集根据其分布划分为若干个子类,形成对数据集的离散表达,称为离散化。将数据值映射为二值区间,是数据处理中的常见做法。将数据区间映射到[0,1]区间的方法称为二值化。

(7)属性变换。将某个属性的所有可能值一一映射到另一个空间的做法称为属性变换,如指数变换、取绝对值等。标准化与归一化是两类特殊的属性变换,其中,标准化将数据区间变换到某个统一的区间范围,归一化则变换到[0,1]区间。

1.3.3　可视化映射

对数据进行清洗、去噪、精简,并按照业务目的进行数据处理之后,接下来就到了可视化映射环节。可视化映射是整个数据可视化流程的核心,是指将处理后的数据信息映射成可视化元素的过程。可视化元素由可视化空间、标记、视觉通道三部分组成。

1．可视化空间

数据可视化的显示空间，通常是二维。三维(3D)物体的可视化，通过图形绘制技术，解决了在二维平面显示的问题，如 3D 环形图、3D 地图等。

2．标记

标记是数据属性到可视化几何图形元素的映射，用来代表数据属性的归类。根据空间自由度的差别，标记可以分为点、线、面、体，分别具有零自由度、一维自由度、二维自由度、三维自由度。如我们常见的散点图、折线图、矩形树图、三维柱状图，分别采用了点、线、面、体这四种不同类型的标记。

3．视觉通道

数据属性的值到标记的视觉呈现参数的映射，叫作视觉通道，通常用于展示数据属性的定量信息。常用的视觉通道包括标记的位置、大小(长度、面积、体积……)、形状(三角形、圆、立方体……)、方向、颜色(色调、饱和度、亮度、透明度……)等。

标记和视觉通道是可视化编码(visual encoding)元素的两个方面，两者的结合，可以完整地将数据信息进行可视化表达，从而完成可视化映射这一过程。

1.3.4　用户交互

1．人机交互

可视化的目的，是反映数据的数值、特征和模式，以更加直观、易于理解的方式，将数据背后的信息呈现给目标用户，辅助其作出正确的决策。但是通常，我们面对的数据是复杂的，数据所蕴含的信息是丰富的。如果在可视化图形中，将所有的信息不经过组织和筛选，全部机械地摆放出来，不仅会让整个页面显得特别臃肿和混乱、缺乏美感，而且模糊了重点，分散用户的注意力，削弱用户单位时间获取信息的能力。

常见的人机交互方式包括以下几种。

(1) 滚动和缩放：当数据在当前分辨率的设备上无法完整展示时，滚动和缩放是一种非常有效的交互方式，如地图、折线图的信息细节等。但是，滚动与缩放的具体效果，除了与页面布局有关外，还与具体的显示设备有关。

(2) 颜色映射的控制：一些可视化的开源工具，会提供调色板，如 D3 等。用户可以根据自己的喜好，去进行可视化图形颜色的配置。在自助分析等平台型工具中，此功能会相对多一些，但是在一些自研的可视化产品中，一般有专业的设计师来负责这项工作，从而使可视化的视觉传达具有美感。

(3) 数据映射方式的控制：是指用户对数据可视化映射元素的选择，一般一个数据集，是具有多组特征的，提供灵活的数据映射方式给用户，可以方便用户按照自己感兴趣的维度去探索数据背后的信息。其在常用的可视化分析工具中都有提供，如 Tableau、Power BI 等。

（4）数据细节层次控制：如隐藏数据细节，鼠标悬停（hover）或单击才出现。

2．用户感知

可视化的结果，只有被用户感知之后，才可以转化为信息和知识。用户在感知过程中，除了被动接受可视化的图形之外，还通过与可视化各模块之间的交互，主动获取信息。如何让用户更好地感知可视化的结果，将结果转化为有价值的信息用来指导决策，涉及的影响因素很多，包括心理学、统计学、人机交互等多个学科的知识。

1.4 数据可视化的发展

1.4.1　数据可视化的发展历史

数据可视化的发展与测量、绘画、文明、科技的发展是密切相关的，数据可视化广泛出现在地图、科学、工程制图、统计图表中。数据可视化的发展大致可以分为九个阶段，如图 1-6 所示。

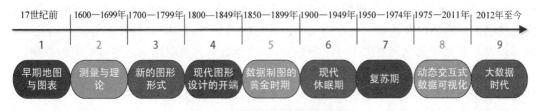

图 1-6　数据可视化的发展历史

1．17 世纪前：早期地图与图表

在 17 世纪以前，人类研究的领域有限，总体数据量处于较少的阶段，因此几何学通常被视为可视化的起源，数据的表达形式也较为简单。但随着人类知识的增长，活动范围不断扩大，为了能有效探索其他地区，人们开始汇总信息绘制地图。16 世纪用于精确观测和测量物理量以及地理与天体位置的技术和仪器得到了充分发展，尤其在 W. Snell 于 1617 年首创三角测量法后，绘图变得更加精确，形成更加精准的视觉呈现方式。由于宗教等因素，人类对天文学的研究开始较早。一位不知名的天文学家于 10 世纪创作了描绘 7 个主要天体时空变化的多重时间序列图，图中已经存在很多现代统计图形的元素坐标轴、网格图系统、平行坐标和时间序列。

2．1600—1699 年：测量与理论

大航海时代，欧洲的船队出现在世界各处的海洋上，发展欧洲新生的资本主义，这对于地图制作、距离和空间的测量都产生了极大的促进作用，更为准确的测量方式在 17 世纪得到了更为广泛的使用。同时，伴随着科技的进步以及经济的发展，数据的获取方式主要集中在时间、空间、距离的测量上，对数据的应用集中在制作地图、天文分析（如开普勒的行星运动定律,1609)上。

与此同时,笛卡儿创立了解析几何和坐标系,在两个维度或者三个维度上进行数据分析,成为数据可视化历史中重要的一步。同时,早期概率论和人口统计学研究开始出现。这些早期的探索,开启了数据可视化的大门,数据的收集、整理和绘制开始了系统性的发展。在此时期,由于科学研究领域的增多,数据总量大大增加,出现了很多新的可视化形式。人们在完善地图精度的同时,不断在新的领域使用可视化方法处理数据。17 世纪末,启动"视觉思维"的必要元素已经准备就绪。

3. 1700—1799 年:新的图形形式

18 世纪是科学史上承上启下的年代,英国工业革命、牛顿对天体的研究、微积分方程等的建立等,都推动着数据向精准化以及量化的阶段发展,统计学研究的需求越发显著,用图形的方式来表示数据的想法也不断成熟。此时,经济学中出现了类似当今柱状图的线图表述方式,英国神学家 Joseph Priestley 也尝试在历史教育上使用图的形式介绍不同国家在各个历史时期的关系。法国人 Marcellin Du Carla 绘制了等高线图,该图用一条曲线表示相同的高程,对于测绘、工程和军事有着重大的意义,成为地图的标准形式之一。

数据可视化发展中的重要人物 Wiliam Playfair 在 1765 年创造了第一个时间线图,其中,单个线用于表示人的生命周期,整体可以用于比较多人的生命跨度。这些时间线直接启发他发明了条形图以及其他一些我们至今仍常用的图形,包括饼图、时序图等。他的这一思想可以说是数据可视化发展史上一次新的尝试,用新的形式直观地表达尽可能多的数据。

随着对数据系统性的收集以及科学的分析处理,18 世纪数据可视化的形式已经接近当代科学使用的形式,条形图和时序图等可视化形式的出现,体现了人类数据运用能力的进步。随着数据在经济、地理、数学等领域不同应用场景的应用,数据可视化的形式变得更加丰富,也预示着现代化的信息图形时代的到来。

4. 1800—1849 年:现代信息图形设计的开端

19 世纪上半叶,受到 18 世纪的视觉表达方法创新的影响,统计图形和专题绘图领域出现爆炸式的发展,目前已知的几乎所有形式的统计图形都是在此时被发明的。在此期间,数据的收集整理范围明显扩大,由于政府加强对人口、教育、犯罪、疾病等领域的关注,大量社会管理方面的数据被收集用于分析。1801 年,英国地质学家 William Smith 绘制了第一幅地质图,引领了一场在地图上表现量化信息的潮流,也被称为"改变世界的地图"。

这一时期,数据的收集整理从科学技术和经济领域扩展到社会管理领域,对社会公共领域数据的收集标志着人们开始以科学手段进行社会研究。与此同时,科学研究对数据的需求变得更加精确,研究数据的范围也有明显扩大,人们开始有意识地使用可视化的方式尝试研究、解决更广泛领域的问题。

5. 1850—1899 年:数据制图的黄金时期

19 世纪上半叶末,数据可视化领域开始快速发展,随着数字信息对社会、工业、商业和交通规划的影响不断增大,欧洲开始着力发展数据分析技术。高斯和拉普拉斯发起的统计理论给出了更多种数据的意义,数据可视化迎来了它历史上的第一个黄金时代。

统计学理论的建立是推动可视化发展的重要一步,此时数据的来源也变得更加规范化,由政府机构进行采集。随着社会统计学的影响力越来越大,在 1857 年维也纳的统计学国际会议上,学者就已经开始对可视化图形的分类和标准化进行讨论。不同数据图形开始出现在书籍、报刊、研究报告和政府报告等正式场合之中。这一时期,法国工程师 Charles Joseph Minard 绘制了多幅有意义的可视化作品,被称为"法国的 Playfair",他最著名的作品是用二维的表达方式,展现六种类型的数据,用于描述拿破仑战争时期军队损失。

1879 年,Luigi Perozzo 绘制了一张 1750—1875 年瑞典人口普查数据图,以金字塔形式表现了人口变化的三维立体图,此图与之前所看到的可视化形式有一个明显的区别:开始使用三维的形式,并使用彩色表示了数据值之间的区别,提高了视觉感知。

在对这一时期数据可视化的探究中发现,数据来源的官方化以及对数据价值的认同,成为数据可视化快速发展的决定性因素,如今几乎所有的常见可视化元素都已经出现,并且出现了三维的数据表达方式,这种创造性的成果对后来的研究有十分重要的作用。

6. 1900—1949 年:现代休眠期

20 世纪上半叶,随着数理统计这一新数学分支的诞生,追求数理统计严格的数学基础并扩展统计的疆域,成为这个时期统计学家的核心任务。数据可视化成果在这一时期得到了推广和普及,并开始被用于尝试解决天文学、物理学、生物学的理论新成果。如 Hertzsprung-Russell 绘制的温度与恒星亮度图成为近代天体物理学的奠基之一;伦敦地铁线路图的绘制形式如今一直在沿用;E. W. Maunder 的"蝴蝶图"用于研究太阳黑子随时间的变化。

然而,这一时期人类收集、展现数据的方式并没有得到根本上的创新,统计学在这一时期也没有大的发展,所以整个 20 世纪上半叶都是休眠期。但正是这一时期的蛰伏与统计学者潜心的研究,才让数据可视化在 20 世纪后期迎来了复苏与更快速的发展。

7. 1950—1974 年:复苏期

从 20 世纪上半叶末到 1974 年这一时期被称为数据可视化的复苏期,在这一时期引起复苏的最重要的因素就是计算机的发明,计算机的出现让人类处理数据的能力有了跨越式的提升。在现代统计学与计算机计算能力的共同推动下,数据可视化开始复苏,统计学家 John W. Tukey 和制图师 Jacques Bertin 成为可视化复苏期的领军人物。

John W. Tukey 在第二次世界大战期间对火力控制进行的长期研究中意识到了统计学在实际研究中的价值,发表了具有划时代意义的 *The Future of Data Analysis* 论文,让科学界将探索性数据分析(exploratory data analysis,EDA)视为不同于数学统计的另一独立学科,并在 20 世纪后期首次采用了茎叶图、盒形图等新的可视化图形形式,成为可视化新时代的开启性人物。Jacques Bertin 发表了他里程碑式的著作 *Sémiologie Graphique*。这部书根据数据的联系和特征,来组织图形的视觉元素,为信息的可视化提供了一个坚实的理论基础。

随着计算机的普及,20 世纪 60 年代末,各研究机构就逐渐开始使用计算机程序取代手绘图形。由于计算机的数据处理精度和速度具有强大的优势,高精度分析图形已不能用手绘制。在这一时期,数据缩减图、多维标度法、聚类图、树形图等更为新颖复杂的数据可视化形式开始出现。人们开始尝试在一张图上表达多种类型数据,或用新的形式表现数据之间的复杂关联,这也成为现今数据处理应用的主流方向。数据和计算机的结合让数据可视化迎来了新的发展阶段。

8. 1975—2011 年：动态交互式数据可视化

在这一阶段,计算机成为数据处理必要的成分,数据可视化进入新的黄金时代,随着应用领域的增加和数据规模的扩大,更多新的数据可视化需求逐渐出现。20 世纪 70 年代到 80 年代,人们主要尝试使用多维定量数据的静态图来表现静态数据。80 年代中期,动态统计图开始出现,最终在 20 世纪末两种方式开始合并,试图实现动态、可交互的数据可视化,于是动态交互式的数据可视化方式成为新的发展主题。

数据可视化在这一时期的最大潜力来自动态图形方法的发展,其允许对图形对象和相关统计特性进行即时和直接的操纵。早期就已经出现为了实时地与概率图进行交互的系统,通过调整控制来选择参考分布的形状参数和功率变换。这可以看作动态交互式可视化发展的起源,推动了这一时期数据可视化的发展。

9. 2012 年至今：大数据时代

在 2003 年全世界创造了 5 EB 的数据量时,人们就逐渐开始对大数据的处理进行重点关注。到 2011 年,全球每天的新增数据量已经开始以指数级增长,用户对于数据的使用效率在不断提升,数据的服务商也就开始需要从多个维度向用户提供服务,大数据时代正式到来。

2012 年,进入数据驱动的时代。掌握数据就能掌握发展方向,因此人们对数据可视化技术的依赖程度也不断加深。大数据时代的到来对数据可视化的发展有着冲击性的影响,试图继续以传统展现形式来表达庞大的数据量中的信息是不可能的,大规模的动态化数据要依靠更有效的处理算法和表达形式才能够传达出有价值的信息,因此大数据可视化的研究成为新的时代命题。

在应对大数据时,不但要考虑快速增加的数据量,还需要考虑到数据类型的变化,这种数据扩展性的问题需要更深入的研究才能解决;互联网的加入增加了数据更新的频率和获取的渠道,并且实时数据的巨大价值只有通过有效的可视化处理才可以体现,于是在上一历史时期就受到关注的动态交互的技术已经向交互式实时数据可视化发展,这也是如今大数据可视化的研究重点之一。综上,如何建立一种有效的、可交互式的大数据可视化方案来表达大规模、不同类型的实时数据,成为数据可视化这一学科主要的研究方向。

1.4.2 数据可视化面临的挑战

伴随着大数据时代的到来,数据可视化日益受到关注,数据可视化在人们日常生活中扮演着重要的角色,可视化技术也日益成熟,越来越多的可视化画面出现在人们生活中,成为人们逐渐关注和进行研究的一门课题。随着社会发展的需求,数据可视化仍存在许多问题,且面临巨大的挑战和各种各样的难题,数据可视化发展中面临的困境主要有以下几方面。

1. 视觉噪声

在数据大规模集中环节,大多数数据在一定程度上具有较强的关联性,不可以将其分离作为一种单独的对象显示。在数据的处理和运行过程中会使用相关的设备,从而出现不同类型的噪声现象,也是影响数据可视化进一步发展的重要因素。

2. 信息丢失现象严重

在进行数据的可视化转化过程中,会导致相关的关键信息流失,也是数据可视化进程中的困境之一。

3. 大型图像感知方面

数据可视化的实现受到设备方面的长度比和设备分辨率、现实世界的感受方面的制约。在数据可视化的发展与延伸方面受到制约,同时受限于现实,影响大型图像感知的实际效果,也是影响数据中心可视化进程的因素之一。

4. 高速图像变换

用户虽然能够观察数据,却不能对数据强度变化作出反应。用户在数据的分析方面存在局限性,缺少对相关数据深入的认识和研究,不能直接反映图像高速度变换的发展。

5. 高性能要求

数据可视化在静态方面画面的要求极低,因为静态可视化速度方面要求较低,性能标准不高,然而动态可视化对性能要求会比较高。数据处理及转换成静态和动态的画面可视化效果截然相反,需要对两者进行有效的区分和针对性的利用。

6. 数据可视化过程中的表现方式

目前,在数据简约可视化研究中,高清晰显示、大屏幕显示,高可扩展数据投影、维度降解等技术都试着从不同角度解决这个难题。可感知、交互的扩展性是大数据可视化面临的挑战之一。从规模较大的数据库进行查询工作量极大、工作复杂程度高,影响数据交互转换的效率。在大数据实际操作程序中,数据的复杂性和多维度特点会加大数据可视化的难度。不同的数据可视化需要不同的数据中心的建立和完善,推动相关的数据可视化研究和技术的发展。

7. 查看大量数据

数据可视化的一般挑战是处理大量的数据。很多创新的原型仅能处理几千个条目,或者当处理数量更大的条目时难以保持实时交互性。显示数百万条目的动态可视化证明,数据可视化尚未达到人类视觉能力的极限,用户控制的聚合机制将进一步突破性能极限。较大的显示器能够有帮助,因为额外的像素使用户看到更多的细节,同时保持合理的概览。

8. 集成数据挖掘

数据可视化和数据挖掘起源于两条独立的研究路线。数据可视化的研究人员相信让用户的视觉系统引导他们形成假设的重要性,而数据挖掘的研究人员则相信能够依赖传统计算方法和机器学习来发现有趣的模式。使用适当的数据可视化方式,消费者的购买习惯,如不同种类商品选择之间的相关关系就可以凸显出来。然而,统计实验有助于发现在购买产品的顾客需求或人口统计的连接方面的更微妙趋势。研究人员正逐渐把这两种方法结合在一起。

9. 集成分析推理技术

为了支持评估、计划和决策,视觉分析领域强调数据可视化与分析推理工具的集成。业务与智能分析师使用来自搜索和可视化的数据以及洞察力作为支持或否认有竞争性的假设的证据。他们还需要工具来快速产生他们分析的概要和与决策者交流他们的推理,决策者可能需要追溯证据的起源。

10. 与他人协同

发现是一个复杂的过程,它依赖于知道要寻找什么、通过与他人协同来验证假设、注意异常和使其他人相信发现的意义。因为对社交过程的支持对数据可视化是至关重要的,所以让用户通过数据可视化软件交互协同,会比发给用户、发布到网站等效果更佳。

11. 实现普遍可用性

可视化工具作为面向大众推广的产品,因每个使用者的生活、工作、教育和技术背景参差不齐,实现可视化工具的普遍可用性是设计人员面临的巨大挑战之一。

1.4.3 数据可视化的发展方向

在学科融合发展背景下,数据可视化的发展方向有以下三个方面。

(1) 数据可视化与数据挖掘将联系更紧密。数据可视化可以帮助人类洞察数据背后隐藏的潜在规律,进而提高数据挖掘的效率。因此,与数据挖掘紧密结合是数据可视化研究的一个重要方向。

(2) 数据可视化与人机交互将联系更紧密。更好地实现人机交互是人类一直追求的目标,而用户与数据的友好交互,能方便用户控制数据。因此,与人机交互结合是数据可视化的一个重要发展方向。

(3) 数据可视化与大规模、高维度、非结构化数据将联系更紧密。目前,我们正处在大数据时代,大规模、高维度、非结构化数据层出不穷,要将这些数据以可视化形式完美地展示出来,并非易事。因此,与大规模、高维度、非结构化数据的结合是数据可视化的一个重要发展方向。

1.4.4 数据可视化与其他课程的关系

以大数据管理与应用专业为例,其专业核心课程一般包括数据科学导论、数据库原理、数据结构与算法、数据挖掘与商务智能、大数据分析技术、机器学习、文本分析与文本挖掘、社交网络分析、数据可视化、数据治理、商业模式分析等。图1-7利用三层结构表示各门课程之间的关系,其中:基础层的课程包括数据科学导论、数据库原理、数据结构等;应用层的课程包括数据挖掘与商务智能、数据可视化、文本分析与文本挖掘等；管理层的课程包括数据治理、大数据决策、商业模式分析等。数据可视化作为大数据与应用专业的核心课程，属于应用层的课程之一，该课程主要应用基础层课程的知识，进行数据的处理、分析和展示，为管理层课程提供决策支持。

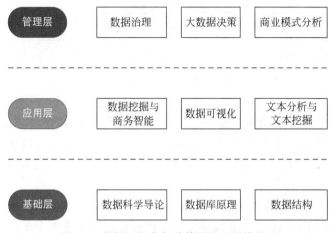

图 1-7　数据可视化与其他课程之间的关系

即测即练

思考题

1. 什么是数据可视化？
2. 数据可视化的原则有哪些？
3. 数据可视化的作用有哪些？
4. 数据可视化的一般过程包括哪些步骤？
5. 简要阐述数据可视化的发展历史。

第2章

数据可视化理论

数据可视化的核心本质为由数据到视觉元素的编码过程,数据可视化理论是有效实现这一过程的一系列方法。本章在对数据可视化理论内涵和要求进行概述的基础上,详细阐述了数据可视化的基本理论,进而对不同的图形元素进行了介绍,包括图形元素的种类、特点和应用场景等。

扩展阅读 2-1
"他山之石,可以攻玉"——数据可视化助力企业数据价值释放

本章学习目标

(1)了解数据可视化理论的内涵和基本要求;

(2)了解数据可视化的基本理论;

(3)熟悉和掌握不同图形要素及应用场景。

2.1 数据可视化理论概述

2.1.1 数据可视化理论的内涵

人类现实生活中,约80%的信息是通过视觉获取的。在人类通过视觉感知器官获取可视信息、编码并形成认知的过程中,感知和认知能力直接影响着信息的获取与进程的处理。许多心理学实验表明,人类视觉对以数字、文本等形式存在的非形象化信息的直接感知能力远远落后于对形象化视觉符号的理解,符号化的语言信息与图形化的非语言信息对于人类的认知过程具有同等重要性。例如,一个人可以通过词语"汽车"想象一辆汽车,或者可以通过汽车的心理映象而想象一辆汽车;在相互关系上,一个人可以想象出一辆汽车,然后用语言描述它,也可以读或听关于汽车的描述后,构造出汽车的心理映象。

相应地,数据可视化理论是根据视觉获取信息的特点,将不同类型的抽象数据,运用图形化的方式直观地展现其内在的复杂信息的一系列方法的统称,其目的在于将图形数据背后的信息有效地展示给读者,即使是非专业读者,也可以快速把握数据的含义,有效辅助相关管理实践活动,甚至起到"他山之石,可以攻玉"的作用。

2.1.2 数据可视化理论的要求

数据可视化理论的本质在于强调可视化过程中信息表达的有效性,从而使可视化图形

在满足数据可视化基本原则的前提下,更好地传达图形数据背后的含义。其基本要求包含以下几个方面。

1. 图形选择的契合性

由于图形元素类型众多,对于相同的数据信息,可能不同类型的图形均可对其进行可视化展示,但展示效果却存在明显差异,因此有必要针对可视化目的选择合适的图形元素。例如,对于某产品在不同区域的销售情况的可视化展示(图 2-1),假设可选择图形有扇形图和柱形图。若选择扇形图[图 2-1(a)],则对于数值接近的数据,扇形面积接近,相应销售情况的差异无法一目了然;通过柱形图描述销售数据[图 2-1(b)],并对其进行排序展示,销售差异则清晰可见。

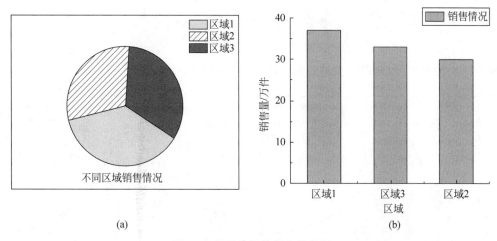

图 2-1　图形选择的契合性示例

(a)扇形图;(b)柱形图

2. 图形优化的合理性

当图形元素选定后,图形元素的可视化结果往往和预期效果存在一定的差异,此时需要针对当前图形元素展示数据进行合理的“加减法”,使其表达的信息更加有效。例如,通过热力图展示鸢尾花萼片长度、宽度,以及花瓣长度、宽度之间的相关性(图 2-2),颜色深度虽然具有较好的可区分性[图 2-2(a)],但是在一些具体鸢尾花性状相关性的对比中展示度较弱,如同花瓣长度与萼片长度的相关性相比,花瓣长度与花瓣宽度的相关性更高或是更低很难区分。图 2-2(b)将相关性绝对数值纳入可视化内容,相应不同性状相关性的差异一览无余。

3. 图形风格的统一性

可视化任务中,任何图形都不是孤立存在的,往往是通过一系列图形的组合来展示任务中不同方面的数据信息,这需要在可视化过程中尽可能保持绘图风格的统一,以避免绘图风格差异造成的认知偏差。如图 2-3 所示,图 2-3(a)采用两种不同的图形分别展示组 1 和组 2 的数值变化,假如读者忽视图例,组 2 的曲线有可能会被误解为组 1 数据的趋势线或拟合线。图 2-3(b)则统一使用线性图形展示两组数据,同时针对不同组数据使用了不同线形,

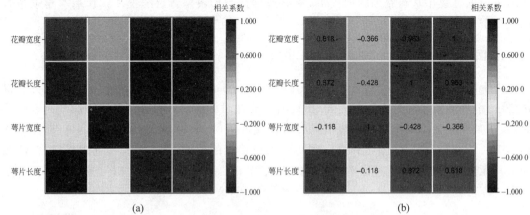

图 2-2　图形优化的合理性示例

（a）未添加数字标签；（b）添加数字标签

这样表达更加直观，读者可以快速追踪两组曲线随时间的变化差异。

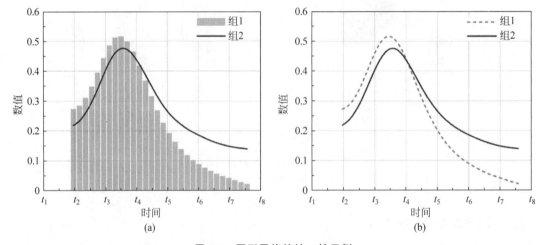

图 2-3　图形风格的统一性示例

（a）图形风格不统一；（b）图形风格统一

2.2　数据可视化基本理论

2.2.1　格式塔理论

"格式塔"源于德语 Gestalt，意思是统一的图案、图形、形式或结构。格式塔视觉理论认为，距离相近的部位，在某一方面相似的部位，彼此相属倾向于构成封闭实体的部位，具有对称、规则、平滑等简单特征的图形在一起时会被认成一个整体。因此可以利用以上特性，借助视觉系统将孤立的部分整体化表现。格式塔理论亦称完形理论，主要包括如下原则。

1. 接近性原则

物体之间的相对距离会影响人的感知,即会认为邻近的物体比距离相对较远的物体更具有关联性,同时它们会被看作一组物体。在图 2-4(a)中,左右物体相对邻近,根据人的认知习惯会被看作 3 行,而在图 2-4(b)中,因为上下物体相对邻近,所以会被看作 3 列。

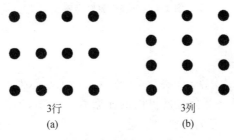

图 2-4　接近性原则示意图

(a) 左右物体邻近;(b) 上下物体邻近

2. 相似性原则

相似性原则,是指形状、大小、颜色相似的物体会被视为一个群体。如图 2-5 所示,相似的元素会很自然地被视为一类。

图 2-5　相似性原则示意图

3. 闭合性原则

闭合性原则是指将不完整的局部感知成一个整体。图 2-6 所示图形虽然有缺口,但首先感知到的还是一个圆形,人的视觉系统会将不完整的物体与认知模型匹配,从而达成认知。

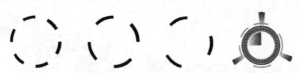

图 2-6　闭合性原则示意图

4. 连续性原则

连续性原则是指引导视觉遵循一致的路径,通过共性将物体感知连成一个整体。图 2-7 所示的环形图就具有连续性,人类能够感知到环形图的形状与运动方向。

图 2-7 连续性原则示意图

5．包含性原则

包含性原则可以将信息分组、内容分离，提升页面的层次和机构性，有助于信息的分类展示。如图 2-8 所示，在视觉上会将框里面的元素看作一组，形成视觉上的一种强调方式，这种设计手法常用于突出元素的重要性。

6．简单性原则

人类识别世界的时候通常会消除复杂性和不熟悉性，并采纳最简化的形式。这种复杂性的消除有助于产生对识别物体的理解，而且在人的意识中，这种理解高于空间的关系。图 2-9 中交织的五环图形要比分割的五环图形更加简洁，且易识别。

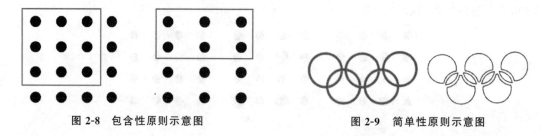

图 2-8 包含性原则示意图   图 2-9 简单性原则示意图

7．共势性原则

如果一组物体具有沿着相似的光滑路径运动趋势或相似的排列模式，人类视觉系统会将它们识别为同一类物体。如图 2-10 所示，人类可以在图 2-10（a）中根据相同布局的字母自动识别出语句，而在图 2-10（b）中则可以自动将具有类似运动趋势的点聚类。

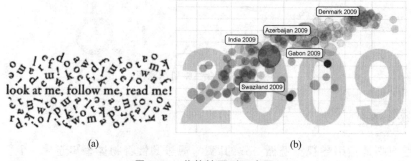

(a)   (b)

图 2-10 共势性原则示意图

（a）布局共势性；（b）趋势共势性

8．对称性原则

　　人的意识倾向于将物体识别为沿某点或某轴对称的形状。因此,可视化过程中,将数据按照对称性原则分为偶数个对称的部分,如图 2-11 所示,增强认知的愉悦性,从而实现整体性认知。

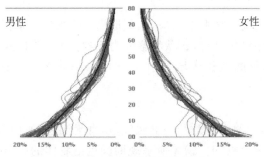

图 2-11　对称性原则示意图

9．经验性原则

　　经验性原则是指距离相近或者时间间隔小的两个物体,通常被识别为同一类。图 2-12 左右两图分别将同一个形状放置在字母和数字之间,形成不同的类别识别,相应识别结果分别是 B 和 13。

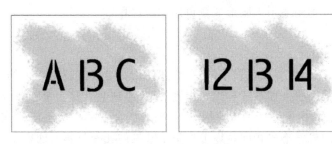

图 2-12　经验性原则示意图

2.2.2　颜色刺激理论

　　颜色是以视觉元素和符号传达信息的重要元素,其包含的丰富信息,适用于信息编码,即数据信息到颜色的映射。颜色与形状和布局构成了最基本的数据编码手段,根据人类视觉系统特点,合理、有效地将颜色元素应用于可视化图形,能更好地让用户在数据和图形元素中切换,直观理解可视化图形背后的含义。

1．视觉系统与可见光

1）人眼与可见光

　　可见光是指能被人眼捕获并在人脑中形成颜色感知的电磁波,其在整个电磁波波谱上只占很小的一部分。人眼的光学系统类似于日常生活中的照相机系统。生理学的研究表明，人眼视网膜上的光感受细胞主要分为两种——杆状细胞和锥状细胞，它们均匀地分布在眼球后半部靠近中心的位置。

杆状细胞是视网膜上受光刺激最敏感的感受细胞，比锥状细胞对光的刺激要敏感 10 倍以上，所能感应的可见光范围为 400～700 纳米，其在较弱光照下同样具有很好的敏感性，因此其通常具有很强的暗视觉，在白天，杆状细胞得到的视觉刺激已经超饱和，不对人的视觉感知产生贡献。

锥状细胞仅对明亮光线产生刺激反应，从而形成了明视觉。根据锥状细胞对长波长、中波长和短波长可见光的不同敏感性，锥状细胞分为三种类型，即 L 锥状细胞、M 锥状细胞和 S 锥状细胞，对应的最敏感的波长区域分别为 564～580 纳米、534～545 纳米和 420～440 纳米。

2）颜色与视觉

从物理学角度而言，光的实质是一种电磁波，本身无颜色，所谓颜色只是视觉系统对接收到光信号的一种主观视觉感知。物体所呈现的颜色由物体的材料属性、光源各种波长分布和人的心理认知所决定，存在个体差异。因此，颜色既是一种心理生理现象，也是一种心理物理现象。

关于颜色视觉理论，主要存在两个互补的理论：三色视觉理论与补色过程理论。三色视觉理论认为，人眼的三种锥状细胞（L 锥状细胞、M 锥状细胞和 S 锥状细胞）分别优先获得相应敏感波长区域光信号的刺激，最终合成形成颜色感知。补色过程理论则认为，人的视觉系统通过一种对立比较的方式获得对颜色的感知：红色对应绿色，蓝色对应黄色，黑色对应白色。这两个理论分别阐述了人眼形成颜色感知的过程。

2. 色彩空间

色彩空间（也称色彩模型或色彩系统）是描述使用一组数值表示颜色的方法的抽象数学模型。由于人眼的视网膜上存在三种锥状细胞，所以原则上只要三个参数就能描述颜色，如 RGB 色彩模型。然而，由于某些历史原因，在不同的场合下存在着不同的颜色定义方式，因而所使用的色彩空间也就不尽相同。以下列举了常见的几种色彩空间模型。

1）CIE XYZ/CIE $L^*a^*b^*$

CIE 1931 XYZ 色彩空间是基于抽象数学模型实验所形成的色彩空间。实验过程中通过标准观察者改变三种原色光的明度，得到与测试颜色完全相同的颜色感知，当测试颜色是单色时（即光谱上的颜色，具有单一波长），记录三种原色的明度值，并将之绘制成关于波长的函数，这三个函数称为关于该观察实验的"颜色匹配函数"（图 2-13）。在 CIE（国际照明委员会）标准观察者实验中，规定三种原色的波长分别为 700 纳米（红色）、546.1 纳米（绿色）和 435.8 纳米（蓝色）。

由于实际上不存在负的光强，1931 年，国际照明委员会根据 CIE 颜色空间的规定，通过定义标准原色 X（红）、Y（绿）、Z（蓝）构造了 CIE XYZ 颜色系统，使得到的颜色匹配函数均为正值。CIE 1931 XYZ 色彩空间没有给出估算颜色差别的直接方式，即两种颜色的 X、Y、Z 之间的欧式距离不代表两种颜色的感知差异。其改进版本 CIE $L^*a^*b^*$ 色彩空间完全基于人类的视觉感知而设计，致力于保持感知的均匀性，其中，L^* 值的分布匹配人类眼睛关于亮度的感知，允许人们通过修改 a^* 和 b^* 分量的色阶对颜色作出精确调节。

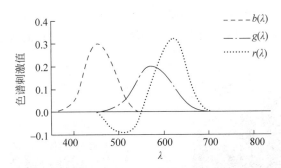

图 2-13 CIE RGB 颜色匹配函数

2）RGB/CMYK

RGB 色彩模型采用笛卡儿坐标系定义颜色，三个轴分别对应红色（R）、绿色（G）和蓝色（B）三个分量。在该空间中，坐标原点代表黑色，任一点代表的颜色都用从坐标原点到该点的向量表示。RGB 色彩模型是一种加法原色模型，也就是说，颜色可以通过在黑色背景上混合不同强度的红色、绿色、蓝色获得［图 2-14（a）］。在目前主流的电子显示设备 LCD（liquid crystal display，液晶显示器）或 OLED（organic light-emitting diode，有机发光二极管）中，像素由红、绿、蓝三个子像素组成，通过电路控制子像素的亮度实现颜色的显示［图 2-14（b）］。

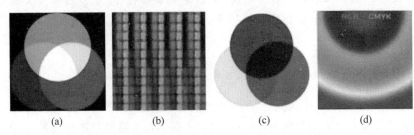

扫二维码
看彩色图

图 2-14 RGB 加法原色系统和 CMYK 减法原色系统

（a）RGB 色彩模型；（b）LED 色彩；（c）CMYK 色彩模型；（d）屏幕色彩与印刷色彩的差别

CMYK 模型由青色（cyan，C）、品红色（magenta，M）、黄色（yellow，Y）和黑色（black，K）构成，通常用于印刷行业。理论上 C、M、Y 三种颜色的合成可以得到黑色，但是通常由于油墨含有杂质或其他因素，得到的颜色往往呈现出深褐色或深灰色，CMYK 模型增加了黑色。与 RGB 色彩模型相反，CMYK 色彩模型是一种减法原色模型［图 2-14（c）］，在白色背景上套印不同数量的三种油墨，通过吸收光源中相应波长的方法得到反射颜色。由于印刷和计算机屏幕显示使用的是不同的色彩模型，计算机一般使用 RGB 色彩空间，所以在计算机屏幕上看到的影像色调和印刷出来的有一些差别［图 2-14（d）］。

3）HSV/HSL

RGB 色彩空间和 CMYK 色彩空间分别使用的加法原色模型与减法原色模型没有遵循人类关于色彩的色泽、色深、色调的感知方式。对此，Alvy Ray Smith 于 1978 年开发了 HSV 色彩空间，同时 Joblove 和 Greenberg 共同开发了 HSL 色彩空间。

HSV/HSL 色彩空间是两个不同的色彩空间。在 HSV 色彩空间中，H 指色相（hue），S 指饱和度（saturation），V 指明度（value）。在 HSL 色彩空间中，L 表示亮度（lightness）。HSV 色彩空间和 HSL 色彩空间可以用圆柱体坐标系表示（图 2-15），其中，角度坐标代表色相,0°表示红色,120°表示绿色,240°表示蓝色；60°、180°和300°分别表示第二主色——黄色、青色和品红色。在 HSV 圆柱体和 HSL 圆柱体中,中轴由无色相的灰色组成,明度值或亮度值(0～1)表示黑色到白色。

扫二维码
看彩色图

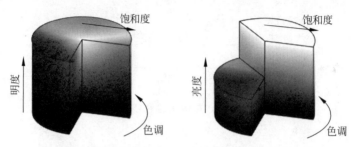

图 2-15　HSL 色彩空间和 HSV 色彩空间的圆柱体表示

2.2.3　视觉编码理论

视觉编码描述的是将数据映射到最终可视化结果上的过程,是数据与可视化结果的映射关系,可使读者迅速获取信息。研究表明,有效编码能够在 10 毫秒内被人类视觉"解码",无效编码则需要 40 毫秒甚至更长时间。因此,数据映射为可视化结果时,需要遵循符合人类视觉感知的基本编码原则。

1. 相对判断和视觉假象

人类感知系统的工作原理决定于对所观察事物的相对判断。例如,图 2-16 所描述的 Weber 定律中,由于缺少共同的参照物,随意放置在平面的两个线段很难比较长短[图 2-16(a)];当添加参照线段 C 后,可以直观判断二者长度差异[图 2-16(b)]。

视觉假象是指通过视觉系统获得的事物感知,与客观世界中事物不一致的现象。在图 2-17 中,线段 A 和线段 B 具有完全相同的长度,然而由于透视的上下文环境的设置,在感知上人们更容易得到 A 比 B 短的伪结论。

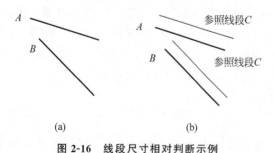

图 2-16　线段尺寸相对判断示例

(a) 无参照物；(b) 使用相同长度的新线段为参照物

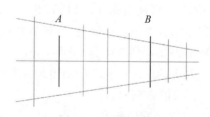

图 2-17　视觉假象示例

2. 标记和视觉通道

可视化编码是将数据信息映射成可视化元素的技术,其通常具有表达直观、易于理解和记忆等特性,由标记(图形元素)和用于控制标记的视觉特征的视觉通道构成。前者是数据属性到可视化元素的映射,用于直观地代表数据的性质分类;后者是数据的值到标记的视觉表现属性的映射,用于展现数据属性的定量信息。

在可视化中,标记通常是一些几何图形元素,如点、线、面、体等(图 2-18 第一行);标记具有分类性质,因此不同的标记可用于编码不同的数据属性。视觉通道则用于控制标记的展现特征,从定量的角度描述标记在可视化图像中的呈现状态,通常可用的视觉通道包括标记的位置、大小、形状、方向、色调、饱和度、亮度等(图 2-18 第二、三行)。视觉通道不仅具有分类性质,也具有定量性质,因此一个视觉通道可以编码不同的数据属性(如形状等),也可以用于编码一个属性的不同值(如长度等)。另外,作用于一个标记的多个视觉通道结合则可以用于编码多个属性或一个属性的多个子属性。

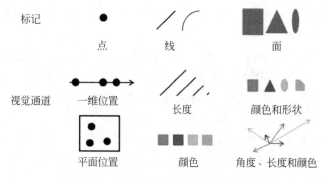

图 2-18　可视化表达的标记和视觉通道

对视觉通道的编码主要根据视觉通道的表现力和视觉通道的有效性。不同视觉通道对于数据的信息表达能力是不同的。根据人类感知系统获取周围的三种最基本模式(图 2-19),视觉通道相应形成了不同类型。

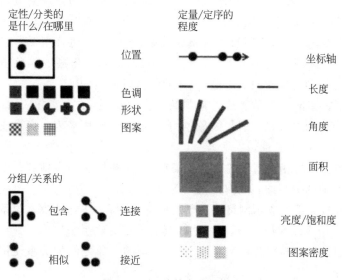

图 2-19　三种基本感知模式

1)用于分类的视觉通道

(1)位置。平面位置在所有的视觉通道中具有特殊性,一方面,平面上相互接近的对象会被分成一类,所以位置可以用来表示不同的分类;另一方面,在使用平面坐标来标定对象的属性时,位置可以代表对象的属性值大小。

(2)色调。人类会从定性的角度认识色调,平常所说的冷暖色调,就是一件物品或一幅图表现出来的情感的强烈程度,这种情感的强烈程度没法从定量的角度去判别冷艳或热烈。

(3)形状。形状代表的含义很广,一般理解为对象的轮廓,或者对事物外形的抽象,用于定性描述,如圆形、正方形等,更复杂一点的是几种图形的组合。

(4)图案。图案也称为纹理,大致可以分为自然纹理和人工纹理。自然纹理是指自然界中存在的有规则的图案,如树木的年轮等;人工纹理是指人工实现的规则图案,如中学课本上求阴影部分面积的示意图等。

2)用于定量/定序的视觉通道

(1)坐标轴。坐标轴上的位置就是介绍位置中的定量功能,使用坐标轴可以对数据的大小进行定量或排序操作。

(2)长度。长度也可以被称为一维尺寸,当其较小时,其他的视觉通道容易受到影响,人们对很小的形状也无法区别,如一个很大的红色正方形比一个红色的点更容易区分。根据史蒂文斯幂次法则,人们对一维尺寸,即长度或宽度,有清晰的认识;但随着维度的增加,人们的判断越来越不清楚。

(3)角度。角度还有一个名字叫"方向",其不仅可以用来分类,还可以用来排序,这要看可视化时选择什么象限。在二维可视化的世界里,4个象限有三种用法:在1个象限内表示数据的顺序;在2个象限内表现数据的发散性;在4个象限内可以对数据进行分类。

(4)面积。面积就是二维尺寸。

(5)亮度/饱和度。亮度是表示人眼对发光体或被照射物体表面发射的光线或反射的光线强度实际感受的物理量。简而言之,当任意两个物体表面被拍摄出的最终结果是一样亮,或被眼睛看起来两个表面一样亮时,它们的亮度就是相同的。现实应用中,尽量使用少于6个可辨识的亮度层次,且层次的边界也要明显。饱和度是指色彩的纯度,也称色度或彩度,是色彩三属性之一。饱和度跟尺寸有很大关系,区域大的适合用低饱和度的颜色填充,如散点图的背景等;区域小的使用更亮、颜色更丰富、饱和度更高的颜色填充,便于用户识别。小区域使用的饱和度通常只有3层,大区域的可以适当增加。

(6)图案密度。图案密度是表现力最弱的一个视觉通道,在实际应用中很少看到它的身影。可以把它当作同一种形状、尺寸、颜色的对象的集合,用来表示定量或定序的数据。

3)用于表示关系的视觉通道

(1)包含。包含是将相同属性的对象聚集在一起,并把它们囊括到一个区域,这个区域与其他区域具有明显的分界线,如方框、圆形等。

(2)连接。连接关系在表示网络关系型数据中使用,如在邮件收发关系中,收件人与发件人之间的关系使用线段连接,表示他们之间具有一定的联系。

(3)相似。相似经常与颜色搭配使用,属性类似的对象之间的关系使用相同色调、不同亮度的颜色来表示。

(4)接近。如果说相似借用颜色来聚类属性相似或相同的对象,那么接近就是利用距离来表示这些对象。这可以体现在设计原则中的亲密性原则,相同性质的事物应该放在一起。

2.3 数据可视化图形要素[①]

2.3.1 坐标系统图形

1. 条形图

条形图是利用等宽的不同长度的条形来描述数据数值大小的图形,其中,条形既可以横置也可以竖置,因而条形图也可以称为柱形图。条形图主要用于两类及以上数据项之间的比较。如图 2-20 所示,可以通过条形图直观获得不同种类水果的销售情况,同时也容易发现它们之间的差异。

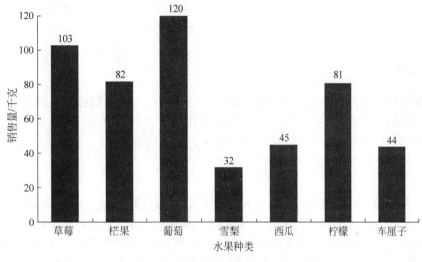

图 2-20　条形图示例

在绘制条形图的过程中需要注意三个方面,即条形数量、条形间距和条形长度上下限。条形数量是指需要描述的数据项的数量,如图 2-20 中,需要描述 7 类数据,则条形数量为 7。由此,数据项数量也是决定是否采用条形图展现数据的一个重要因素。假如数据项数量过多,绘制出的条形会过于密集,进而数据项差异性的显示度较低,此种情况建议采用其他图形进行展示。条形间距是指条形之间的距离,间距过小或过大均会影响结果的展示度,通常情况下,条形间距应低于条形宽度且高于条形宽度的 1/3。条形长度上下限是指所需绘制数据项中的最大值和最小值。假如二者差异过大,图形中一些条形会过短而难以辨识,此时应考虑采用缩放数据、调整坐标轴等方式提高展示度。

2. 折线图

折线图是利用折线将一系列数据点连接起来的图形,可以用于描述数据的变化趋势,如图 2-21 所示。实际绘制过程中,折线图需要注意绘制的数据点数量以及相连数据点的差异。当所需绘制的数据点数量庞大,且相邻数据点总是出现跳跃性变化时,折线图的展示度较低,建议使用散点图进行展示。

---

① 本节所使用图形素材来自 pyecharts 官网:https://pyecharts.org/#/zh-cn/intro。

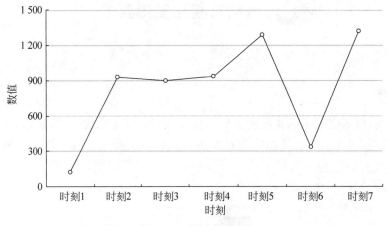

图 2-21 折线图示例

3. 散点图

散点图是将两组数据项的一系列值构成一组坐标点,并将其以孤立点的方式绘制于坐标系上的一种图形,如图 2-22 所示。散点图广泛用于考察数据项之间的关联性、分布模式、异常值探查等。

4. 箱形图

箱形图亦称为盒式图、箱线图等,是用于统计数据分布情况的一种图形,其绘制过程为:找到一组数据的上边缘、下边缘、中位数和上四分位数、下四分位数;连接两个四分位数绘制箱体,并将上、下边缘分别与箱体相连。如图 2-23 所示,每个箱形图由上至下 5 条横线依次表示对应数据项中数据的上边缘、上四分位数、中位数、下四分位数和下边缘,上下边缘之外的数据点均为异常值。箱形图常用于探索性数据分析,如数据异常值探查、数据偏态性分析等。

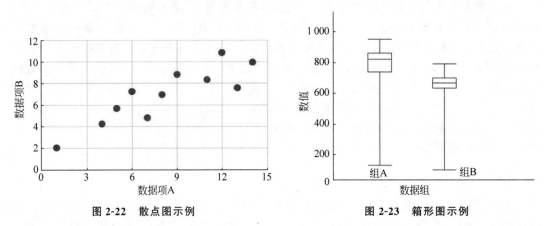

图 2-22 散点图示例

图 2-23 箱形图示例

5. 极坐标图

极坐标图也称为奈奎斯特图,是在复平面上用一条曲线描述连续时变数据的幅相图,主要用于展示线性系统幅频和相频的变化。类似二维坐标系,极坐标系也包含两个坐标轴,即半径坐标和角坐标。半径坐标表示数据点与极点的距离,角坐标表示逆时针方向极轴的角度,这样可以通过描点法绘制数据点的变化,如图 2-24 所示。

6. 雷达图

类似于极坐标图,雷达图是从同一个中心点开始的 3 个及以上坐标轴(每个坐标轴代表一个定量数据项且角度、刻度保持一致)表示定量数据项的多边形图形。雷达图通常用于变量的对比,特别是多维变量的展示。如图 2-25 所示,通过雷达图可以清晰地看出组织在管理、销售、市场、研发、客服、技术六个方面的优势和短板。值得注意的是,虽然雷达图可以很好地表达多维变量,但其展示度会随着变量维度的增多而逐渐下降。

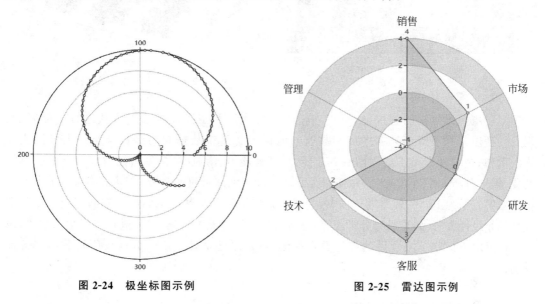

图 2-24　极坐标图示例　　　　　图 2-25　雷达图示例

7. 热力图

热力图是将直角坐标系中数据点进行着色,并通过颜色深度描述数据项状态的一种统计图形,适用于数据量较大情形下的可视化分析,如数据项关系分析、极值区域探查、数据整体状态描绘等。热力图绘制过程中需要指定数值与颜色深度之间的映射规则,如:数值越大,颜色越深;数值越小,颜色越浅。此外,可以通过色块上标注数值的方式解决热力图色块难以表达精确数值的问题,如图 2-26 所示。

8. 空间坐标系图形

人类社会活动中除了二维平面数据外,往往还有三维空间数据。根据表现形式,空间坐标系可以分为空间直角坐标系和球面坐标系。空间坐标系利用横轴(x 轴)、纵轴(y 轴)和竖轴(z 轴)刻画空间数据点进而形成空间图形。例如,图 2-27 中,x 轴和 y 轴数值确定柱形位置,z 轴确定柱形高度,可以获得空间柱形图。球坐标系利用 γ、θ、φ 三个参数描绘数据点的空间位置,γ 表示数据点到原点的距离,θ 表示原点到数据点连线与 z 轴的夹角,φ 表示原点到数据点连线在 x-y 平面上投影与 x 轴的夹角。以空间球面图为例,球面任意一点到原点距离一定,通过不断变换 θ、φ 取值可以绘制出整个球面的点。在此基础上,利用颜色深度刻画数据点的额外信息,进一步丰富可视化图形的信息表达。

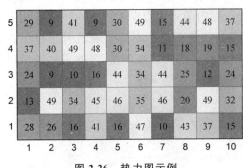

图 2-26　热力图示例

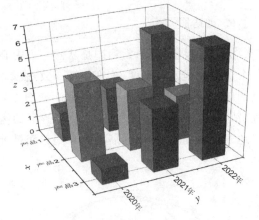

图 2-27　空间柱形图示例

对于更高维数据的可视化,可以通过视觉转换法和空间变换法的方式进行图形展示。视觉转换法是在不改变数据维度和数值的前提下将高维数据映射到低维空间的可视化方法。例如,企业考察员工培训前后专业能力、理解能力、沟通能力、创造能力以及学习能力的变化,需要分析 5 个数据项取值的情况,很难通过高维图形进行展示,但可以利用雷达图将 5 个数据项表示为不同的轴并进行描点,实现高维数据到低维数据的转换。空间变换法是利用线性或非线性方法(如主成分分析法等)将高维数据降为低维数据,进而进行可视化的方法,该方法广泛用于机器学习领域的高维数据降维,不足之处是转换后的数据较原始数据的解释性弱。

2.3.2　非坐标系统图形

1. 桑基图

桑基图(Sankey diagram)是描述数据从一组实体到另一组实体流向情况(分流、合并)的图形,用于刻画资金、能量、人员等可量化数据的流动变化。如图 2-28 所示,每条黑色的竖线段表示实体,灰色曲线路径表示数据在实体间流向和流量情况。例如,实体♯1 的数据主要流向实体 d_1,然后分别流向实体 *3 和 *4。

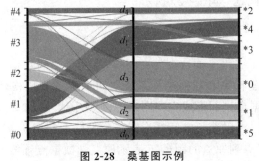

图 2-28　桑基图示例

2. 扇形图

扇形图是用一个完整的圆形或圆环表示总体,通过圆形(圆环)内部扇形(扇环)描述不同数据项(部分)数值在总体中占比的统计图形,可用于分析各个数据项和总体之间的关系。图 2-29 绘制了产品不同渠道销售量的扇形图,从图中可以直观地看出线上销售渠道是产品销售的主要方式,其中分销商线上销售数量占比最高,达到 50.12%。

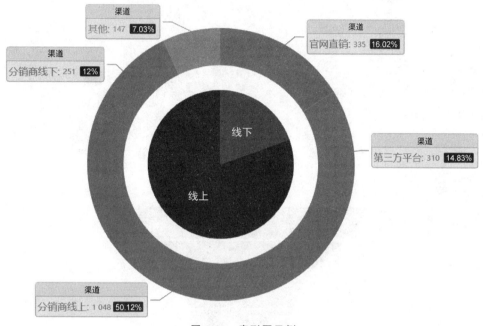

图 2-29　扇形图示例

3. 网络图

网络图是将结点抽象为实体,通过连线刻画实体间关系的图形,因状如网络而得名。网络图既可以从宏观探查结点间关系分布情况,也可以从微观探查结点间关系形成的特点。如图 2-30 所示,结点间关系的分布并不均匀,主要形成了两个聚簇,且两个聚簇间仅有一条关系线相连。实际绘制过程中,结点形状、颜色、大小等可以描述实体不同的信息,结点间连线可以是有向线或无向线,同时也可以赋予权值,进一步刻画结点间关系的特点。

4. 漏斗图

漏斗图是利用堆积条形描述流程化数据的一种图形,主要用于具有规范性、周期较长、环节较多,且环节数据逐级递减的流程数据分析场景,相应堆积条形会被挤压成一个倒三角的形状,因而漏斗图也称为倒三角图。以客户在线购物业务流程为例(图 2-31),可以看到漏斗的最大下降发生在收藏这一环节,是后续业务进一步提升需要重点关注的环节。

5. 仪表盘图

仪表盘图是一种通过模拟现实仪表(如水表、速度表、湿度表等)方式展现数据状态的图

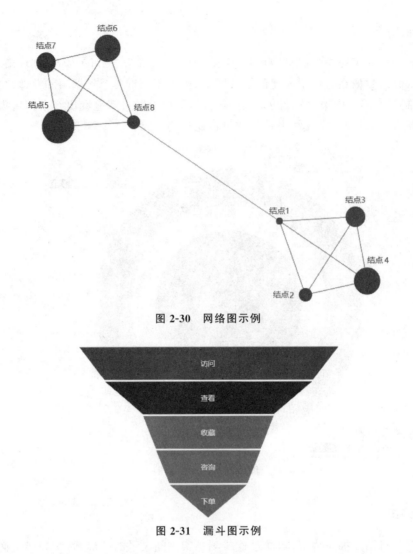

图 2-30　网络图示例

图 2-31　漏斗图示例

形。仪表盘图引擎拟物性可以清晰地展示某个数据项的数值范围，直观地向读者传达重要信息，进而辅助其决策。如图 2-32 所示，假设该仪表盘显示空气湿度，那么读者可以迅速将视觉符号转化为有效信息。

6. 树状图

树状图（tree diagram）亦称为树枝状图、树状组图等，是通过层次结构表达数据之间亲缘关系的一种图形，因其形状与现实中的"树"相像而得名，如图 2-33 所示。树状图主要用于数据间隶属关系、数据构成情况等场景。一些场景中为了达到更好的可视化效果，会用矩形来展示数据的树状结构，即矩形树状图（图 2-34）。

7. 词云图

词云图是将待显示数据（特别是文本数据）中的关键信息通过关键词云层或关键词渲染的方式突出显示的一种图形。词云图可以过滤大量低频、低质信息，使读者从纷繁复杂的数

图 2-32　仪表盘图示例

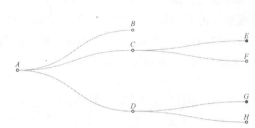

图 2-33　基本树状图示例

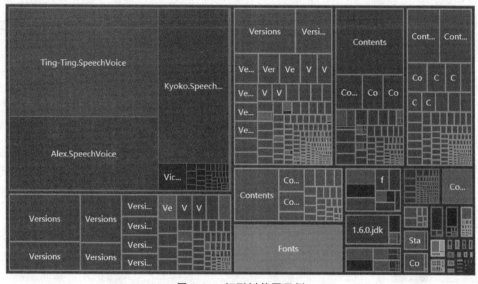

图 2-34　矩形树状图示例

据中快速把握关键信息。如图 2-35 所示,通过词云图可以直观地看出文字中的最热门主题包括生活资源、供热管理、供气质量和生活用水管理,进而读者可通过这些关键信息快速了解到文字来源主要探讨的是民生问题。

图 2-35　词云图示例

8. 地理图

地理图是以地理信息系统（Geographic Information System，GIS）为基础，利用图形元素直观形象地展示地理空间信息并揭示相应规律的一种图形。例如，通过描点法在地图上绘制原产地城市，读者可以直观地感受到原产地的分布情况，进而可结合自身特点（如地域邻接、水运发达等）进行原产地筛选。

2.3.3 图形要素的应用场景

由于图形元素类型多样，且不同图形元素往往具有不同的特点，因此在实施数据可视化的过程中，合理、恰当地运用图形元素会达到事半功倍的效果。本书将数据可视化任务主要分为四类，即比较类、分布类、构成类和关系类，各类数据可视化任务往往对应特定的图形要素，如图 2-36 所示。

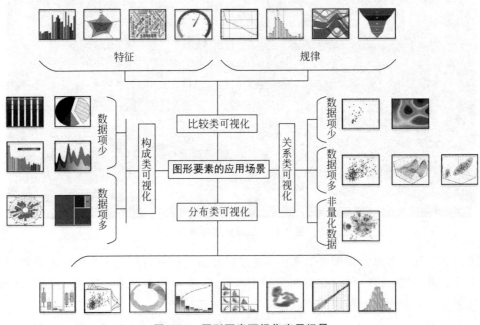

图 2-36 图形要素可视化应用场景

（1）比较类。比较类任务主要将两个或两个以上的数据项进行比较，探查它们的差异，从而揭示这些数据项所对应实体的发展变化规律。该类可视化任务需要直观、准确地展示实体或实体某些方面的变化及差异，根据任务探查目的可以进一步区分为静态比较类任务和动态比较类任务。静态比较类任务主要展示相同时间条件下不同实体的差异，如两名同学在身体素质、学习能力、实践能力等方面的对比等；动态比较类任务则是展示特定实体在不同时期的状态，如某位同学在大学期间学习能力的变化。这两类任务的可视化并不是孤立的，在实际中往往会组合使用。鉴于比较类可视化任务的上述特点，可选择能够反映数据项不同特征（如柱形图、雷达图、词云图、仪表盘图等）和变化规律（如折线图、柱形图、桑基图、漏斗图等)的图形要素进行展示。

（2）关系类。关系类任务主要从大量的数据中分析相关实体或实体特征之间的关联性或相关性。涉及量化数据的关系类可视化任务,对于数据项较少的情形,可以采用散点图、热力图等图形要素进行展示;对于数据项较多的情形,可使用着色散点图、空间散点图和曲面图等刻画。涉及非量化数据的关系类可视化任务,可以采用网络图展示。

（3）构成类。构成类任务主要展示数据项之间的隶属关系,以及数据项在总体中的占比情况。对于少量数据项的构成类可视化展示,可以使用扇形图、堆积柱形图、占比柱形图、堆积面积图(stacked area graph)等图形要素刻画;对于数据项较多的构成类可视化任务,可以使用矩形树状图、极坐标图等图形要素展示。

（4）分布类。分布类任务主要用于揭示数据项中数据的分布特征和类型,如数据偏态分析、异常值检测、数据分组差异探查等。该类可视化任务以统计分析类图表为主,如箱形图、散点图、柱形图、热力图等。

即测即练

思考题

1. 简述可视化理论的基本要求。

2. 简述折线图和散点图的异同。

3. 两个不同的实体,均具有相同的特征(特征数量 100 维),但特征值不完全相同,思考如何根据特征可视化对比这两个实体差异。

第3章

数据可视化过程

数据可视化过程是数据可视化实现的具体方法论。本章首先概述了数据可视化过程的理论模型,然后介绍了 4 个经典的数据可视化流程模型,最后详细阐述了业务驱动的数据可视化过程,包括业务抽象和数据抽象、数据可视化展现、数据可视化的用户交互。

本章学习目标
(1) 了解数据可视化过程的理论模型;
(2) 了解数据可视化的主要流程模型;
(3) 熟悉和掌握业务驱动的数据可视化过程。

3.1 数据可视化过程的理论模型

3.1.1 意义建构理论

数据可视化过程往往包含获取数据并形成信息、知识的过程。从信息论的角度出发,Dervin[1, 2]对信息本质的定义,突破了把信息作为独立于认知主体之外的孤立实体的局限,提出了意义建构理论。该理论认为:信息是由认知主体在特定时空情境下主观建构所产生的意义。信息意义的建构过程是人的内部认知与外部环境交互行为共同作用的结果,因此,信息不是被动观察的产物,而是需要人的主观交互行动,知识也是人在交互过程中通过不断建构、修正、扩展现存的知识结构而获得的。该理论的上述思路与 Piaget[3]的认知发展理论相一致,即经过图示、同化、顺应和平衡的建构过程,将从环境中获取的信息纳入并整合到已有的认知结构,并且改变原有的认知结构或者创造新的认知结构,以达到动态的平衡。

3.1.2 信息觅食理论

Pirolli 和 Card[4, 5]提出的信息觅食理论是意义建构过程中用户搜索行为的认知理论基础。该理论认为:信息环境分布着很多的信息碎片[6, 7],数据可视化分析者或信息搜索者根据信息线索在信息碎片之间移动,并进行移动的轨迹选择,旨在最大化收益而最小化成本。信息觅食的时空情境包括搜索目标、分析者的先验知识以及当前位置等。数据可视化分析者会根据所处的时空情境,结合特定的分析任务制定相应的信息觅食即搜索计划。信息觅食理论与意义建构理论也是数据可视化经典模型 Card 模型的理论基础。

3.1.3　分布式认知理论

分布式认知理论将认知的领域从个体内部扩展到个体与环境交互时所涉及的时间和空间元素[8],强调环境中的外部表征对于认知活动的重要性,而不仅仅局限于传统所关注的个体内部表征。当环境中存在符合用户心理映象的外部表征时,如某种直观的可视化结构等,那么用户可以直接从中提取信息和知识,而不需要经过推理等涉及内部表征的思维过程。因此,在交互中主动建立有效的外部表征,能够大大提高认知的效率。

分布式认知理论对分析过程中的实用型行为和认识型行为[9]进行区分:实用型行为是指明确的、有意识的、目标导向的行为;而认识型行为指的是信息的外部表征与人的内部心理模型的协调与适应过程[10]。这一区别对可视化分析中人机交互过程中多层次的任务模型构建具有重要的指导意义。例如,可视化分析中用于表达高层次用户意图的任务具有认识型行为的特征,而各种具体的分析任务如过滤和聚类等,则具有实用型行为的特征。

3.1.4　用户认知理论模型

根据认知发展理论,在分析推理过程中,人的强项是在感受到外界刺激(如可视化界面中的形状色彩元素等)时,能够瞬间将新感知到的信息纳入已有的知识结构中;同时,对于感知到的与现有知识结构不一致的信息,也能够迅速找到相似的知识结构予以标记,或者创造一个新的知识结构。而计算机在分析推理过程中的强项是具有远远超过人的工作记忆能力,同时具有强大的计算能力以及信息处理能力,并且不带有任何主观认知偏向性。Green等[11]根据人和计算机各自的优势,对分析推理过程中各自的角色进行建模,提出了支持人机交互可视化分析的用户认知理论模型。

该模型以信息/知识发现活动为核心,将认知模型抽象为几个支持上述核心的关键活动。

(1)通过实例或者设定模式来进行搜索,这一过程由用户发起,计算机予以响应并形成交互分析行为。

(2)新知识的建立过程,由分析者通过在新旧知识结构之间建立语义连接发起,如在可视化界面中,分析者可以通过标注等交互操作显式地建立连接,计算机对分析者新建的知识连接进行更新,并通过语法语义分析更新知识库。

(3)假设条件的生成与分析验证,分析者和计算机均可以作为假设条件的产生者,然后根据假设分析所得的证据列表,由计算机自动生成假设与证据矩阵,分析者据此作出结论。

(4)描述了计算机辅助知识发现的自动化处理,如对分析者各种交互输入的存储和响应、根据分析者的需求执行模式识别等自动分析算法,将相关或具有潜在价值的信息显示出来,分析者继而对显示的内容进行选择或者摒弃。

上述各个认知活动均与信息/知识发现息息相关,该模型描述了人机交互分析过程中的主要认知活动,并且给出了分析者和计算机在认知活动中各自的任务范畴。该理论是人机交互可视化模型的理论基础。

3.2 数据可视化的主要流程模型

数据可视化的主要流程模型包括流水线模型、Card 模型、嵌套模型和人机交互可视化分析模型等。

3.2.1 流水线模型

1990 年，Robert B. Haber 和 David A. McNabb[12] 提出了数据可视化的流水线模型，该模型通常被用于科学可视化中。该模型把数据分成五大阶段，即原始数据、预处理数据、目标数据、几何数据、图形数据，分别要经历数据分析、过滤、映射和绘制四个过程，而且每个过程的输入是上一个过程的输出，如图 3-1 所示。

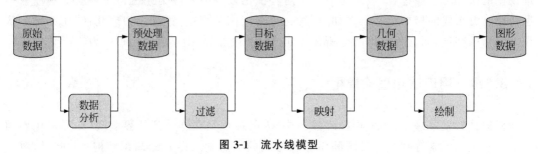

图 3-1　流水线模型

流水线模型的具体过程包括以下四方面。
（1）对原始数据进行数据分析。
（2）对预处理过的数据进行数据筛选。
（3）将目标数据映射为几何数据。
（4）绘制图形图表数据。

3.2.2 Card 模型

Card 模型是信息可视化的典型模型。基于意义建构理论和信息觅食理论，Card[13] 建立了信息可视化的分析过程模型。分析者根据分析任务需求进行信息觅食，在信息可视化界面借助各种交互操作来搜索信息，如对于可视化界面进行概览、缩放、过滤、查看细节、检索等。在信息觅食的基础上，分析者开始搜索并分析潜在的规律和模式，可通过记录、聚类、分类、关联、计算平均值、设置假设、寻找证据等方法抽象提取出信息含有的模式。然后，分析者利用发现的模式开始分析解决问题的过程，可通过对可视化界面进行操纵来设定假设、读取事实、分析对比、观察变化等。在对问题进行分析推理过程中创造新知识，并且形成一定的决策，或者开始进一步的行动，带着任务需求开始新一轮的循环。

上述意义建构循环模型中的几个关键步骤之间还存在着多种转移路径和依赖关系，描述了人在数据分析时的主要认知行为、过程及关系，具体过程如图 3-2 所示。在此之后的大部分信息可视化系统和工具包都支持这个模型，只是在实现上存在细微的差异。

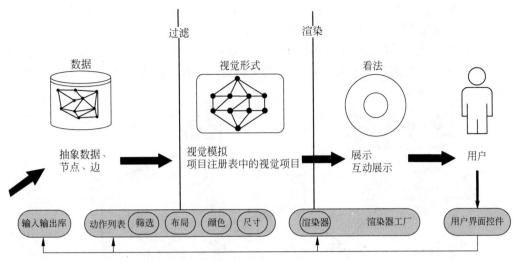

图 3-2　Card 模型

Card 模型的具体过程如下。

（1）数据变换将原始数据转换为数据表形式。

（2）可视化映射将数据表映射为可视化结构，由空间基、标记以及标记的图形属性等可视化表征组成。

（3）通过可视元素（根据位置、尺寸、大小、颜色等参数定义元素特征）将可视化结构转化为视图形式。

3.2.3　嵌套模型

嵌套模型由 Munzner[14] 提出，他认为可视化本质上应是一个验证加迭代的过程，如图 3-3 所示。顶层是描述特定领域的问题和数据，第二层是将其映射为抽象操作和数据类型，第三层是设计视觉编码和交互以支持这些操作，最内层的第四层是创建算法以自动且高效地执行该设计。事实上，三个内部层次都是设计问题的实例，尽管在每个等级上都是不同的问题。

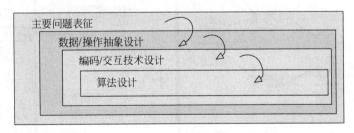

图 3-3　嵌套模型

嵌套模型的具体过程如下。

（1）确定可视化的任务目标。

（2）收集、处理数据，对数据、操作的抽象化设计。

（3）实现数据可视化所需的可视编码和交互设计。

（4）对可视化编码及交互设计进行算法设计。

嵌套模型的典型实例是 McGuffin 和 Balakrishnan[15] 构建的一个家谱图可视化系统，这是一种基于双树的家族图表示系统，双树即由两棵树的并集形成的子图，并具有复杂的交互功能，如图 3-4 所示。

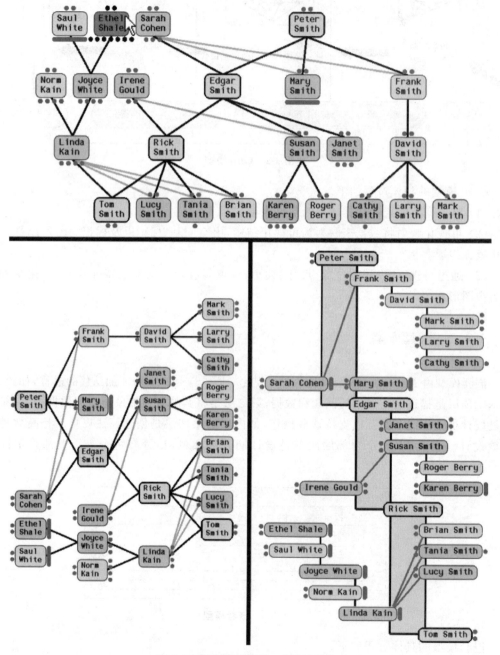

图 3-4　嵌套模型示例：家谱可视化

该例涵盖了嵌套模型的四个层次。第一层次是明确可视化的任务目标，这个系统的任

务是家族图表示,简要讨论了谱系爱好者的需求和现有工具。其在第二层次特别指出,正是
"家族树"这一术语非常容易引起误解,因为数据类型实际上是一个更一般的图,其在结构上
有专门的约束,包括数据类型为 truetree、multitree 或有向无环图的条件,示例中将识别核
心家族结构的领域问题映射到关于家族结构的运算中,并在此抽象层次讨论了拥挤问题。
在第三层次,示例讨论了几种视觉编码方案的优缺点,包括使用连接、包含、邻接和对齐以及
缩进,提出了两种更专门的编码,分形节点连接和自由树的包容,然后详细介绍了它们的主
要视觉编码方案,方案中还仔细地讨论了交互设计,这也属于模型的第三层。在算法设计的
第四层次,示例简要陈述了双树布局的算法细节。

3.2.4　人机交互可视化分析模型

人机交互可视化模型由 Keim 等[16]提出,他们认为可视化待解决的问题通常比较复杂,
输入数据来自多个异质数据库,经过数据转化、数据清洗、选择与合并等预处理后,用户既可
以进行可视化数据探索,通过交互性界面探索其中隐藏的模式与趋势,从而获取解决问题的
相关知识与见解,也可以直接通过统计和数据挖掘等自动化分析技术建立模型与验证假设,
从而获取相关知识。同时可视化表征与假设模型之间存在动态交互,可视化的探索分析可
以帮助提出新的假设、优化模型参数,也可以对所构建模型进行可视化操作,直观地呈现复
杂的变量关系。获取的知识则可以进一步引导数据输入和分析流程。因此,可视化分析往
往是非线性的迭代性发展过程,如图 3-5 所示。

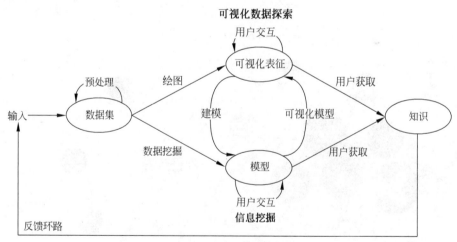

图 3-5　人机交互模型

人机交互模型的典型实例是 Keim 等在文中提出的航空运输网络可视化分析。该例的
第一步是数据收集,其数据来源为全球的航空运输节点信息,航空运输网络现在各个地理层
次上都变得更加密集和复杂,其动态不再依赖于简单的地域逻辑。为此,设计者考虑不再依
赖于传统的世界地图,而是构建了基于社区网络模型的可视化,相应地,数据的预处理需要
对网络的节点属性和连接属性进行处理。第二步是构建数据模型,通过构建社区网络并对
网络结构特性的分析,揭示它的多级社区结构,以深入了解承载最密集交通的路线如何组织
自身,并影响网络组织到较低级别的子社区。与此同时,子网络按其自身逻辑发展,涉及旅

游、经济或领土控制,并相互影响或斗争。第三步是可视化表征,航空运输网络被表征为一个顶级社区网络[图 3-6(a)]。然后,可以将每个组件进一步分解为子社区。纽约、芝加哥、巴黎或伦敦等城市[图 3-6(b)]显然吸引了大部分国际交通,并因为航空公司合作关系(经济逻辑)而规定了环游世界的航线。亚洲[图 3-6(c)]与这些核心枢纽明显不同,因为亚洲国家航空公司认可了强大的地域联系(地域逻辑)。第四步是知识发现,该示例的可视化是社会科学领域接近复杂系统研究的一个典型代表,这种可视化有望提供这些学科的新知识。

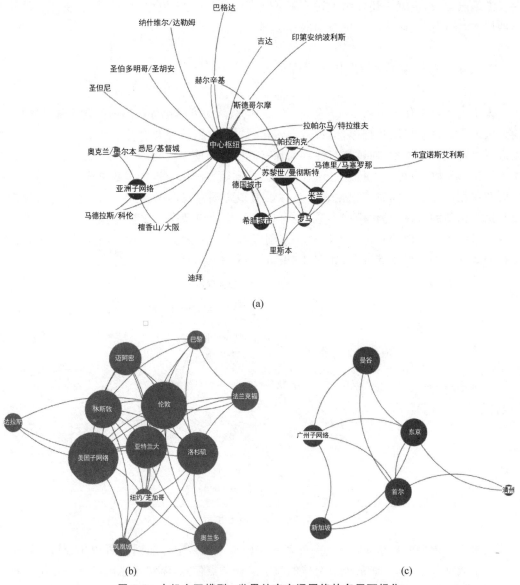

图 3-6　人机交互模型:世界航空交通网络的多层可视化

(a) 世界航空运输网络;(b) 美国和世界中心;(c) 亚洲

一些学者后来修订了上述流程模型,如 Andrienko 等[17]将原模型中的"数据集"和"知识"分别拓展为表征现实世界的模型和分析者大脑中建构的模型,但"可视化表征"和"模型"的交互仍旧是实现数据向知识转化的重要组成部分。

3.3　业务驱动的数据可视化过程

数据可视化不是一个单独的算法,而是一个过程。结合上述流程模型,业务驱动的数据可视化过程可以分为现实世界的业务问题提出、计算机世界的数据可视化展示以及现实世界的用户交互三个部分,即从业务问题出发,进行数据可视化展现并通过和用户的交互,将人的认知融入分析和推理决策中,以迭代求精的方式降低数据复杂度,并形成对应的结论分析或解决方案,如图 3-7 所示。

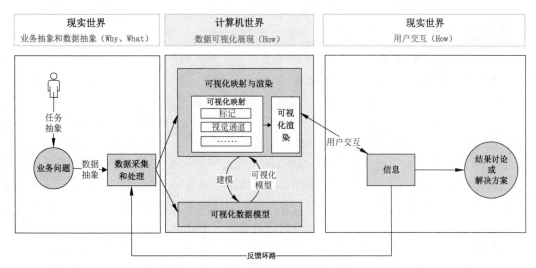

图 3-7　业务驱动的数据可视化过程

3.3.1　业务抽象和数据抽象

业务驱动的数据可视化首先需要明确可视化需要解决什么问题,即将特定业务领域的问题转换为可视化的语言描述的问题,具体包括任务抽象和数据抽象,其中,任务抽象即用户要分析什么,如学校需要分析学生实验学习情况、唐诗爱好者希望了解唐代诗人关系情况等;而数据抽象即分析需要哪些数据,并根据任务要求进行数据的收集和处理等。

1. 业务抽象:业务问题需求分析

业务问题需求分析主要是获取业务人员的数据可视化需求。业务人员主要分为三类:第一类是运维监测人员,第二类是分析调查人员,第三类是指挥决策人员。需要做好需求调查,使可视化能够从业务用户的角度思考和设计,调查可以采取问卷访谈法、观察法等。

对数据可视化任务而言,需要相对细致的业务问题。例如,学生实验行为分析这种抽象问题不够具体,难以输入下一个阶段的数据抽象层次,而“收集学生实验行为数据并分析学生实验分析”这样的细节问题更合适。以下列举一些可视化涉及的业务具体问题以供参考。

(1) 各类实验中哪个实验平均用时最长?

(2) 每类实验学生所花费时间的占比如何?

（3）学生主要在哪个时间段进行实验？耗时如何？

有时候需要从这些问题中进行筛选，如"各类实验中哪个实验平均用时最长"这类问题，可能只需要简单地列出数据就够了，而有些问题则通过可视化能够更好地回答，通常这样的问题涉及多个数据，同时，可视化也是表现数据集分布、相关性和趋势的最好方式。可视化的方式和数据文本方式哪个更高效？Larkin 和 Simon 提出了可视化表示方式更有效的两种情况可以参考。

（1）以（快速的）视觉感知判断代替困难的逻辑判断。

（2）缩短为获取所需信息而进行的搜索过程。

知识链接

精确问题和模糊问题：

在实践提出的问题中，有的非常精确，有的则很模糊。对于这两类问题，可视化都有作用，也许有同学会认为，要解答精确问题，只需简单地搜索查询即可，而无须可视化支持。但是，以可视化的方式展示这类问题的答案有时候更利于理解。此外，有些额外信息并不是问题明确要求的，但却能给用户提供更进一步的洞见。例如，要展现一幅地图上的最高点，可以用数字标注该点的高度，并以 3D 地形图可视化呈现地形的高低。这样不仅标出了最高点的绝对高度，而且能够显示该值与图中平均高度之间的关系（最高点比最低点高出多少，有几个点高度与最高点接近等），这样的信息并不是给定问题的直接需求，但可以引导用户进一步提出新的问题，从而获得对领域深层次的理解。

还有一种情况是用户可能没有精确的问题，但希望查看或者检验过程中的信息，这种模糊问题的可视化常常称为解释性和开发性可视化，其需求动机在于：第一，以前可能获取过类似数据，这些数据可能有用或者关键，但是无法直接判断；第二，通过查看一份特定的数据，能够获取关于产生这份数据过程本身的信息，这些信息无法通过其他方式获取。对于想要通过现象来发现更深层次问题的用户来说，可视化能够起到很大的作用。

在业务实践中，这两种问题并不是相互独立的，而是能够对两种互为补充的情境起到作用：第一种情境是，研究人员提出了一系列精确问题，并且非常熟悉这类数据和应用。在这种情境下，最好利用精心调校的可视化方式来解答这些精确问题。回答了这些精确问题之后，你会发现，由于这些问题太过精确，因此有些根本性的难题还没有解决。此时，切换到解释性和开放性的可视化是一个不错的选择。由此可以发现，第一种情境通常遵循自下而上的模式，先解决精确问题，再逐步解决综合性更强的问题。而第二种情境是，设计人员和用户对数据都不太熟悉，这种情况下，最可能的解决方式是从解释性的可视化手段开始，以获得对数据的总体概况。对数据有了大体印象之后，设计人员可以根据从数据概况中发现的数据特性，结合用户的反馈来决定接下来使用哪种具体的可视化手段（具体见 3.3.2），并进一步明确所解决的具体问题。由此可见，第二种情境遵循的是自上而下的模式，先获取数据概览，再深入地分析数据详情，在数据可视化领域内，这种类型的数据分析方式被称作"概况—放大—细节获取"的可视化准则，这一准则由 Card[13] 提出，本模型也将沿用。

2. 数据抽象：数据采集与数据处理

这个阶段的主要任务是结合业务问题，采集原始数据并转换为可视化技术可以处理的数据类型。

1）数据采集

数据可视化实现的基础是数据，数据可以通过仪器采样、调查记录、模拟计算等方式进行采集。数据采集又称为"数据获取"或"数据收集"，是指对现实世界的信息进行采用，以便产生可供计算机世界进行可视化处理的数据的过程。

目前常见的数据采集形式分为主动和被动两种，主动采集是以明确的数据需求为目的，利用相应的设备和技术手段主动采集所需要的数据，如卫星成像、监控数据等；被动采集是以数据平台为基础，由数据平台的运营者提供数据来源，如电子商务数据、网络论坛数据等，被动采集可通过网络爬虫技术进行抓取。

数据采集的结果可以是结构化数据、关系型数据、空间型数据、时变型数据等。

数据采集直接决定了数据的格式、维度、尺寸、分辨率和精确度等重要性质，并在很大程度上决定了可视化结果的质量。如果数据不正确、不完整、不确定，或者导入的方式使原始数据出现信息丢失，则后面就很难完全恢复数据的质量。因此，在数据采集阶段，应尽可能多地保持可用输入信息，尽量减少关于哪些数据重要、哪些数据不重要的假定。

2）数据处理

一方面采集的原始数据不可避免地含有噪声和误差，另一方面数据的模式和特征往往被隐藏。因此，需要通过数据处理，保证数据的完整性、有效性、准确性、一致性和可用性。

数据处理的目的是提高数据质量。数据处理通常包含数据清洗、数据集成和数据转换等步骤。

（1）数据清洗。数据清洗是对数据进行重新审查和校验的过程，目的在于删除重复信息、纠正存在的错误并提高数据一致性。数据清洗主要包含对缺失数据的清洗、对错误数据的清洗、对重复数据的清洗以及对噪声数据的清洗等。

① 对缺失数据的清洗：数据缺失在实际数据中是不可避免的问题。当出现缺失数据时，如果缺失数据数量较小，并且是随机出现的，对整体数据影响不大，可以直接删除；如果缺失数据总量较大，可以使用常量代替缺失值，或者使用属性平均值进行填充，或者利用回归、分类等方法进行填充。

② 对错误数据的清洗：错误数据产生的原因是业务系统不够健全，在接收输入后没有进行判断直接写入后台数据库，如数值型数据输成全角数字字符、字符串数据后面有一个回车、日期格式不正确、出生日期和身份证号码冲突等。当出现错误数据时，可用统计分析的方法识别可能的错误值或者异常值，如偏差分析、识别不遵守分布或回归方程的值，也可用简单的规则库（常识性规则、业务特定规则等）检查数据值，或使用不同属性间的约束、外部的数据来检测和清理数据。

③ 对重复数据的清洗：数据中属性值相同的记录被认为是重复记录，可通过判断记录的属性值是否相等来检测记录是否相等。当出现重复数据时，通常用的方式是对重复数据进行合并或者直接删除。

④ 对噪声数据的清洗：噪声数据是被测量变量的随机误差或方差，测量手段的局限性

使得数据记录中总是含有噪声值。对于噪声数据,通常使用回归分析、离群点分析等方法来找出数据属性中的噪声值。值得注意的是,可以采用数据可视化的方式帮助识别噪声数据,图 3-8 显示了如何通过散点图数据可视化分析离群点。

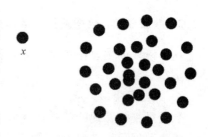

图 3-8　基于可视化的噪声数据离群点分析

（2）数据集成。在实际工作中,分析人员经常会遇到来自不同数据源的同类数据。数据集成就是把不同来源、格式、特定、性质的数据在逻辑或物理上有机地集中,从而为业务提供全面的数据。有效的数据集成有助于减少数据集中的数据冲突。

（3）数据转换。数据转换是将数据转换为更适合数据可视化的形式,需要进行数据转换的原因在于以下三方面。

首先,需要根据用户需求找到相关数据。用户往往不需要理解所有数据的属性特征,而是仅仅对与需求相关的特定子集的属性集感兴趣。例如,在学生所有信息中可能用户只关心学生实验行为数据;在一个很大的包含所有船型相关数据集合的情况下,财务主管可能只关注船舶成本相关数据,这也是一个子集;在给定的一个很大的包含数千家公司股票价格数据的股票交互数据集合情况下,金融分析师只需专注于一小部分感兴趣的公司的情况,这同样也是一个子集。可以在空间域、属性值域或者两者的组合中选择感兴趣的子集。

其次,需要处理的数据规模巨大。对数据进行转换的另一个原因是输入的数据集规模有时候非常大,因此高效地处理数据变得十分困难。这对于需要使用数据可视化业务的用户来说是一个严峻的问题。一个与规模相关的更为基础性的问题在于,用于输出可视化结果的计算机屏幕只有有限的显示范围或者分辨率。如果时间范围超过一定大小,可视化过程输出的图像会与给定的屏幕不再匹配,在业务实践中,这种问题的解决方案之一就是缩放,即对一个时间段的图像进行二次采样,然后显示具有每个数据集全部特征的像素子集。

最后,为了方便使用。如果要以一种数据表示方式或数据类型来描述可视化过程中涉及的所有数据处理操作非常困难。因此,在可视化过程中,数据集经常被从一种形式变换到另一种形式,从而使它们匹配想要应用的处理操作的数据表示方式。

数据转换通常的做法有属性变换、采样、分箱、降维、属性构造等。

① 属性变换。属性变换是数据转换的主要手段,旨在分析和对比不同性质数据的区别与联系,如指数变换、取绝对值等。

② 采样。采样是对数据转换的另一个主要手段。采样主要是统计学的基本方法,即从总体中选出个体样本来估计总体的特征。在信号领域的采样是将连续信号简化为离散信号,如手机上的跑步软件对用户运动轨迹的记录,虽然轨迹看似连续,但实际上是每隔一个固定的时间将用户的位置记录下来,采集间断的位置点并进行连接,通过平滑的曲线模拟出用户的运动轨迹。

③ 分箱。分箱是将连续数据分成很多段,再进行下一步处理的过程,这里的段即数据的区间,可将区间视为一个个箱子。例如,一个企业员工的年龄分布可视化,通过分箱处理后可以更清晰地了解企业员工年龄的总体概况,如图 3-9 所示。

④ 降维。降维旨在通过降低数据属性维度以实现更好的数据解读。

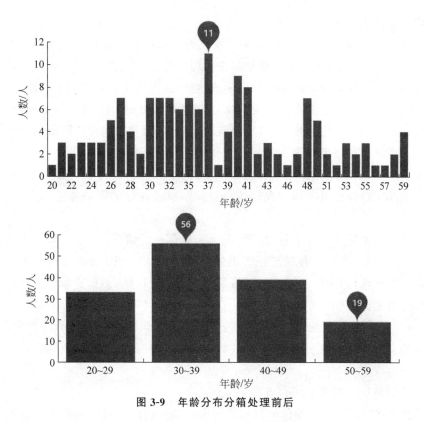

图 3-9　年龄分布分箱处理前后

⑤ 属性构造。属性构造又称特征生成,是在原始数据集基础上构建新的能反映数据集重要信息的属性,常用的方法有特征抽取、将数据应用到新空间、基于特征融合与特征变换的特征构造三种。

3.3.2　数据可视化展现

前述业务问题需求分析和数据抽象与处理可以说是关键的初始阶段,综合前述分析可知,数据可视化不仅涉及基础理论、支撑技术,更关键的是如何基于相关理论和业务问题确定可视化表示的内容,即将处理后的数据集进行可视化映射,确定可视化的标记、视觉通道等并进行渲染得到可视化的结果,或先建立相应的数据模型然后完成可视化展示。可视化的展现过程包括可视化映射与可视化渲染、可视化建模两个部分。

1. 可视化映射与可视化渲染

1) 可视化映射

通过数据处理后的数据集应该能直接展现满足特定可视化需求的特征,要做到这一点,需要将可视化视觉空间的元素与处理后数据集的数据元素关联,这一步骤称为可视化映射,可视化映射是整个数据可视化流程的核心。

可视化映射要将不可见的数据变为可见的数据,让可视化做到从产生的图像中进行信息检索,而不是对原始数据进行检索。

可视化映射需满足两个基本条件:一是真正地表示并保持数据的原貌,并且只有数据表中的数据才能映射到可视化结构;二是可视化映射形成的可视化表征或隐喻是易于被用户感知和理解的,同时又能充分地表达数据中的相似性、趋势性、差别性等特征,即可视化具有丰富的表达能力。要想提升可视化映射的表达能力,可视化应具有以下特性。

(1)定量性。如果可视化能够使我们从视觉计算出映射的不同数值比例,则其具有定量性。例如,"大小"属性(包括长度)具有绝佳的定量性,因为我们可以轻而易举地判断出一个物体比另一个物体长或者短多少。

(2)有序性。如果可视化可以使我们对映射的不同数值进行相互比较,则其具有有序性。例如,"大小"具有有序性,因为我们可以轻而易举地比较两个物体是否大小相同,或者哪个大、哪个小。

(3)联想性。在同一个图像中的其他视觉变量存在的情况下,如果可视化可以使映射分类属性被独立感知,则其具有联想性。例如,"形状"具有联想性,因为即使形状具有不等同的颜色和位置属性,用户依然能够轻而易举地辨别不同形状,不具有联想性的变量则被认为是无联想性变量。

(4)选择性。如果可视化可以使映射的分类值很快与映射的其他分类数值相区分,则其具有选择性。例如,"颜色"具有选择性,因为我们可以轻而易举地从不同颜色的物体中选出所有红色物体。

可视化映射包括可视化空间和可视化编码。

(1)可视化空间。数据可视化的显示空间可以是单视图也可以是多协同视图,其中,单视图就是只包含一个数据可视化图标,简单的数据可视化任务一般通过单视图实现;而多协同视图是将不同种类的可视化单图表组合起来,每个图表单元既可以单独呈现数据某个方面的属性,也可以一起关联呈现某种特定的数据信息。

(2)可视化编码。可视化编码分为标记和视觉通道,这是将数据信息映射成可视化元素的技术,其中,视觉通道可以分为定量型视觉通道和定性型视觉通道。定量型视觉通道用于表现数据对象的某一属性在数值上的程度,如位置、长度、深度、亮度、饱和度、面积、体积、斜度、曲率等;定性型视觉通道用于表现数据对象本身的特征、位置等,也就是描述对象是什么或者在哪里,如可以采用形状、空间区域、颜色、运动动作来标识不同的对象。结合多位学者的研究,本书总结了比较通用的视觉通道按照表现力的排序,如图 3-10 所示。

评判视觉通道表现力的判断标准分为精确性、可辨认性、可分离性和视觉突出。其中,精准性描述了从可视化中获取信息结果和原始数据的吻合程度;可辨认性是描述如何在给定的取值范围内,选择合适数目的不同取值,使人们能够轻易区分这些不同的取值;可分离性描述了在表达数据时,不同视觉通道之间的干扰问题;视觉突出是指人们可以依靠本能的感知能力,在很短时间内发掘和其他所有对象都不相同的对象。

总之,作为可视化编码的两个方面,标记确定了可视化的形式,而视觉通道则确定了可视化的外观样式,如图 3-11 所示,将两者结合,可以完整地将数据信息进行可视化表达,从而完成可视化编码这一过程。

定量型视觉通道

| 位置 |

长度
角度
斜度
面积

深度
亮度
饱和度

曲率
体积

连接关系
包含关系

形状

定性型视觉通道

| 位置 |

色调
纹理

连接关系
包含关系

形状

长度
角度
斜度
面积
体积

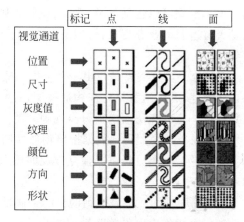

图 3-10　不同类型视觉通道的表现力排序　　　　　　**图 3-11　标记和视觉通道的关系**

2）可视化渲染

可视化渲染是把映射操作生成的可视化场景和一些参数如背景、位置等结合起来,通过相应的软件工具或者编程语言生成可视化图表。在很多典型的可视化应用中,设置图表参数被认为是渲染操作的一部分。这使得在对可视化进行渲染时,可以交互式浏览和检验渲染的结果,无须重新进行映射操作。

知识链接

映射与渲染:

读到关于映射和渲染的描述,我们可能会问:为什么不直接将数据集映射到最终图像上?但事实上,模型中这一部分还常常被拆分为映射和渲染两个步骤,这样拆分的原因如下。

目的:映射对我们想要可视化什么、如何可视化这样明确的设计决策进行编码。映射过程通常将"不可见"的数据转换为"可见"的表示。相比而言,渲染则是物理过程的模拟,通过这一过程构造"可见"的 2D(二维)、3D 场景。换句话说,映射是确定对实际数据进行编码的那些视觉属性,而渲染就是确定剩下的那些属性,用户可以根据意愿来调节这些视觉属性,以检验场景。

模块性:二者拆分有利于关注不同方面的设计变得更加简洁,也有助于软件重用。特别地,一旦二者分开,许多图形学的方法库及其实现过程如 3D 渲染库等就很容易用于可视化程序中。

2. 可视化建模

结合考虑业务需求、数据情况，分析人员可能需要构建相应的模型，然后再进行可视化映射和渲染，形成数据可视化的表示结果，从而获得解决业务问题的相关信息。现实中对于一个分析目的，往往运用多个模型，然后通过后续的模型评估进行优化、调整，以寻求最合适的模型。模型可以包括分类、聚类、关联规则、时序模型等，此外还需要进行模型评估，即评估是否有遗漏的业务需求、模型是否回答了当初的业务问题，有时候需要结合业务专家进行评估。

（1）分类。分类就是找出一个类别的概念描述，它代表了这类数据的整体信息，即该类的内涵描述，并用这种描述来构造模型，一般用规则或决策树模式表示。分类是利用训练数据集通过一定的算法而求得分类规则。

（2）聚类。聚类是把数据按照相似性归纳成若干类别，同一类中的数据相似，不同类中的数据相异。聚类分析可以建立宏观的概念，发现数据的分布模式，以及可能的数据属性的相互关系。

（3）关联规则。关联规则的目的是通过模型找出数据中隐藏的关联。一般用支持度和可信度两个阈值来度量关联模型的相关性，还不断引入兴趣度、相关性等参数，使所挖掘的关联规则更符合需求。

（4）时序模式。时序模式是指通过时间序列搜索出的重复发生概率较高的模式。与回归一样，它也是用已知的数据预测未来的值，但这些数据的区别是变量所处时间的不同。

结合业务问题，用户可以对数据可视化表示的结果进行分析，从而形成业务问题相关的知识和见解，这个过程可以是从可视化直接产生的，也可能是通过数据建模然后进行可视化分析从而获取相关知识。实际上，可视化表示与数据模型之间存在动态交互，通过可视化表示，可以帮助用户提出新的业务问题，并构建新的模型假设，进而通过新一轮的可视化展示获得新的业务认知。

3.3.3 数据可视化的用户交互

数据可视化的用户交互是指在数据可视化过程中，用户控制业务抽象和数据抽象、数据可视化展现过程而产生新的可视化结果，并反馈给用户的过程。可视化与其他数据分析处理过程最大的不同是用户起到了关键作用，用户通过交互能够动态地验证和探索，将人的知识或者经验融入数据可视化过程中，以迭代求精的方式支持用户更深入、全面地获取知识和见解，促进业务决策的科学化。

交互性被认为是可视化一个更为基础的特征，为了更好地通过可视化理解业务，用户可能需要不断尝试探索。可视化的交互分为对数据可视化展示的操作交互和探索交互。

1. 操作交互

可视化的操作交互允许用户修改多种参数，从视角、缩放系数和颜色到所用可视化方法的类型都可以修改，当用户进行可视化交互时，能感觉到自己在有效操纵数据，这样能够对业务问题的探索起到激励和支持作用。常见的可视化操作交互包括滚动和缩放、颜色映射的控制、数据映射方式的控制和数据细节层次控制。

　　例如图 3-12 学生实验行为的分析，图 3-12(a)和图 3-12(b)分别是 2020 年开始所有的实验行为与滚动放大显示其中 3 个月的学生行为细节。

扫二维码
看彩色图

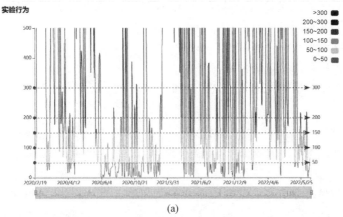

(a)

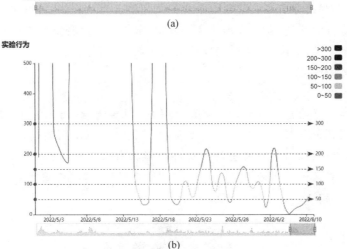

(b)

图 3-12　学生实验行为分析的滚动和缩放

(a) 所有实验行为；(b) 3 个月的实验行为

2. 探索交互

　　用户通过数据可视化展现的结果，可能会引发进一步的思考和可视化需求，此时可能会回到第一步任务抽象和问题抽象，从而执行新一轮的数据可视化过程。因此，可视化分析往往是非线性的迭代性发展过程。

　　将业务驱动的数据可视化过程分为三个阶段，这三个阶段并不是按严格的时间顺序执行。通常有一个非线性的迭代优化过程，包括横向的现实世界到计算机世界再到现实世界的迭代，还包括纵向的可视化映射渲染与可视化数据模型之间的迭代，在该过程中，更好地理解一个层将反馈和转发到细化其他层，尤其是使用以用户为中心或参与式设计方法。将这三个阶段分开的作用在于，可以分别分析每个层次是否得到了正确的解决，无论它们以何种顺序进行。

案例：学生实验行为分析

1. 业务抽象和数据抽象

1）业务抽象

数据可视化的用户是实验指导教师，希望能够通过可视化分析学生实验行为，从而优化实验指导节奏。具体的问题包括：

（1）每类实验学生花费时间的占比如何？

（2）每类实验耗时及得分情况如何？

（3）学生主要在哪个期间进行实验？有多少人次？

2）数据抽象

数据来源于 A 实验平台中的学生学习日志，从 2020 年 1 月到 2022 年 8 月共 238 373 条记录，每条记录包含学生 ID（身份标识号）、登录时间、实验场景、实验步骤、时长、得分等属性。

数据采集工作通过导出工具将数据库中的文件导出为 CSV（逗号分隔值）文件；数据转换方面，结合业务具体问题，需要增加登录日期、登录小时和实验主线三个属性，并构造每个实验主线、场景的实验人数及每个时间段的实验人数和时长。

2. 数据可视化展现

1）可视化映射

对于"每类实验学生花费时间的占比如何？"这一业务问题，应能够区分不同类型的实验以及定量占比，因此通过颜色和大小来进行区分，保证可视化映射的选择性和定量性；此外考虑到类型分为两级，因而采用嵌套饼图这样的形状来保证联想性，如图 3-13 所示。对于"学生主要在哪个期间进行实验？有多少人次？"这个问题，需要考虑将时间有序呈现，即保证有序性，并通过颜色来显示实验人数，如图 3-14 所示。

图 3-13 每类实验学生花费时间的占比

2）可视化渲染

学生实验行为分析的渲染即将可视化的场景布局到整体页面中，本例是通过 Python 的 Pyechart 库和 BeautifulSoup 库，结合 HTML（超文本标记语言）的 div 设置完成渲染和布

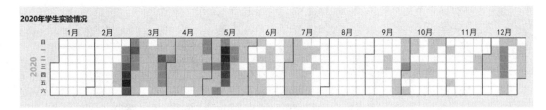

图 3-14　每个时间段实验人数及耗时

局,如图 3-15 所示。

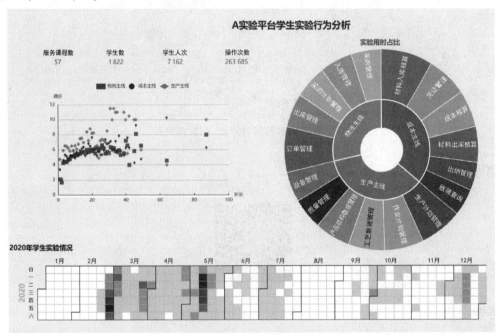

图 3-15　A 实验平台学生实验行为分析整体可视化效果(渲染和布局)

对本案例而言,数据可视化需求得到初步满足,但上述可视化分析结果也让用户得到一些启发,由此产生一些新的分析需求,需要进入数据可视化的第三个阶段——数据可视化的用户交互。

3. 数据可视化的用户交互

通过前述的可视化分析可以发现,物流、成本和生产三条主线的实验耗时比较均衡,具体到实验场景,采购计划管理、成本核算和材料入库核算耗费了学生比较多的时间;从学生做实验的时间安排方面可以发现,实验安排在 3 月到 5 月这个期间,其中,3 月和 5 月分别有部分周的实验人次比较密集。

由此,用户提出了新的问题:对于一周的实验任务,学生的每天实验学习行为呈现怎样的特征?由此进一步抽取不同班级一周的实验进行 7 天的实验行为分析,其中一个班级的分析结果如图 3-16 所示,可以发现,该班学生在实验的第二天、第三天的实验最为积极,且集中在 14 点至 19 点。进一步地,还可分析不同专业的同学在一周实验中学习行为的差异。

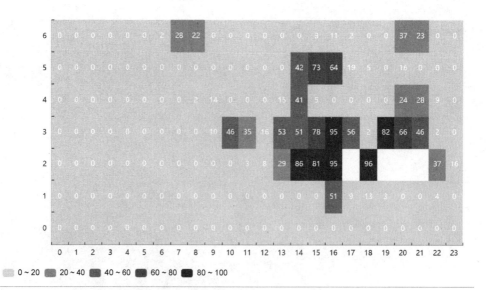

图 3-16　一周实验行为对比（探索式交互）

即测即练

思考题

1. 简述数据可视化的主要流程模型。
2. 简述业务驱动的数据可视化过程。
3. 简述将可视化分为映射和渲染两个部分的原因及优势。
4. 为何说业务驱动的数据可视化过程是非线性的迭代过程？

第4章

数据可视化工具

数据可视化工具分为可视化软件工具和可视化编程语言。可视化软件工具是在第三方软件的基础上,通过所提供的工具及模板对导入的数据进行可视化。此类工具对用户的技术要求相对较低,但是往往需要花费一定成本购买软件的使用权。可视化编程语言是通过编程的方式实现可视化,该方式所使用的编程语言大都是免费的,但是需要用户具备一定的程序语言基础,技术门槛相对较高。

本章学习目标

(1) 了解常用的可视化软件工具;

(2) 掌握基于可视化工具的一般可视化的方法;

(3) 了解常用的可视化编程语言;

(4) 掌握基于可视化编程语言的一般可视化的方法。

4.1 可视化软件工具

4.1.1 Excel

1. Excel 简介

Excel 是微软公司开发的一款电子表格软件,直观的界面、出色的计算功能和图表工具,再加上成功的市场营销,使 Excel 成为最流行的个人计算机数据处理软件。作为一个入门级工具,Excel 拥有强大的函数库,是快速分析数据的理想工具[18]。Excel 的图形化功能虽然可以满足大部分基础应用场合,但是算不上功能强大,并且在制作可视化图表时,图表中的颜色、线条和样式可选择的范围有限,这也意味着用 Excel 很难制作出符合专业出版物和网站需要的数据图。在 Excel 2010 以上的版本中可以加载 Power Pivot 等一系列程序。这些程序为 Excel 添加了更多的数据模型和新功能,如动态图表、数据透视图等,从而使开发者制作更好的可视化图表。

2. Excel 的使用

1) Excel 可视化概览

初学者可以使用 Excel 制作各种基础可视化图形,包括条形图、饼图、气泡图、折线图、仪表盘图以及面积图(area graph)等。图 4-1 为 Excel 可提供的可视化图表类型。用户可以根据数据的类型和数据可视化的目的,选择合适的图表类型。

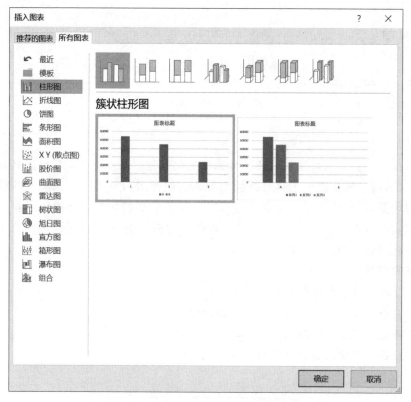

图 4-1　Excel 可提供的可视化图表类型

根据用途和目的调整图表是可视化的重要步骤。若不对图表做任何调整,使用默认设置可能无法制作出有效传递信息的可视化结果,甚至存在产生误解的风险。"传达信息""简明好懂"是制作合适的可视化图表的重要原则。

2)选择需可视化的数据

根据数据资料的用途、目的,以及想传递给读者的内容,选择要可视化的数据部分,也可以将光标移动到数据区域的任意一个单元格,或者在后续的图表中重新选择设置数据。

3)选择合适的图表并可视化

根据可视化的目的和数据类型等因素选择合适的图表类型。折线图可以清晰地展示数据随时间因素的走势,包括基础折线图、堆积折线图、百分比堆积折线图、带数据标记的折线图等;柱形图和条形图是从属性视角可视化数量数据的常用图表,用长条的长短表示数量变量取值的大小,而不同的长条表示不同的属性,包括簇状柱形图、堆积柱形图、百分比堆积柱形图、三维簇状柱形图、三维堆积柱形图等;饼图是用来表示各要素分别占整体的百分比的图表,包括基础饼图、三维饼图、复合饼图、复合条饼图、圆环图等;散点图反映的是两个数量数据之间的相关关系(correlation)或整体的分布情况,包括基础散点图、带平滑线的散点图、带平滑线和数据标记的散点图、带直线的散点图、带直线和数据标记的散点图等;面积图是指在折线图内部填充颜色的图表,包括基础面积图、堆积面积图和百分比堆积面积图等。

4）设置图表样式和图表元素的格式

生成图表之后,可以对生成的图表样式进一步修改,使图表的每一个细节尽量达到满足需求的程度。例如:通过缩窄折线图宽度的方式进一步强调增长率;用实线和虚线不同的方式展现折线图中的历史数据与预测数据;通过调整柱形图竖轴的最小值,以加大数据之间的区分度;横向条形图可以将竖轴调整为逆序排列;在饼图中如果种类过多,可以将值小的多类合并为"其他";饼图的数据标签可以设置为"值""百分比",还可以设置连接标签和圆弧的"引导线"等。

其具体操作方式是,首先选择生成的图表,通过菜单【图表工具】内的【设计】和【格式】功能更改图表的样式和格式。其中,【设计】菜单可以设计图表的配色、布局、数据选择、图表类型等。而【格式】菜单可以设置各种构成图表的元素的格式,如坐标轴、绘图、背景、文本、图例等多方面的样式,图表的线的颜色和粗细等。具体可以修改哪些样式由图表类型决定。其中,【设置所选内容格式】菜单项尤其重要,单击此项,画面右侧出现"设置图表区格式",可以对图表中的各元素进行详细设置,如图 4-2 所示。

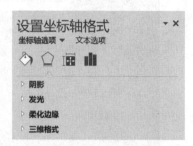

图 4-2　设置图形样式选项界面

4.1.2　Tableau

1. Tableau 简介

Tableau 是知名的数据可视化软件工具之一。Tableau 是斯坦福大学一个计算机科学项目的成果,该项目旨在改善分析流程并让人们通过可视化更轻松地使用数据。Tableau 的基础技术是具有专利的 VizQL 技术,该技术通过直观的界面将拖放操作转化为数据查询,从而对数据进行可视化呈现。Tableau 在 2019 年被 Salesforce 收购。

Tableau 是面向企业级的可视化工具。Tableau 分为 Desktop 版和 Server 版。Desktop 版又分为个人版和专业版,个人版只能连接到本地数据源,专业版还可以连接到服务器上的数据库;Server 版主要是用来处理仪表盘,上传仪表盘数据,进行共享,各个用户通过访问同一个 Server 就可以查看到其他同事处理的数据信息。除此之外,Tableau 还可以与 Amazon Web Services(AWS)、MySQL、Hadoop、Teradata 以及 SAP 等平台或系统协作,使之成为一个能够创建详细图形和展示直观数据的多功能工具,从而辅助企业中的各级管理人员作出决策。

2. Tableau 的应用

本章以 Tableau Desktop 为例,简要介绍使用 Tableau 进行数据可视化的过程。详细过程及更多资料请参见 Tableau 的官网(https://www.tableau.com/zh-cn)。使用 Tableau Desktop 进行可视化主要分为四个步骤:数据连接、数据可视化、数据洞察——组合与互动、分享数据见解。

1）数据连接

可视化需要基于准备好的数据，Tableau 支持连接本地数据文件、数据库数据和云端数据。2019 年，Tableau 母公司与阿里云合作，支持阿里云数据库。常见的数据源包括：Excel、文本文件（包括 ＊.txt、＊.csv 等格式）、空间文件（如 ＊.shp 文件）、统计文件（R 或 SAS 等文件格式）；SQL Server、Oracle、SAP HANA、MySQL、PostgreSQL、Hadoop Hive 等。打开 Tableau Desktop 软件，默认会显示常见的文件列表。单击左下角的"数据源"按钮或者左上角的"连接到数据"按钮，即可打开如图 4-3 所示界面，选择相应文件即可建立连接。如果将数据导入 Tableau Desktop 时遇到问题，可能需要先执行数据准备操作，如合并、清理或组织等，而后才能进行分析。

图 4-3　部分 Tableau 支持的数据源

数据连接成功之后，将需要可视化的表拖动至工作区，如图 4-4 所示。根据需要，自动或手动建立多个表之间的联系，这有助于数据可视化过程中的数据透视功能。

图 4-4　连接数据源并整理数据

2）数据可视化

建立数据连接之后就可以单击左下方的"工作表"按钮开始可视化分析了（图 4-5），这是 Tableau Desktop 的主要功能。后续的仪表盘（Dashboard）和故事（Story）功能都基于"工作表"。

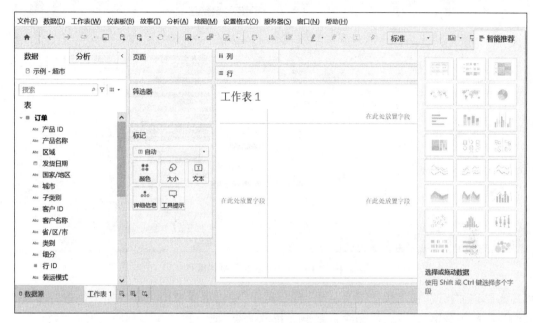

图 4-5　Tableau 可视化分析的初始界面

Tableau Desktop 可视化功能很多，但是核心区域简单、明了，且基本的核心步骤与 Excel 类似，即选择数据、生成图表、调整样式。

数据中的每个字段（Tableau Desktop 用"胶囊"代指字段）都具有维度/度量、连续/离散属性。维度决定层次，度量默认聚合；离散生成标题，连续生成坐标轴。度量字段前面都会有聚合方式，而连续字段和离散字段在软件中分别用绿色与蓝色表示。每一种图表对使用何种胶囊给出了建议（图 4-5 右下角）。因此，每个可视化图表包含两个部分：决定在哪个层次上生成图表的维度，在这个层次上展示什么内容的度量。例如，用条形图代表"不同省/区/市利润"，"省/区/市"是一种"子分类"，是维度，决定视图的详细级别；"利润"是度量，聚合方式是求和。

把左侧"数据"中的字段拖曳到相应"行"和"列"的位置，而后在右侧的"智能推荐"处选择合适的图表类型，这是 Tableau Desktop 基础的主要操作方式，初学者可以借助双击字段自动加入。中间的"标记"用于设置中间图表的显示方式。也可以按下 Ctrl 键的同时单击选择多个字段，然后单击"智能推荐"中的相应图表，一次性把字段加入视图。常见图表如条形图、折线图、饼图、散点图等，都可以通过"智能推荐"或者拖曳实现。如依次双击订单中的"利润"和"省/区/市"字段，则生成柱状图，如图 4-6 所示；之后使用快捷工具栏中的"交换行和列"按钮，将其变更为条形图。

判断一个可视化图表是否优秀的最简单标准，是访问者能否仅仅依赖眼睛的直觉快速获得其想要表达的数据背后的逻辑关系。上面的条形图或者柱形图，显然做不到这一点，我们既无法直观看到哪些子分类的利润更好，也无法分辨哪几个子分类的利润更差。因此，这

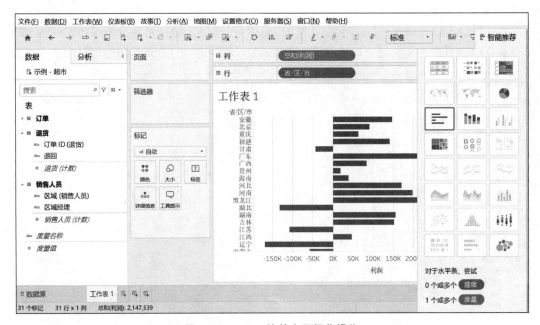

图 4-6 Tableau 的基本可视化操作

里还需要稍加修改,使用快捷工具栏上面的"排序"按钮增加视图排序。如果想进一步突出利润最高的子分类,还可以借助颜色来增强视觉效果,把"利润"拖动到"标记"的"颜色"中,连续的度量会被着以渐变色,如图 4-7 所示。

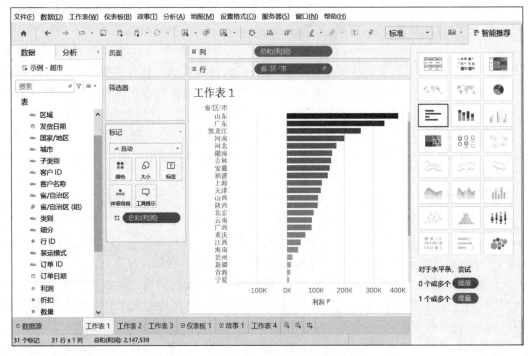

图 4-7 排序且增加了渐变颜色的条形图

上卷和下钻分析是数据分析中常见的分析方法,只要数据维度之间有层级关系就可以上卷和下钻。在 Tableau 中,可以通过多种方式实现数据下钻和上卷功能。如将有层级关系的维度拖曳到行或列中,即可实现数据的上卷或下钻(图 4-8),再通过选择合适的图表类型进行可视化。

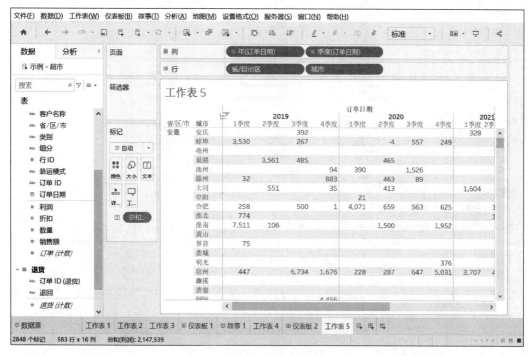

图 4-8　数据下钻

3) 数据洞察——组合与互动

创建工作表实质上是从数据到信息的转换,但是工作表往往是对单一问题的数据可视化分析。而在实际场景中,大多是从多个方面对数据进行可视化分析,并且基于更复杂的场景,如"每个省份的多年利润率增长趋势"和"每个省份的各商品类别利润额"等。为了表示多个层次之间的数据关系,Tableau Desktop 利用仪表板和故事两种方式对单一工作表进行组合,以表达更丰富的信息。工作表、仪表板和故事构成了 Tableau Desktop 展示数据及其逻辑关系的主要形式,三者的区别可以概括为如下几点:工作表展示单一问题的数据关系;仪表板展示多个工作表之间、多个层次间的数据关系(信息可以包含数据逻辑);故事展示多个工作表或仪表板之间的先后或者并排关系,形成特定的数据见解(知识)。

仪表板通过拖曳的方式将工作表和不同对象组合而成,按照问题的逻辑和最佳可视化实践的原则,把多个工作表有序地组合在一起,并能与数据交互对话。仪表板的特点在于互动,在于多种方式与数据"交流",如基于第一个工作表建立筛选器,从而建立与其他工作表的联动查询,如图 4-9 所示。

故事则是以类似幻灯片的形式,将工作表、仪表板等可视化结果展现出来,结合业务背景和业务问题的理解,便于分享和传播,如图 4-10 所示。

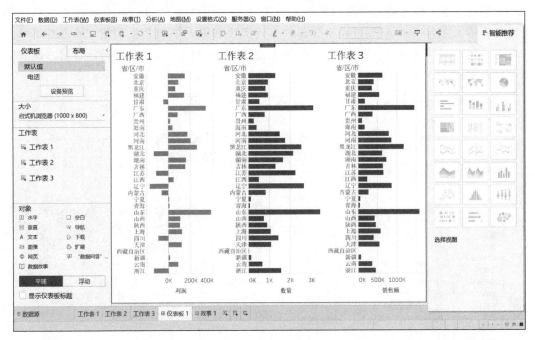

图 4-9　Tableau 的仪表板

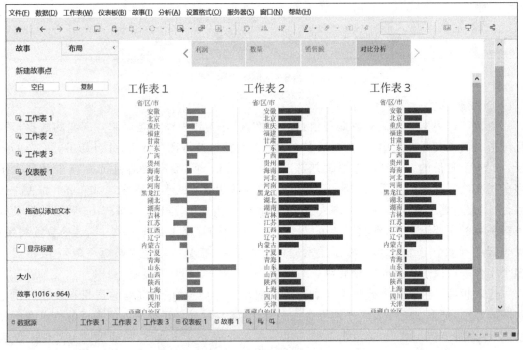

图 4-10　Tableau 的故事

4）分享数据见解

数据分析的目的是决策,决策往往依赖于更大范围的共识。在大数据时代,商业环境和数据变化同样迅速,经验丰富的决策者也必须依赖数据分析所提供的线索和指引,这就需要数据分析师不断完善分析模型,并将数据见解实时地共享给决策层。Tableau 是一个数据可视化的分析平台,发布仪表板或者故事不是分析的结束,只是决策环节的开始。借助 Tableau Server 的发布、订阅、通知、分享、评论功能,我们可以把 Tableau Desktop 的仪表板和故事分享给更多的"数据消费者"——各级领导、业务主管、职能部门甚至一线的员工。

4.1.3 Sugar BI[①]

1. Sugar BI 简介

Sugar BI 是基于百度云推出的敏捷 BI(商业智能)和数据可视化在线平台,目标是解决报表和大屏的数据 BI 分析与可视化问题。Sugar BI 提供界面优美、体验良好的交互设计,通过拖曳图表组件可快速搭建数据可视化页面,并对数据进行快速的分析,详细信息请参见其官网。

平台支持直连多种数据源(Excel/CSV、MySQL、SQL Server、PostgreSQL、Oracle、GreenPlum、Kylin、Hive、Spark SQL、Impala、Presto、Vertica 等),还可以通过 API、静态 JSON(JavaScript Object Notation,JS 对象简谱)方式绑定可视化图表的数据,简单灵活。大屏与报表的图表数据源可以复用,用户可以方便地为同一套数据搭建不同的展示形式。平台支持 100 多种图表组件和 10 多种过滤条件(单选、多选、日期、输入框、复杂逻辑等)。而且平台内置提供 30 多种可视化大屏模板(包含多套移动端的大屏模板),通过色彩、布局、图表的综合运用,用户即便没有专业的设计师,也可以设计出高水平的可视化作品。

2. Sugar BI 的应用

1)连接数据源

Sugar BI 支持以下多种方式对接数据源:①直连数据库,和用户的数据库建立连接,然后通过数据模型和 SQL(structured query language,结构化查询语言)建模两种方式,将数据库中的数据绑定到图表上进行可视化分析;②上传 Excel/CSV 文件,然后对其中的数据进行可视化展现;③API,Sugar BI 支持使用 API 的方式将数据绑定到可视化图表;④静态 JSON 录入,Sugar BI 也支持手动录入一些静态的数据绑定到图表上,主要用来测试。

2)创建数据模型

连接完数据源后,便可以将需要的多张数据表关联成一张宽表,并进行需要的数据处理,建立数据模型以便进行后续的数据可视化分析工作。在创建数据模型之后选择需要连接的数据源,在模型的编辑页面,左侧会列出数据源中的所有数据表,拖曳要分析的数据表至页面中间区域。

当拖入多张数据表时,即可实现多表的关联分析(对应为 SQL 语句中的多表 Join)。多表关联时需要选定两个表关联的字段以及关联的类型[目前支持内连接(inner join)、左连接(left join)和全连接(full join)]。与 Tableau 类似,表中的所有字段根据数据类型,分为维度和度量两类。

---

① 本节的部分素材来自 Sugar BI 官网:https://cloud.baidu.com/product/sugar.html。

3）制作可视化页面

Sugar BI 支持基础图表、报表、大屏等多种可视化页面展示形式。

（1）基础图表。基础图表支持常见的表格、交叉透视表、折线图、线柱混搭、柱状图、饼图、环形饼图、轮播饼图、漏斗图、散点图、雷达图等 100 多种图表格式。图表是数据可视化展现的基本单元，Sugar BI 的大屏和报表页面，都是由一个个图表组合而成，用户可以将数据源绑定到图表并配合可交互的过滤条件来筛选和展示数据。在编辑模式下，单击图表即可在右侧控制面板中对图表进行配置，控制面板一般分为"基础""数据""高级""交互"等各个配置部分。"基础"部分配置图表的基本展示选项，如图表名称、图表简介和图表大小尺寸等；"数据"用于配置绑定到图表的数据；"高级"部分对每种图表的设置各不相同；"交互"部分有"下钻""联动""图表放大"等功能，如图 4-11 所示。

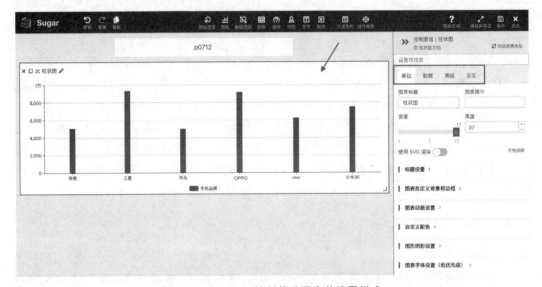

图 4-11　Sugar BI 绘制基础图表并设置样式

（2）报表。报表是根据需求对多个图表的组合展示。将图表添加到报表中，通过拖曳的方式对其大小、位置进行适当调整，如图 4-12 所示。

在基础报表完成的基础上还可以设置以下一些功能：报表整体配置，可以更改报表的名称、简介、整体的页面主题配色，配置报表背景和图表样式，并且可以给页面设置水印；报表页面的自动刷新，页面中所有的图表每隔一定的时间自动刷新数据，从而实现数据的实时同步；颜色主题，报表页面可以整体设置图表的主题配色；配置背景色和背景图片，背景图片的缩放方式、透明度、模糊度以及是否随页面一起滚动等。

（3）大屏。可视化大屏的应用场景包括管理驾驶舱、政务/交通全景一张图、某运营系统的监控大屏、电商销售实时数据分析等。用 Sugar BI 可以快速方便地制作出精美的数据可视化大屏。

将图表添加至大屏，形成多个图层，可以通过拖曳的方式改变图表的图层顺序，从而控制图表之间的相互覆盖顺序；选中某个图表时，可以在控制面板对这个图表的位置、大小、样式、数据等进行配置；中心大屏部分是编辑的大屏的主体，可以通过拖曳的方式调整图表的位置和大小，并在单击选中图表之后进行图表的复制和删除等操作，如图 4-13 所示。

图 4-12　多个图表组合成报表

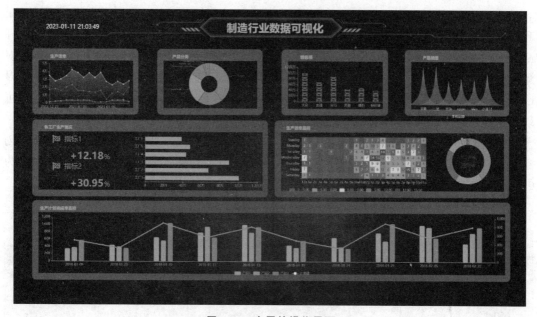

扫二维码
看彩色图

图 4-13　大屏的操作界面

　　大屏的详细设置包括：大屏整体配置，可以更改大屏的名称、大小、背景图片、整体的页面主题配色，并且可以给页面设置水印；网格设置，网格间距是组件在页面中的最小移动单位，组件的边界会自动吸附到以网格间距为格子的边缘，在拖动组件时，网格会自动显示出来，方便将组件进行位置的对齐；缩放方式，根据大屏最终展示的屏幕尺寸，选择合适的页面缩放方式，如果大屏展示屏幕是非标准屏幕尺寸，建议使用全屏铺满模式；背景和颜色主题，可以设置整体页面的背景和主题配色，设置颜色、透明度，选择主题中有内置主题和自定义主题等；大屏水印设置；图表的多选和对齐，选中多个图表组件后，右侧的控制面板将会出现多种对齐设置按钮。

4.2　可视化编程语言

4.2.1　Python

Python 由荷兰数学和计算机科学研究学会的吉多·范罗苏姆于 20 世纪 90 年代初设计。Python 具有高效的高级数据结构，还能简单有效地面向对象编程。Python 是多数平台上写脚本和快速开发应用的编程语言，随着版本的不断更新和新功能的添加，Python 逐渐被用于独立的、大型项目的开发。2021 年 10 月，语言流行指数的编译器 Tiobe 将 Python 加冕为最受欢迎的编程语言[19]。

基于 Python 的数据可视化是通过其扩展库来实现的。一般来讲，Python 可视化是基于 numpy 库、pandas 库、matplotlib 库、seaborn 库、pyecharts 库等第三方库来实现的。

1. numpy 库

numpy 库是 Python 做数据处理的底层库，是高性能科学计算和数据分析的基础，如著名的 Python 机器学习库——sklearn 就需要 numpy 的支持，掌握 numpy 的数据处理功能是利用 Python 做数据运算和机器学习的基础。numpy 库最核心的部分是 N 维数组对象，即 ndarray 对象，它具有矢量算术能力和复杂的广播能力，可以执行一些科学计算。ndarray 对象同时拥有对高维数组的处理能力，这是数值计算不可或缺的重要特性。numpy 库对 ndarray 的基本操作包括数组的创建、索引和切片、运算、转置和轴对称等。numpy 数组中可以保存任何类型的数据，如整数、字符串、浮点数等。

数组的创建常用的是 array()方法，调用该方法可用列表、元组等 Python 的数据类型创建数组，也可以通过 ones()、zeros()、empty()等方法分别创建元素全为 1 的数组、元素全为 0 的数组和空数组。其代码如代码 4-1 所示。

代码 4-1

```
In [1]:    import numpy as np                  ♯下文的 np 缩写均指 numpy 库
In [2]:    arr1 = np.array((1,2,3))
In [3]:    arr2 = np.array([[1,2,3],[4,5,6]])  ♯创建了一个二维数组
In [4]:    arr3 = np.ones(3,4)                  ♯参数表示每个维度的元素数量
In [5]:    arr4 = np.arange(10)
```

ndarray 对象通过一组属性对其进行描述，如表 4-1 所示。

表 4-1　ndarray 数组的常用属性

属　　性	描　　述	属　　性	描　　述
.ndim	秩，即数组的维度	.dtype	数据类型
.shape	数组的维度，及每个维度的数据个数	.itemsize	数组中每个元素的字节大小
.size	元素的总个数		

numpy 中常见的数据类型如表 4-2 所示。

表 4-2　numpy 中常见的数据类型

类　型	含　义	类　型	含　义
bool	布尔类型	int	整数（默认）
int32	有符号的 32 位整型	unit32	无符号的 32 位整型
float16	半精度浮点数	float32	单精度浮点数
float64	双精度浮点数	string	字符串
Complex64	复数，分别用两个 64 位浮点数表示实部和虚部		

　　在 numpy 中，大小相等的数组之间的任何算术运算都在元素级进行，即位置相同的元素之间进行运算，并构成最终结果。这就是矢量化运算。因此，矢量化运算要求数组的形状是一致的。当形状不相等的数组进行算术运算时，就会出现广播机制，即将数组进行扩展，使数组的形状一样。其代码如代码 4-2 所示。

代码 4-2

```
In [6]:    arr4 = np.array([[1, 2, 3], [4, 5, 6]])
In [7]:    arr5 = np.array([[1, 3, 5], [2, 4, 6]])
In [8]:    arr4 + arr5
Out [8]:   array([[ 2,  5,  8],
                  [ 6,  9, 12]])
In [9]:    arr6 = np.array([[0], [1], [2], [3]])
In [10]:   arr7 = np.array([1, 2, 3])
In [11]:   arr6 + arr7
Out [11]:  array([[1, 2, 3],
                  [2 ,3, 4],
                  [3, 4, 5]])
```

numpy 数组的索引和切片是指截取数组的部分数据，如代码 4-3 所示。

代码 4-3

```
In [12]:   arr8 = np.arange(8)          ♯创建数组 array([0, 1, 2, 3, 4, 5, 6, 7])
In [13]:   arr8[5]                       ♯索引 5
In [14]:   arr8[3:5]                     ♯切片第 3 个到第 5 个元素,不包含第 5 个元素
In [15]:   arr8[1:6:2]                   ♯获取索引为 1-6 的元素,步长为 2
In [16]:   arr9 = np.arange(12).reshape(3,4)
In [17]:   arr9
Out [17]:  array([[ 0,  1,  2,  3],
                  [ 4,  5,  6,  7],
                  [ 8,  9, 10, 11]])
In [18]:   arr9[1]                        ♯ array([4, 5, 6, 7])
In [19]:   arr9[2, 2]                      ♯ 10
In [20]:   arr9[0:2, 0:2]
Out [20]:  array([[0, 1],
                  [4, 5]])
```

　　Python 支持用整数进行索引和切片，还可以使用整数数组和布尔数组进行索引，如代码 4-4 所示。

代码 4-4

```
In [21]:    student_name = np.array(['Pat','Sishi','Jack','Chris'])
In [22]:    student_name == 'Jack'
Out [22]:   array([False, False, True, False])
In [23]:    student_score = np.array([[80,90,85], [76,77,78], [90,91,92], [100,99,98]])
In [24]:    student_score[student_name == 'Jack']    #布尔索引
Out [24]:   array([[90, 91, 92]])
```

使用 numpy 库的 random 模块能方便地生成随机数。random 模块常用方法如表 4-3 所示。

表 4-3   random 模块常用方法

方　　法	描　　述	方　　法	描　　述
rand()	产生 0 和 1 之间平均分布的浮点数	randint()	产生给定范围内的随机整数
randn()	产生标准正态分布的样本	seed()	随机数种子
permutation()	随机排序数组,不改变原数组	shuffle()	随机排序数组,改变原数组
normal()	产生正态分布的数组	poison()	产生泊松分布的数组

其具体代码如代码 4-5 所示。

代码 4-5

```
In [25]:    np.random.rand(2,3)                #生成一个随机二维数组,元素大小在 0 和 1 之间
Out [25]:   array([[0.81271298, 0.7039258 , 0.16263522],
                   [0.083884  , 0.19521199, 0.23007846]])
In [26]:    np.random.randint(1,10)           #从给定的上下限范围内随机选取整数
In [27]:    np.random.normal(0,2,10)          #生成 10 个随机数,均值为 0,标准差为 2
```

2. pandas 库

pandas 库是 Python 下著名的数据分析库,主要功能是进行大量的数据处理。Series 和 DataFrame 是 pandas 库的两类主要的数据结构。其中,Series 是一维的,DataFrame 是二维的。两者与 numpy 的一维数组或二维数组的重要区别在于 Series 和 DataFrame 是有索引的,而 numpy 的数组则没有。事实上,给 numpy 的数组加上索引就构成了 Series 或 DataFrame。索引可以由程序员给定,也可以自动生成。Series 和 DataFrame 可以由 numpy 数组、列表、字典等数据类型创建。其代码如代码 4-6 所示。

代码 4-6

```
In [1]:    import pandas as pd
In [2]:    from pandas import DataFrame,Series
In [3]:    data1 = {'name':['张三', '李四', '王五', '小明'],
                    'sex':['female', 'female', 'male', 'male'],
                    'year':[2001, 2001, 2003, 2002],
                    'city':['北京', '上海', '广州', '北京']}
In [4]:    df = DataFrame(data1)
In [5]:    df
```

		name	gender	year	city
Out [5]:	**0**	张三	女	2001	北京
	1	李四	女	2001	上海
	2	王五	男	2003	广州
	3	小明	男	2002	北京

基于 pandas 库,可以完成数据读取、数据整理和数据可视化等主要步骤。在多数情况下,数据可视化的数据来源于外部数据,如 CSV 文件、Excel 文件、JSON 文件和数据库文件等。pandas 库读取和存储外部数据的方法如表 4-4 所示。

表 4-4　pandas 库读取和存储外部数据的方法

方　　法	描　　述
read_csv()	加载以逗号分隔数据的数据文件
read_table()	加载以制表符分割数据的数据文件,可以通过 sep 参数指定分隔符
read_json()	加载 JSON 格式文件
read_excel()	加载 Excel 格式数据文件
read_sql(SQL,conn)	加载数据库文件,SQL 参数是 SQL 语句,conn 是配置好的数据库连接对象
to_csv()	将 DataFrame 保存为 CSV 文件
to_excel()	将 DataFrame 保存为 Excel 文件
to_sql()	将 DataFrame 保存为数据库数据

以上方法均将外部数据文件读取为 DataFrame 格式的数据,并根据需要将 DataFrame 保存为需要的外部数据格式。其代码如代码 4-7 所示。

代码 4-7

```
In [6]:     data1 = pd.read_csv('D:/数据可视化/数据/ch5/csv_ex.csv', index_col = 'id')
In [7]:     ♯ index_col 参数指定"id"列为 data1 的索引,此外还可以通过 nrows 选择部分行,
            usecols 参数选择部分列。
In [8]:     data1.to_json('D:/数据可视化/数据/ch5/csv_ex.json')
```

数据库数据的读写需要相应库的支持。以目前比较受欢迎的开源数据库 MySQL 为例,需要安装第三方库 PyMySql,然后创建数据库连接实例,而后再进行数据库读写。其代码如代码 4-8 所示。

代码 4-8

```
In [9]:     import pymysql
In [10]:    conn = pymysql.connect(
                host = 'localhost',
                user = 'root',
                password = 'admin008',
                db = 'visualization',
                port = 3306,
```

```
                charset = 'utf8')                          ♯连接数据库
In [11]:    data2 = pd.read_sql('select * from ch5_ex',conn)   ♯将数据读取到 DataFrame
In [12]:    data2.to_sql(name = 'out5',con = 'mysql + pymysql://root:admin008@localhost:3306/
            visualization?charset = utf8',if_exists = 'replace',index = False)
```

　　索引和切片是 Series 和 DataFrame 类型数据处理过程中重要的操作。此处重点以 DataFrame 为例简述其索引和切片方式。DataFrame 数据的索引和切片多使用 loc() 和 iloc() 方法。其中，前者参数为索引名称，后者参数是索引的序号。其代码如代码 4-9 所示。

代码 4-9

```
In [13]:    df2 = df.set_index('name')    ♯将数据列作为索引
In [14]:    df2
Out [14]:
```

	gender	year	city
name			
张三	女	2001	北京
李四	女	2001	上海
王五	男	2003	广州
小明	男	2002	北京

```
In [15]:    df2.loc[['张三','王五']]    ♯中间用逗号,表示"张三"和"王五"的组合
Out [15]:
```

	gender	year	city
name			
张三	女	2001	北京
王五	男	2003	广州

```
In [16]:    df2.loc['张三':'王五']    ♯包含尾端"王五"
Out [16]:
```

	gender	year	city
name			
张三	女	2001	北京
李四	女	2001	上海
王五	男	2003	广州

```
In [17]:    df2.iloc[[1,3]]
Out [17]:
```

	gender	year	city
name			
李四	女	2001	上海
小明	男	2002	北京

```
In [18]:    df2.iloc[1:3]    ♯不包含尾端
Out [18]:
```

	gender	year	city
name			
李四	女	2001	上海
王五	男	2003	广州

```
In [19]:    df2.loc[['张三','李四'],['gender','city']]
Out [19]:
```

	gender	city
name		
张三	女	北京
李四	女	上海

```
In [20]:   df2.loc['张三':'王五','gender':'city']
Out [20]:
```

	gender	year	city
name			
张三	女	2001	北京
李四	女	2001	上海
王五	男	2003	广州

可以用 append()方法为 DataFrame 增加一行,用直接赋值的方式为 DataFrame 增加一列,用 drop()方法删除行或列。

pandas 集成了 matplotlib 的基础组件,可以使用 pandas 库实现一些可视化图表。pandas 库实现可视化主要是通过 plot()方法,其 kind 属性设置不同的图表类型。plot()方法的 kind 属性取值及其对应图表类型如表 4-5 所示。

表 4-5　plot()方法的 kind 属性取值及其对应图表类型

取值	图表类型	取值	图表类型	取值	图表类型
line(默认)	折线图	bar	柱状图	box	箱形图
barh	横向柱状图	hist	直方图	area	面积图
scatter	散点图	pie	饼图	kde	核密度估计图

pandas 库的 plot()方法绘图代码如代码 4-10 所示。

代码 4-10

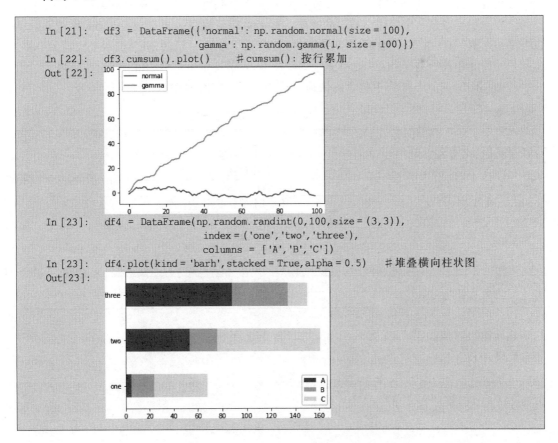

```
In [21]:   df3 = DataFrame({'normal': np.random.normal(size = 100),
                            'gamma': np.random.gamma(1, size = 100)})
In [22]:   df3.cumsum().plot()        #cumsum(): 按行累加
Out [22]:
```

```
In [23]:   df4 = DataFrame(np.random.randint(0,100,size = (3,3)),
                           index = ('one','two','three'),
                           columns = ['A','B','C'])
In [23]:   df4.plot(kind = 'barh', stacked = True, alpha = 0.5)    #堆叠横向柱状图
Out[23]:
```

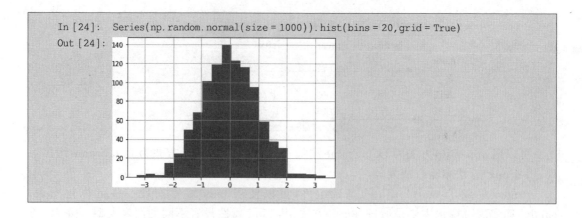

```
In [24]:    Series(np. random. normal(size = 1000)). hist(bins = 20, grid = True)
Out [24]:
```

3. matplotlib 库

matplotlib 库是 Python 中最流行的数据可视化库,功能十分强大,绘图风格类似 MATLAB。matplotlib 通过 pyplot 模块提供了一套绘图 API,将众多绘图对象构成的复杂结构隐藏在这套 API 内部,用户只需要调用 pyplot 模块提供的方法,以渐进的方式快速绘图,并设置图表的各种细节,如创建画布、在画布中创建一个绘图区、在绘图区上画几条线、给图像添加文字说明等,而且可以输出为 PNG(便携式网络图形)或 PDF(可移植文档格式)等多种文件格式。

使用 matplotlib 进行数据可视化,需要先导入绘图模块 pyplot。matplotlib. pyplot 中的每一个方法都会对画布图像作出相应的改变。对于坐标系的图表而言,matplotlib 库绘图包括以下基本元素:①x 轴和 y 轴,水平和垂直的轴线;②x 轴和 y 轴的刻度,标示坐标轴的分割,包括最大刻度和最小刻度;③x 轴和 y 轴刻度标签,表示特定坐标轴的值;④绘图区域。

matplotlib. pyplot 模块中包含的快速生成图表方法具体说明如表 4-6 所示。

表 4-6　pyplot 中常用绘图方法一览

方 法 名 称	方 法 说 明
plot(x,y,label,color,width)	根据(x,y)数组绘制直线/曲线
boxplot(x,notch,position)	绘制箱形图
bar(x, height, width, bottom)	绘制柱状图
barh(y, width, height, left)	绘制水平柱状图
pie(x,explode,labels,colors,radius)	箱形图
scatter(x,y,marker)	绘制散点图
step(x,y,where)	绘制步阶图
hist(x,bins,normed)	绘制直方图
contour(X,Y,Z,level)	绘制等值线
stem(x,y,line,marker,base)	绘制每个点到 x 轴的垂线

其具体代码如代码 4-11 所示。

代码 4-11

```
In [1]:    import numpy as np
In [2]:    import matplotlib. pyplot as plt
```

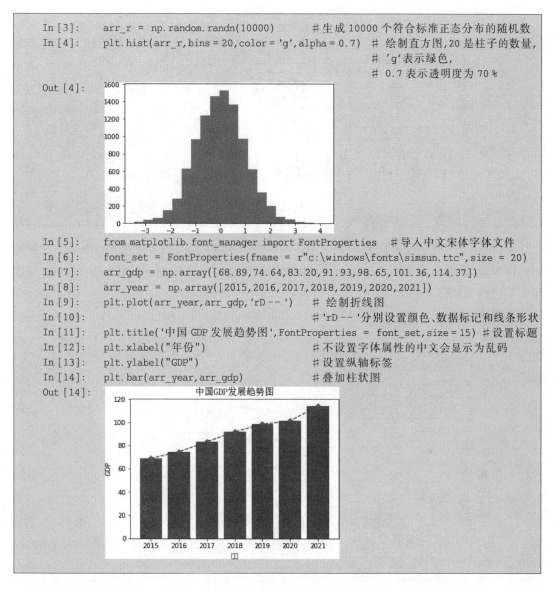

```
In [3]:     arr_r = np.random.randn(10000)          #生成 10000 个符合标准正态分布的随机数
In [4]:     plt.hist(arr_r,bins = 20,color = 'g',alpha = 0.7)    # 绘制直方图,20 是柱子的数量,
                                                                 # 'g'表示绿色,
                                                                 # 0.7 表示透明度为 70 %
Out [4]:
```

```
In [5]:     from matplotlib.font_manager import FontProperties    #导入中文宋体字体文件
In [6]:     font_set = FontProperties(fname = r"c:\windows\fonts\simsun.ttc",size = 20)
In [7]:     arr_gdp = np.array([68.89,74.64,83.20,91.93,98.65,101.36,114.37])
In [8]:     arr_year = np.array([2015,2016,2017,2018,2019,2020,2021])
In [9]:     plt.plot(arr_year,arr_gdp,'rD -- ')    # 绘制折线图
In [10]:                                            # 'rD -- '分别设置颜色、数据标记和线条形状
In [11]:    plt.title('中国 GDP 发展趋势图',FontProperties = font_set,size = 15)  #设置标题
In [12]:    plt.xlabel("年份")                      #不设置字体属性的中文会显示为乱码
In [13]:    plt.ylabel("GDP")                      #设置纵轴标签
In [14]:    plt.bar(arr_year,arr_gdp)             #叠加柱状图
Out [14]:
```

matplotlib 的图像位于 Figure 对象(即画布对象)中。通过 figure()方法可以创建一个新的 Figure 对象,用于绘制图表。而后可以通过 matplotlib.pyplot 模块中的 add_subplot()、subplot()、axes()、subplots.adjust()等方法添加子图,并进行相关设置。

使用 plt.subplot()可以将图像划分为 n 个子图,但每条 subplot 命令只会创建一个子图。其代码如代码 4-12 所示。

代码 4-12

```
In [15]:    x = np.random.randn(100)
In [16]:    y = np.random.randn(100)
In [17]:    plt.subplot(2,2,1)      #分成 2×2 的矩阵区域,选取第 1 个子图
In [18]:    plt.boxplot(x)          #在选中的第 1 个子图上绘图
In [19]:    plt.subplot(2,2,2)      #分成 2×2 的矩阵区域,选取第 2 个子图
```

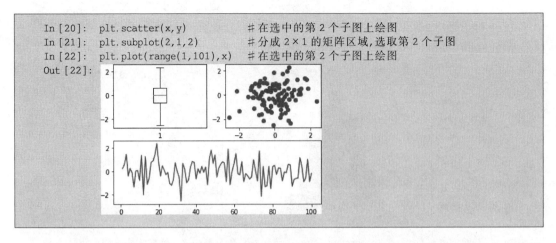

```
In [20]:    plt.scatter(x,y)              ♯ 在选中的第 2 个子图上绘图
In [21]:    plt.subplot(2,1,2)           ♯ 分成 2×1 的矩阵区域,选取第 2 个子图
In [22]:    plt.plot(range(1,101),x)      ♯ 在选中的第 2 个子图上绘图
Out [22]:
```

subplots()方法可以一次性创建多个子图。该方法返回一个元组,元组的第一个元素为 Figure 对象(画布),第二个元素为 Axes 对象(子图,包含坐标轴和绘的图)或 Axes 对象数组。其代码如代码 4-13 所示。

代码 4-13

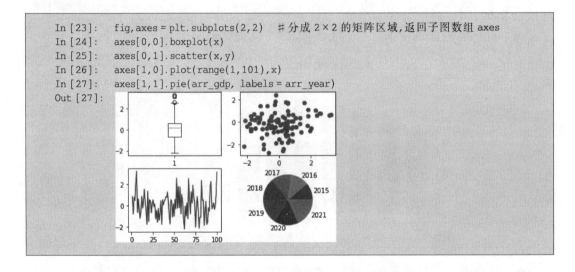

```
In [23]:    fig,axes = plt.subplots(2,2)   ♯ 分成 2×2 的矩阵区域,返回子图数组 axes
In [24]:    axes[0,0].boxplot(x)
In [25]:    axes[0,1].scatter(x,y)
In [26]:    axes[1,0].plot(range(1,101),x)
In [27]:    axes[1,1].pie(arr_gdp, labels = arr_year)
Out [27]:
```

4. seaborn 库

seaborn 是在 matplotlib 基础上的高级 API 封装,它提供了一个高级界面来绘制有吸引力的统计图形,可以使数据可视化更加方便、美观。seaborn 库常用方法及其含义如表 4-7 所示。

表 4-7　seaborn 库常用方法及其含义

方 法 名 称	方 法 说 明
sns.set()	调用 seaborn 的默认绘图样式
sns.set_style()	调用 seaborn 中的绘图主题风格
sns.plot()	绘制折线图
sns.displot()	绘制直方图
sns.pairplot()	绘制变量的两两相关关系
sns.boxplot()	绘制箱形图

续表

方 法 名 称	方 法 说 明
sns. despine()	移除坐标轴线
sns. axes_style()	临时设定图形样式
sns. set_context()	自定义图形的规模
sns. color_palette()	设置调色板

seaborn 库可视化代码如代码 4-14 所示。

代码 4-14

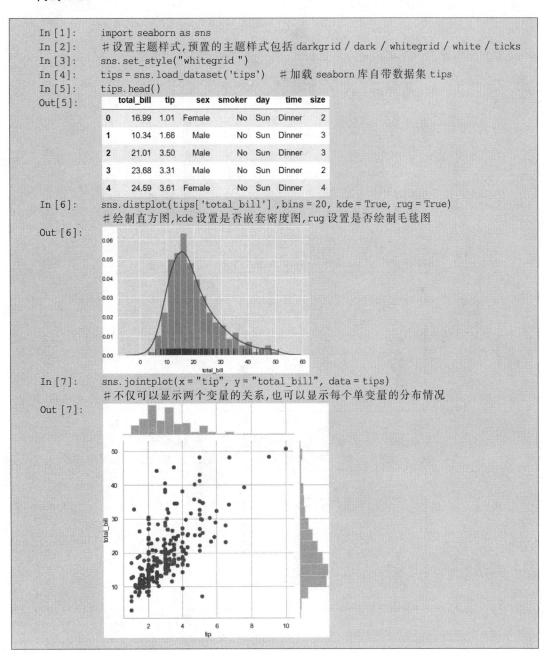

```
In [1]:     import seaborn as sns
In [2]:     ♯设置主题样式,预置的主题样式包括 darkgrid / dark / whitegrid / white / ticks
In [3]:     sns. set_style("whitegrid ")
In [4]:     tips = sns. load_dataset('tips')    ♯加载 seaborn 库自带数据集 tips
In [5]:     tips. head()
Out[5]:
```

	total_bill	tip	sex	smoker	day	time	size
0	16.99	1.01	Female	No	Sun	Dinner	2
1	10.34	1.66	Male	No	Sun	Dinner	3
2	21.01	3.50	Male	No	Sun	Dinner	3
3	23.68	3.31	Male	No	Sun	Dinner	2
4	24.59	3.61	Female	No	Sun	Dinner	4

```
In [6]:     sns. distplot(tips['total_bill'] , bins = 20, kde = True, rug = True)
            ♯绘制直方图,kde 设置是否嵌套密度图,rug 设置是否绘制毛毯图
Out [6]:
```

```
In [7]:     sns. jointplot(x = "tip", y = "total_bill", data = tips)
            ♯不仅可以显示两个变量的关系,也可以显示每个单变量的分布情况
Out [7]:
```

In [8]:   sns.pairplot(tips)
           ♯显示数量数据之间的两两关系,相同属性的关系为 hist 频数分布

Out [8]:

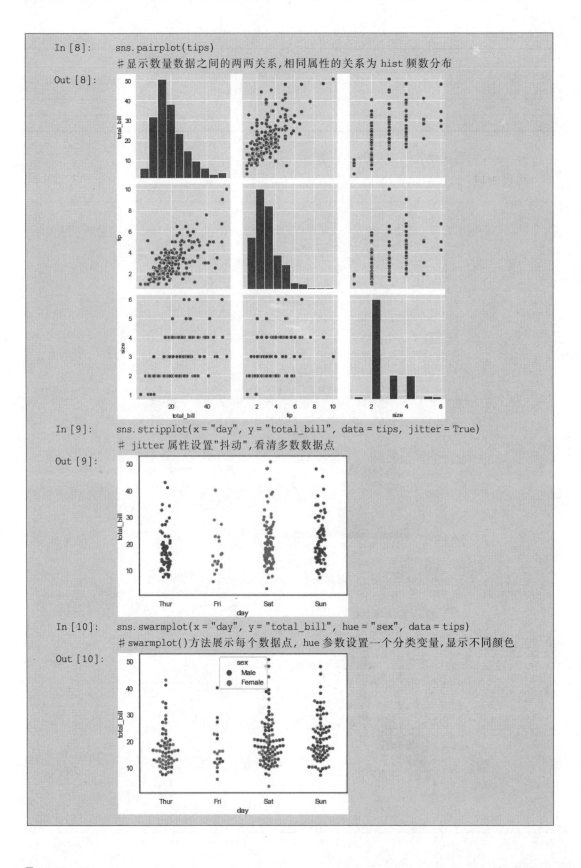

In [9]:   sns.stripplot(x = "day", y = "total_bill", data = tips, jitter = True)
           ♯ jitter 属性设置"抖动",看清多数数据点

Out [9]:

In [10]:   sns.swarmplot(x = "day", y = "total_bill", hue = "sex", data = tips)
           ♯swarmplot()方法展示每个数据点, hue 参数设置一个分类变量,显示不同颜色

Out [10]:

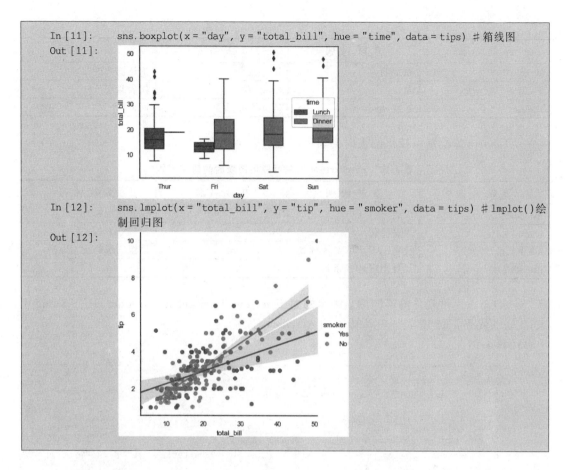

In [11]:　sns.boxplot(x = "day", y = "total_bill", hue = "time", data = tips)　#箱线图

Out [11]:

In [12]:　sns.lmplot(x = "total_bill", y = "tip", hue = "smoker", data = tips)　#lmplot()绘制回归图

Out [12]:

5. pyecharts 库

pyecharts 是基于 ECharts(见 4.2.2)的类库,用于生成 ECharts 图表的库,是将 Python 与 ECharts 相结合的数据可视化工具。使用 pyecharts 库可以制作多种不同的图表,基于 Web 浏览器进行显示,主要使用的方法如表 4-8 所示。

表 4-8　pyecharts 库主要使用方法及说明

方 法 名 称	方 法 说 明
chart_name = Type()	初始化具体图表类型
chart_name.add()	添加数据及配置项
chart_name.render()	生成本地文件
chart_name.render_notebook()	在 jupyter notebook 中显示图表

pyecharts 库常用的可视化图表及其初始化方法如表 4-9 所示。

表 4-9　pyecharts 库常用的可视化图表及其初始化方法

方 法 名 称	方 法 说 明	方 法 名 称	方 法 说 明
Bar()	条形图/柱状图	Scatter()	散点图
Line()	折线图/面积图	Pie()	饼图
Map()	地图	Parallel()	平行坐标图

续表

方 法 名 称	方 法 说 明	方 法 名 称	方 法 说 明
Boxplot()	箱形图	Radar()	雷达图
Funnel()	漏斗图	Gauge()	仪表盘图
Liquid()	水滴球图	WordCloud()	词云图

pyecharts 库绘制可视化图表时的通用配置如表 4-10 所示。

表 4-10　pyecharts 库绘制可视化图表时的通用配置

参 数 名 称	参 数 说 明	参 数 名 称	参 数 说 明
xyAxis	设置 x、y 轴	tooltip	设置提示框
legend	设置图例	grid3D	设置 3D 坐标系
label	设置图形上的文本标签	mark_point	设置图形标记
lineStyle	设置图形的线条形状		

pyecharts 库可视化的不同图表类型通过 from pyecharts. charts import chart_name 引入,代码如代码 4-15 所示(1.9.1 版本的 pyecharts 库)。

代码 4-15

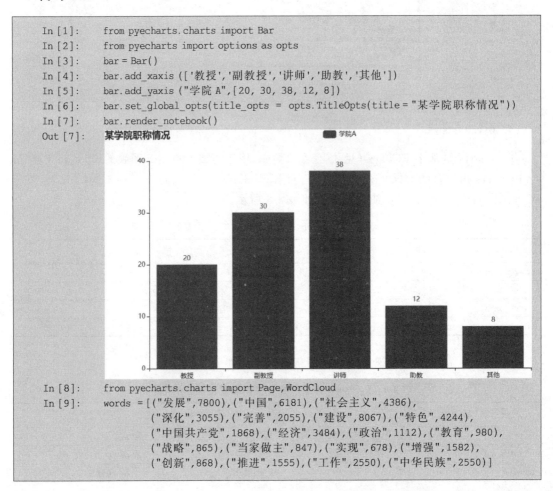

```
In [1]:   from pyecharts.charts import Bar
In [2]:   from pyecharts import options as opts
In [3]:   bar = Bar()
In [4]:   bar.add_xaxis(['教授','副教授','讲师','助教','其他'])
In [5]:   bar.add_yaxis("学院 A",[20, 30, 38, 12, 8])
In [6]:   bar.set_global_opts(title_opts = opts.TitleOpts(title = "某学院职称情况"))
In [7]:   bar.render_notebook()
Out [7]:
In [8]:   from pyecharts.charts import Page,WordCloud
In [9]:   words =[("发展",7800),("中国",6181),("社会主义",4386),
          ("深化",3055),("完善",2055),("建设",8067),("特色",4244),
          ("中国共产党",1868),("经济",3484),("政治",1112),("教育",980),
          ("战略",865),("当家做主",847),("实现",678),("增强",1582),
          ("创新",868),("推进",1555),("工作",2550),("中华民族",2550)]
```

```
In [10]:    c = WordCloud()
In [11]:    c.add("", words,word_size_range = [20,80])
In [12]:    c.set_global_opts(title_opts = opts. TitleOpts(title = "WordCloud - 基本示例"))
In [13]:    c.render_notebook()
Out [13]:   WordCloud-基本示例
```

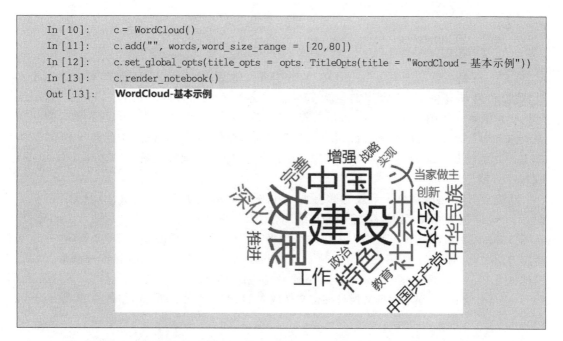

pyecharts 从 V1 版本开始支持链式调用，代码如代码 4-16 所示。

代码 4-16

```
In [14]:    from pyecharts.charts import Pie
In [15]:    L1 = ['教授','副教授','讲师','助教','其他']
In [16]:    num = [20, 30, 38, 12, 8]
In [17]:    c = (Pie()
               .add("",[list(z) for z in zip(L1 , num)])
               .set_global_opts(title_opts = opts.TitleOpts(title = "Pie - 职称类别比例"))
               .set_series_opts(label_opts = opts.LabelOpts(formatter = "{b}:{c}")))
In [18]:    c.render_notebook()    # "讲师:38"部分突出显示是由于鼠标置于其上
Out [18]:   Pie-职称类别比例
```

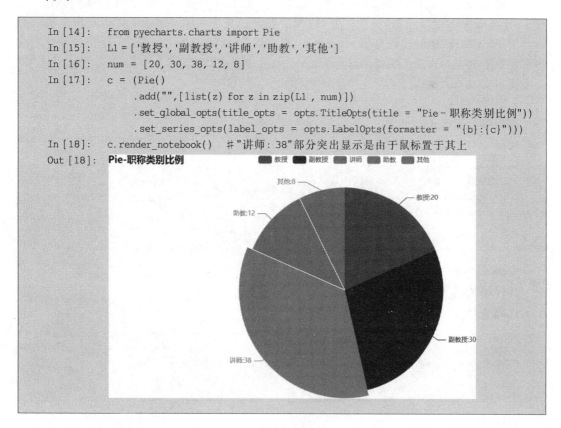

4.2.2 ECharts

ECharts 是一款基于 JavaScript(JS)的数据可视化图表库,可以流畅地运行在 PC(个人计算机)和移动设备上,兼容当前绝大部分浏览器(IE8/9/10/11,Chrome,Firefox,Safari等),底层依赖矢量图形库 ZRender,提供直观、生动、可交互、可个性化定制的数据可视化图表。ECharts 最初由百度团队开源,并于 2018 年初捐赠给 Apache 软件基金会(ASF),成为ASF 孵化级项目。2021 年 1 月 26 日,ECharts 成为 Apache 顶级项目。2021 年 1 月 28 日,ECharts 5 线上发布会举行。

功能上,ECharts 提供了常规的折线图、柱状图、散点图、饼图、K 线图,用于统计的核心图,用于地理数据可视化的地图、热力图、线图,用于关系数据可视化的关系图、treemap、旭日图(sunburst chart),多维数据可视化的平行坐标,还有用于 BI 的漏斗图、仪表盘,并且支持图与图之间的混搭。使用 ECharts 须下载其开源的版本,然后才能绘制各种图形。其官网地址为 https://echarts.apache.org/。下载到本地的 ECharts 文件是一个名为 echarts.min的 JavaScript 文件,在编写网页文档时将该文件放入 HTML 页面中即可制作各种 ECharts 开源图表。

1. ECharts 的基本使用步骤

使用 ECharts 制作图表的步骤如下:新建 HTML 页面,一般为 HTML5 页面;在HTML 页面头部中导入 JS 文件;在 HTML 页面正文中用 JavaScript 代码实现图表的显示。由于 ECharts 中的代码是用 JavaScript 实现的,所以读者在使用 ECharts 可视化之前应该具备基本的 JavaScript 编程知识及 HTML 等前端开发的基础。

使用 ECharts 制作图表的主要实现步骤如下。

1) 引入 ECharts

其代码如代码 4-17 所示。

代码 4-17

```
< html >
    < head > < meta charset = "utf - 8" /> < title > ECharts </title >
    < script src = "echarts.min.js"> </script > </head >
</html >
```

2) 准备容器

其代码如代码 4-18 所示。

代码 4-18

```
< body >
    < div id = "main" style = "width: 600px;height:400px;"></div >
</body >
```

3) 初始化实例

其代码如代码 4-19 所示。

代码 4-19

```
< body >
  < div id = "main" style = "width: 600px;height:400px;"></div >
  < script type = "text/javascript">
    var myChart = echarts.init(document.getElementById('main'));
  </script>
</body>
```

4）指定图表的配置项和数据

其代码如代码 4-20 所示。

代码 4-20

```
var option = {
  title: {
    text: 'ECharts 入门示例'
  },
  tooltip: {},
  legend: {
    data: ['销量']
  },
  xAxis: {
    data: ['衬衫', '羊毛衫', '雪纺衫', '裤子', '高跟鞋', '袜子']
  },
  yAxis: {},
  series: [
    {
      name: '销量',
      type: 'bar',
      data: [5, 20, 36, 10, 10, 20]
    }
  ]
};
```

5）显示图表

其代码如代码 4-21 所示。

代码 4-21

```
myChart.setOption(option);
```

以上代码在浏览器中运行的结果如图 4-14 所示。

6）异步数据的加载

很多时候可能数据需要异步加载后再填入。ECharts 中实现异步数据的更新非常简单，在图表初始化后不管任何时候，只要通过 jQuery 等工具异步获取数据后利用 setOption 填入数据和配置项就行。其代码如代码 4-22 所示。

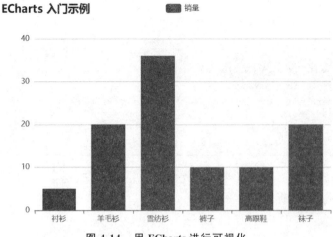

图 4-14 用 ECharts 进行可视化

代码 4-22

```javascript
var myChart = echarts.init(document.getElementById('main'));
$.get('data.json').done(function(data) {
  myChart.setOption({
    title: {
      text: '异步数据加载示例'
    },
    tooltip: {},
    legend: {},
    xAxis: {
      data: data.categories
    },
    yAxis: {},
    series: [
      {
        name: '销量',
        type: 'bar',
        data: data.values
      }
    ]
  });
});
```

ECharts 中,在更新数据的时候需要通过 name 属性对应到相应的系列,如果 name 不存在,也可以根据系列的顺序正常更新,但是更多时候推荐更新数据时加上系列的 name 数据。

ECharts 由数据驱动,数据的改变驱动图表展现的改变,因此动态数据的实现也变得异常简单。所有数据的更新都通过 setOption 实现,只需要定时获取数据,通过 setOption 填入数据,而不用考虑数据到底产生了哪些变化,ECharts 会找到两组数据的差异,然后通过合适的动画去表现数据的变化。

2. ECharts 中的基本概念

1) 图表容器及大小

通常来说,需要在 HTML 中先定义一个<div>节点,并且通过 CSS(层叠样式表)使该节点具有宽度和高度。初始化 ECharts 实例时传入该节点，图表的大小默认即为该节点的大小，除非声明了 opts. width 或 opts. height。如果图表容器不存在宽度和高度，或者希望图表宽度和高度不同于容器大小，也可以在初始化的时候指定大小。

2）样式

样式是指设置或改变图形元素或者文字的颜色、明暗、大小等，主要包括颜色主题、调色盘、直接样式设置等方法。最简单的更改全局样式的方式是直接采用颜色主题（theme）。可以通过切换深色模式，直接看到采用主题的效果。例如，ECharts5 除了默认的主题外，还内置了"dark"主题。可以通过代码 4-23 切换成深色模式。

代码 4-23

```
var chart = echarts.init(dom, 'dark');
```

其他没有内置在 ECharts 中的主题需要自己加载。这些主题可以在"主题编辑器"里访问，也可以使用这个主题编辑器自己编辑主题。下载的主题可以通过代码 4-24 表示。

代码 4-24

```
// 如果主题保存为 JSON 文件，则需要自行加载和注册，例如：
// 假设主题名称是"vintage"
$ .getJSON('xxx/xxx/vintage.json', function(themeJSON) {
  echarts.registerTheme('vintage', JSON.parse(themeJSON));
  var chart = echarts.init(dom, 'vintage');
});
```

调色盘可以在 option 中设置。它给定了一组颜色，图形、系列会自动从其中选择颜色。可以设置全局的调色盘，也可以设置系列自己专属的调色盘。

直接的样式设置是比较常用的设置方式。ECharts 的 option 中很多地方可以通过 itemStyle、lineStyle、areaStyle、label 等直接设置图形元素的颜色、线宽、点的大小、标签的文字、标签的样式等。一般来说，ECharts 的各个系列和组件都遵从这些命名习惯，虽然不同图表和组件中的 itemStyle、label 等可能出现在不同的地方。

3）数据集

数据集是专门用来管理数据的组件。虽然每个系列都可以在 series. data 中设置数据，但是从 ECharts4 开始更推荐使用数据集来管理数据。因为这样，数据可以被多个组件复用，也方便进行"数据和其他配置"分离的配置风格。代码 4-25 是一个简单的数据集例子。

代码 4-25

```
option = {
  legend: {},
  tooltip: {},
  dataset: {
    // 提供一份数据
    source: [
      ['product', '2015', '2016', '2017'],
      ['Matcha Latte', 43.3, 85.8, 93.7],
      ['Milk Tea', 83.1, 73.4, 55.1],
```

```
      ['Cheese Cocoa', 86.4, 65.2, 82.5],
      ['Walnut Brownie', 72.4, 53.9, 39.1]
    ]
  },
  // 声明一个 X 轴,类目轴(category)。默认情况下,类目轴对应到 dataset 第一列
  xAxis: { type: 'category' },
  // 声明一个 Y 轴,数值轴
  yAxis: {},
  // 声明多个 bar 系列,默认情况下,每个系列会自动对应到 dataset 的每一列
  series: [{ type: 'bar' }, { type: 'bar' }, { type: 'bar' }]
};
```

其可视化效果如图 4-15 所示。

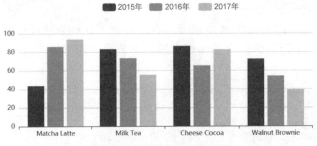

图 4-15　利用数据集的可视化

利用数据集进行数据可视化,需要指定数据到视觉的映射,这些映射包括两个方面:①指定数据集的列(column)或是行(row)映射为系列(series),这可以使用 series. seriesLayoutBy 属性来配置,默认是按照列映射。②指定维度映射的规则,即如何从 datase 的维度(一个“维度”的意思是一行/列)映射到坐标轴(如 x、y 轴)、提示框(tooltip)、标签(label)、图形元素大小颜色等。这可以使用 series. encode 属性,以及 visualMap 组件来配置。上述例子中,ECharts 的默认映射规则为:x 坐标轴声明为类目轴,对应 dataset. source 中的第一列,三个柱图系列一一对应 dataset. source 中后面每一列。

4)坐标轴

坐标轴是直角坐标系中的 x/y 轴。x 轴和 y 轴都由轴线、刻度、刻度标签、轴标题四个部分组成,部分图表中还会有网格线来帮助查看和计算数据。关于坐标轴的详细设置说明如表 4-11 所示。

表 4-11　坐标轴设置

组成部分	配置项(默认值)	含　义
轴线 axisLine	show: true	是否显示坐标轴轴线
	onZero: true	x 轴或者 y 轴的轴线是否在另一个轴的 0 刻度上
	onZeroAxisIndex	当有双轴时,指定在哪个轴的 0 刻度上
	symbol:'none'	轴线两边的箭头,默认不显示箭头
	symbolSize: [10, 15]	轴线两边的箭头的宽度和高度
	symbolOffset: [0, 0]	轴线两边的起始箭头的偏移和末端箭头的偏移
	lineStyle:	轴线的样色,包括颜色(color)、宽度(width)、线型(type)、虚线偏移量(dashOffset)、线段末端的绘制方式(cap)等

组成部分	配置项(默认值)	含　义
刻度 axisTick	show: true	是否显示坐标轴刻度
	alignWithLabel: false	刻度线和标签是否对齐
	interval: 'auto'	坐标轴刻度的显示间隔
	inside: false	坐标轴刻度是否朝内,默认朝外
	length: 5	坐标轴刻度的长度
	lineStyle	刻度的样式,包括颜色、宽度、斜接面限制比例(miterLimit)、图形阴影的模糊大小(shadowBlur)、阴影颜色(shadowColor)等
刻度标签 axisLabel	show: true	是否显示刻度标签
	interval: 'auto'	坐标轴刻度标签的显示间隔
	inside: false	刻度标签是否朝内,默认朝外
	rotate: 0	刻度标签旋转的角度
	formatter	刻度标签的内容格式器
	hideOverlap	是否隐藏重叠的标签
	fontStyle: 'normal'	文字字体的风格
	fontWeight: 'normal'	文字字体的粗细
	fontFamily: 'sans－serif'	文字的字体
	textBorderColor	文字本身的描边颜色
	textBorderType: 'solid'	文字本身的描边类型
	overflow: 'none'	文字超出宽度是否截断或者换行
	ellipsis	末尾显示的文本
轴标题	name	轴标题

5) 视觉映射

数据可视化是数据到视觉元素的映射过程(这个过程也可称为视觉编码,视觉元素也可称为视觉通道)。ECharts 的每种图表本身就内置了这种映射过程,如折线图把数据映射到"线"、柱状图把数据映射到"长度"等。一些更复杂的图表,如关系图、事件河流图、树图等也都会作出各自内置的映射。此外,ECharts 还提供了 visualMap 组件来作为通用的视觉映射。visualMap 组件中可以使用的视觉元素有图形类别(symbol)、图形大小(symbolSize)、颜色、透明度(opacity)、颜色透明度(colorAlpha)、颜色明暗度(colorLightness)、颜色饱和度(colorSaturation)、色调(colorHue)等。

6) 图例

图例是图表中对内容区元素的注释,用不同形状、颜色、文字等来标示不同数据列,通过单击对应数据列的标记,可以显示或隐藏该数据列。图例虽然不是图表中的主要信息,却是了解图表信息的钥匙。

7) 事件与行为

在 ECharts 的图表中,用户的操作将会触发相应的事件,开发者可以监听这些事件,然后通过回调函数做相应的处理,如跳转到一个地址、弹出对话框或者数据下钻等。事件分为两种类型:一种是用户单击或者悬停在图形上时触发的事件,包括"click""dblclick""mousedown""mousemove""mouseup""mouseover""mouseout""globalout""contextmenu"等事件。另一种是用户在使用可以交互的组件后触发的行为事件,ECharts 支持的主要组件交互事件如表 4-12 所示。

表 4-12　ECharts 支持的主要组件交互事件

事 件	说 明	事 件	说 明
highlight	高亮事件	downplay	取消高亮事件
selectchanged	在数据选中状态发生变化时触发的事件	legendselectchanged	切换图例选中状态后的事件
legendselected	legendSelect 图例选中后的事件	Legendunselected	legendUnSelect 图例取消选中后的事件
legendscroll	legendscroll 图例滚动事件	Datazoom	数据区域缩放后的事件
datarangeselected	selectDataRange 视觉映射组件中，range 值改变后触发的事件	graphroam	关系图 series-graph 的缩放和平移漫游事件
timelinechanged	timelineChange 时间轴中的时间点改变后的事件	timelineplaychanged	timelinePlayChange 时间轴中播放状态的切换事件
restore	restore 重置 option 事件	dataviewchanged	工具栏中数据视图的修改事件

3. 利用 ECharts 进行数据可视化

1）绘制柱状图

柱状图（或称条形图）是通过柱形的长度来表现数据大小的常用图表类型。设置柱状图的方式，是将 series 的 type 设为"bar"。

2）绘制折线图

折线图是一种较为简单的图形，通常用于显示随时间变化而变化的连续数据。在折线图中，类别数据沿水平轴均匀分布，所有数据值沿垂直轴均匀分布。在 ECharts 中显示折线图类型的代码如代码 4-26 所示。

代码 4-26

```
option = {
  xAxis: {
    type: 'category',
    data: ['A', 'B', 'C']
  },
  yAxis: {
    type: 'value'
  },
  series: [
    {
      data: [120, 200, 150],
      type: 'line'
    }
  ]
};
```

3）绘制散点图

散点图在回归分析中使用较多，它将序列显示为一组点。散点图中每个点的位置可代表相应的一组数据值，因此通过观察散点图上数据点的分布情况可以推断出变量间的相关性。在 ECharts 中显示散点图类型的代码如代码 4-27 所示。

代码 4-27

```
option = {
  xAxis: {
    data: ['Sun', 'Mon', 'Tue', 'Wed', 'Thu', 'Fri', 'Sat']
  },
  yAxis: {},
  series: [
    {
      type: 'scatter',
      data: [220, 182, 191, 234, 290, 330, 310]
    }
  ]
};
```

4）绘制饼图

饼图主要是通过扇形的弧度表现不同类目的数据在总和中的占比，它的数据格式比柱状图更简单，只有一维数值，也不需要定义横坐标和纵坐标。在 ECharts 中显示饼图类型的代码如代码 4-28 所示。

代码 4-28

```
option = {
  title: {
    text: '圆环图的例子',
    left: 'center',
    top: 'center'
  },
  series: [
    {
      type: 'pie',
      data: [
        {
          value: 335,
          name: 'A'
        },
        {
          value: 234,
          name: 'B'
        },
        {
          value: 1548,
```

```
        name: 'C'
      }
    ],
    radius: ['40 % ', '70 % ']    //用于控制图环内外直径的大小
    }
  ]
};
```

即测即练

思考题

1. 常用的可视化软件工具有哪些？你认为这些工具有什么共同点和不同点？

2. 利用 Python 语言进行数据可视化涉及哪些第三方库？这些库的作用是什么？

3. 请阐述用 ECharts 进行数据可视化的一般步骤。

方法篇

第 5 章

结构化数据的可视化

结构化数据作为基础和常见的数据类型,广泛存在于计算机系统中,其标准化的数据结构与存储方式便于理解和解读。本章在对结构化数据特征进行分析的基础上,归纳了结构化数据的主要数据来源、收集方式以及对结构化数据进行处理的一般过程,分别从比较与排序、局部与整体、分布、相关性、网络关系和时间趋势六个视角总结了结构化数据可视化的常见作图方法,结合案例阐述了结构化数据可视化的流程、方法与结果。

本章学习目标

(1) 理解结构化数据的特征及其与非结构化数据的主要区别;

(2) 了解结构化数据收集与处理的一般过程和常用方法;

(3) 理解结构化数据可视化的主要视角与可视化方法;

(4) 掌握 Python、ECharts 和 Excel 等工具对结构化数据进行基本的可视化分析应用。

5.1 结构化数据的特征

在现代计算机领域中,对结构化数据的理解通常建立在数据库基础之上。结构化数据主要存储在关系数据库管理系统(Relational Database Management System,RDBMS)中,并通过结构化查询语言对其进行管理。SQL 最初被称为 SEQUEL(Structured English query language,结构化的英语查询语言),由 IBM(国际商业机器公司)的 Donald D. Chamberlin 和 Raymond F. Boyce 在 20 世纪 70 年代早期开发[20]。结构化数据也可以被理解为按照预定义的模型结构化或以预定义的方式组织的数据。谷歌表示:"结构化数据是一种标准化的格式,用于提供关于页面的信息并对页面内容进行分类。"面向经典的业务场景,结构化数据广泛存在于包括 ATM(automated teller machine,自动取款机)系统、航空公司预订系统和销售系统、ERP(企业资源计划)、HIS(医院信息系统)数据系统等信息系统中。在结构化数据中,数据是以行和列的组织形式构成,通常称一行数据为一个样本或观测,一列数据为变量或属性,如学生成绩数据,见表 5-1。

表 5-1　学生成绩数据示例

学号	班级	姓名	性别	英语	高数	管理学	统计学
211040011	1040012	陈　怡	女	96	92	91	93
211040012	1040012	赵玉文	女	92	89	92	88
211040013	1040012	李建祥	男	87	91	83	86
211040014	1040012	王惠仪	女	82	79	84	85
211040015	1040012	于浩文	男	76	79	85	78
211040016	1040012	迟蔡浩	女	83	79	82	91
211040017	1040012	王　辉	男	69	79	78	82
211040018	1040012	田华培	男	81	82	85	83
211040019	1040012	冯雪茹	女	87	85	91	86
211040020	1040012	蔡庆成	男	85	84	82	86

与结构化数据相对应的则是非结构化数据。非结构化数据是指数据结构不规则或不完整,没有预定义的数据模型,同时难以通过数据库二维逻辑表来表现的数据,包括所有格式的办公文档、XML(可扩展标记语言)、HTML、各类报表、图片、音频、电子邮件、视频等数据。据国际数据公司(International Data Corporation,IDC)预测,2018 年到 2025 年,全球产生的数据量将会从 33 ZB 增长到 175 ZB,复合增长率达到 27%,其中超过 80%的数据都会是处理难度较大的非结构化数据。基于数据特征、存储位置、分析方法等角度,结构化数据与非结构化数据存在明显的区别,见表 5-2。

表 5-2　结构化数据与非结构化数据的区别

比 较 项 目	结构化数据	非结构化数据
数据特征	预定义的数据模型 明确定义 定量数据 容易访问 容易分析	没有预定义的数据模型 没有明确的定义 定性数据 很难获取 很难分析
存储位置	关系数据库 数据仓库 电子表格	NoSQL 数据库 数据湖 数据仓库
分析方法	回归 分类 聚类	数据挖掘 自然语言处理 向量的搜索
用例	在线预订 自动取款机 库存控制系统	语音识别 图像识别 文本分析
例子	名字 日期 地址 电话号码 信用卡号码	电子邮件信息 健康记录 图片 音频 视频

5.2 结构化数据的收集与处理

结构化数据可视化是一个烦琐的分析流程,整个过程需要结合不同的技能和专业知识。首先,数据收集者需要拥有一定的收集数据和处理数据的能力;数据分析者需要掌握可视化的设计原理与可视化的必备技能,并能使用这些原理与数据进行沟通;业务管理者则需要了解并关注诸如消费者行为模式、业务运行状态、异常值或者突发异常趋势等特征。最终,将上述技能和知识有机地结合才能够完成一项具有价值的数据可视化任务。

结构化数据可视化一般从收集数据开始,运用有效的数据处理、建模与分析方法,通过展示可视化图形来向受众讲述一个有意义的故事,这一过程大致可以归纳为前期、中期、后期三个阶段。

前期为数据准备阶段,需要遵循以下步骤。

(1) 数据收集:主要从数据库或者互联网中获得或收集结构化数据。

(2) 数据处理:解析并筛选数据。利用程序方法解析、清洗、简化数据。

(3) 数据分析:分析提炼数据,发现数据中的规律和价值。

中期步骤为数据可视化展示,主要利用数据分析建模方法展示数据的信息和规律。

后期为叙事步骤,主要结合可视化展示向受众讲述有趣的故事,发现复杂数据中的关键价值。

值得注意的是,以上步骤并非是相互独立存在的,而需要循环往复才能最终完成一项可视化任务。很多时候,数据的分析和数据的可视化需要通过反复迭代,才能够生成高质量、具有业务价值的可视化结果。

5.2.1 结构化数据的收集

数据收集又称为数据获取,是数据分析的前提,也是数据可视化过程中最为基本的环节之一,即通过各种技术手段对外部各种数据源产生的数据实时或者非实时地采集并加以利用。结构化数据采集的主要数据源包括传感器数据、企业业务系统数据、日志文件、互联网数据等。

1. 传感器数据

传感器是一种检测装置,它能够"感受"到被测量的信息,并将其按一定规律变换为电信号或其他所需形式的信息输出,以满足信息的传输、处理、存储、显示、记录和控制等要求。在工作现场,根据业务场景的不同会安装不同类型的传感器,如压力传感器、温度湿度传感器、速度传感器、定位传感器等。传感器的用途各不相同,如:利用传感器对大气的温度、湿度进行检测;使用质量传感器检测机器设备运行状态;通过 GPS(全球定位系统)传感器掌握车辆位置、路径和行驶状态等,从而获取大量的结构化数据。

2. 企业业务系统数据

当前,大多数企业会使用传统的关系数据库 MySQL 和 Oracle 等来存储结构化的业务系统数据。企业每时每刻产生的业务数据,以一行记录的形式被直接写入数据库。企业可以借助相关工具,将分散在企业不同位置的业务系统数据进行抽取、转换、加载到企业数据仓库中,以供后续的分析和使用。采集不同业务系统的数据,并将其统一保存在一个数据仓库中,就能够为分散在企业不同场景的商务数据提供统一的管理视图,从而满足企业管理决策和可视化的分析需求。例如,可以从企业客户关系管理系统数据库中提取客户信息数据、从财务系统中提取财务管理数据等。

3. 日志文件

当前许多企业的业务平台每时每刻都会产生大量的日志文件。日志文件一般由数据库系统产生,用于记录针对数据源执行的各种操作,如企业系统用户访问行为、网络监控的流量管理、金融应用的股票记账和 Web 服务器记录的用户行为等数据。利用这些日志文件,企业能够获取具有较高价值的用户行为、市场规律等信息。通过对这些日志信息进行收集、分析与可视化,企业能够挖掘到具有潜在价值的信息,为企业决策和后台服务器性能评估与优化提供可靠的数据保证。

4. 互联网数据

现今高效的网络沟通与网络数据共享使得通过网络获得数据已经成为结构化数据收集的另一主流方式。互联网数据的采集通常借助网络爬虫完成。所谓的"网络爬虫",就是指在网络上到处或定向抓取网页数据的工具或程序。抓取网页数据的一般方法是,定义一个入口页面,该页面通常会包含指向其他页面的统一资源定位符(uniform resource locator,URL),于是这些网址加入爬虫的抓取队列,进入新页面后再次递归地进行上述操作。网络爬虫可以将非结构化的数据从网页中抽取出来,将其存储为统一的本地数据文件,并以结构化的方式进行存储。例如,可以对天猫购物平台中的商品信息进行抓取,包括商品名称、价格、型号、评价等信息。通过对抓取的互联网数据进行分析与可视化,能够为网络平台的机制设计、商品更新优化、顾客评价等提供具有重要价值的信息。常见的互联网数据爬虫工具有 Python、GooSeeker、HTTrack、八爪鱼等。

5.2.2 结构化数据的处理

在进行数据分析与可视化之前,海量的原始数据中通常会存在大量不完整、不一致、有异常的数据,严重影响数据分析与可视化的结果,因此进行数据处理尤为重要。数据处理是数据可视化与数据价值实现中最为关键的步骤之一,一方面能够提高数据的质量,另一方面能够让数据更好地适应特定的数据分析工具。数据处理主要包括数据清洗、数据集成、数据转换等步骤。

1. 数据清洗

数据清洗按照实现方式可以分为手工清洗和自动清洗两种。其中,手工清洗主要是通过人工的方式对数据进行检查,从而发现数据中的错误。这种方式相对简单,只需投入足够的人力、物力、财力,就能够发现大多数的数据错误,但是显然效率低下,尤其是在面向大数据的可视化场景时,手工清洗几乎是不可能实现的。相比之下,自动清洗通过专门的计算机应用程序对数据进行清洗。其特点是能够解决某个特定的数据问题,但是灵活度较低,也没有充分利用目前数据库提供的强大的数据处理能力。

就数据清洗的内容而言,主要是对原始数据中缺失值、重复值、异常值和数据类型有误的数据进行处理,数据清洗的内容主要包括以下几方面。

（1）缺失值处理。由于调查、编码和录入的误差，数据中可能存在一些缺失值，需要给予适当的处理，常用的处理方法有估算、整例删除、变量删除和成对删除。

① 估算：最简单的办法就是用某个变量的样本均值、中位数或众数代替缺失值。这种方法直接简单，但没有充分考虑数据中已有的信息，误差可能较大。另一种方式是根据调查对象对其他问题的答案，通过变量之间的相关分析或逻辑推论进行估计。例如，某产品的拥有情况可能与家庭收入有关，可以根据调查对象的家庭收入推算拥有这一产品的可能性。

② 整例删除：直接剔除含有缺失值的样本。由于很多记录都可能存在缺失值，这种做法可能导致有效样本量减少，无法充分利用已经收集到的数据。因此，整例删除只适合关键变量缺失，或者含有异常值或缺失值的样本比重很小的情况。

③ 变量删除：如果某一变量的缺失值很多，而且该变量对于所研究的问题不是特别重要，则可以考虑将该变量删除。这种做法减少了供分析用的变量，但没有改变样本量。

④ 成对删除：用一个特殊码代表缺失值，同时保留数据集中的全部变量和样本，但在具体计算时只采用有完整答案的样本。不同的分析因涉及的变量不同，其有效样本量也会不同。这是一种保守的处理方法，最大限度地保留了数据集中的可用信息。

（2）异常值处理。根据每个变量的合理取值范围和相互关系，检查数据是否合乎要求，发现超出正常范围、逻辑上不合理或者相互矛盾的数据。例如，用 1～7 级量表测量的变量出现了 0 值，体重出现了负数，都应视为超出正常范围。SPSS、SAS、Excel 等计算机软件都能够根据定义的取值范围，自动识别每个超出范围的变量值。逻辑上不一致的答案可能以多种形式出现。例如，调查对象说自己开车上班，又报告没有汽车；调查对象报告自己是某品牌的重度购买者和使用者，但同时又在熟悉程度量表上给了很低的分值。发现不一致时，要列出问卷序号、记录序号、变量名称、错误类别等，便于进一步核对和纠正。

（3）数据类型转换。数据类型往往会影响后续的数据分析环节，因此，需要明确每个字段的数据类型。例如，来自 A 表的"学号"是字符型，而来自 B 表的该字段是日期型，在数据清洗时需要对二者的数据类型进行统一处理。

（4）重复值处理。重复值的存在会影响数据分析与可视化结果的准确性，所以，在数据分析和建模之前需要进行数据重复性检验，如果存在重复值，需要进行重复数据或记录的删除处理。

2. 数据集成

在进行数据处理时，一般还会涉及数据的集成，即将来自多个数据源的数据结合在一起，形成一个统一的数据集，为数据处理工作的顺利完成提供完整的数据基础。在数据集成过程中，需要考虑解决以下几个问题。

（1）模式集成。这是使来自多个数据源的现实世界的实体相互匹配，包含实体识别问题。例如，如何确定一个数据库中的"user id"与另一个数据库中的"用户名"是否表示同一实体。

（2）冗余。这是数据集成中经常出现的另一个问题。若一个属性可以从其他属性中推演出来，那么这个属性就是冗余属性。例如，一个学生数据表中的平均成绩属性就是冗余属性，因为它可以根据成绩属性计算出来。此外，属性命名的不一致也会导致集成后的数据集出现数据冗余问题。

（3）数据值冲突检测与消除。在现实世界中，来自不同数据源的同一属性的值或许不同。产生这种问题的原因可能是比例尺度或编码的差异等。例如,重量属性在一个系统中采用公制,而在另一个系统中却采用英制;价格属性在不同地点采用不同的货币单位。这些语义差异给数据集成带来许多问题。

3. 数据转换

数据转换就是将数据进行转换或者归并,从而构成适合数据处理和分析的形式,常见的数据转换策略如下。

(1) 平滑处理,帮助除去数据中的噪声,常用的方法包括分箱、回归和聚类等。

(2) 聚集处理,对数据进行汇总操作。例如,对每天的数据进行汇总操作可以获得每月或每年的总额。聚集处理常用于构造数据立方体或对数据进行多粒度的分析。

(3) 数据泛化处理,用更抽象(更高层次)的概念来取代低层次的数据对象。例如,街道属性可以泛化到更高层次的概念,如城市、国家等;再如,年龄属性可以映射到更高层次的概念,如青年、中年和老年等。

(4) 规范化处理,将属性值按比例缩放,常用的规范化处理方法包括最小-最大(Min-Max)规范化、零-均值(Z-Score)规范化和小数定标规范化等。

(5) 属性构造处理,根据已有属性集构造新的属性,后续数据处理直接使用新增的属性。例如,根据已知的长方形的长和宽,计算出新的属性——面积。

5.3 结构化数据的可视化展示

可视化展示是进行结构化数据可视化的核心步骤,选择什么样的可视化视角、可视化图像以及如何展示可视化结果尤为关键。目前,有上百种不同的可视化展示方法,每种方法又可以通过不同视角展示数据的特征,从而呈现多维度的信息与价值。其中,常见的结构化数据可视化视角主要有以下几类:比较与排序、局部与整体、分布、相关性、网络关系、时间趋势,不同视角所采取的常见作图方法详见表5-3。

表 5-3 常见的结构化数据可视化作图方法

可视化视角	常见作图方法
比较与排序	柱状图、条形图、象柱状图、南丁格尔玫瑰图、漏斗图、瀑布图、马赛克图、雷达图、词云图
局部与整体	饼图、圆环图、旭日图、矩形树图
分布	直方图、核密度估计图、箱形图、小提琴图、热力图、平行坐标图
相关性	散点图、气泡图、相关矩阵图、相关矩阵热力图
网络关系	网络图、弧形图、和弦图(chord diagram)、桑基图
时间趋势	折线图、面积图、主题河流图、日历图、蜡烛图

5.3.1 比较与排序图

比较与排序图主要关注无序或者有序的定性数据中某一指标的大小关系,可以通过柱状图、条形图、矩形树图、象柱状图等图形表示,其中最为常见的表现形式是柱状图。柱状图,又称长条图、柱形图、条图等,是一种以长方形的长度为比较的统计图表。柱状图主要用不同长度的长方形表示指标的大小关系,通常情况下更多关注单个指标并用于对较小的数据集进行可视化分析。例如,柱状图可以直观地反映企业中不同产品的销量、不同城市的人均收入、不同国家的人口情况等。值得注意的是,如果针对某一指标的不同类别是无序的,则建议根据柱形的高低进行排序,以便更加直观地反映不同类别的差异;如果类别是有序的,则需按照其相应的顺序进行排序。此外,还可以通过调整柱状图中不同柱形的颜色、宽度,甚至方向达到更好的可视化效果,如图 5-1 所示。

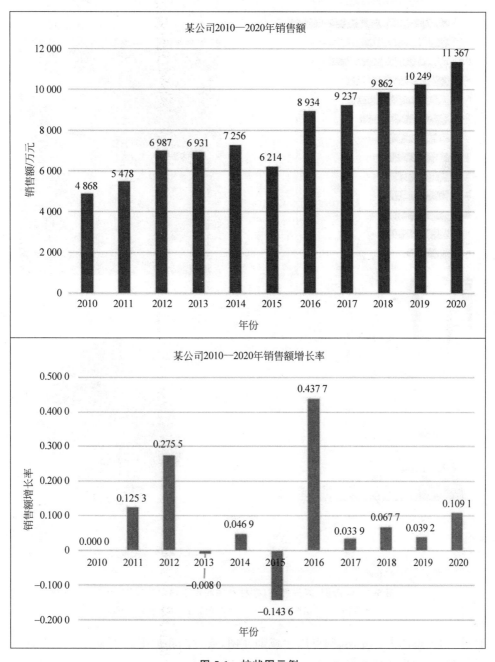

图 5-1　柱状图示例

同时,对柱状图坐标进行旋转,则可以生成条形图,条形图适用于展示具有较多类别的数据集。此外,将柱状图中的柱形变为不同大小的矩阵并整合,便生成矩形树图。若数据集本身具有明显的形象和含义,则可以将柱形通过不同的图形予以形象化表示(如人形、动物、建筑物等),便形成象柱状图。值得注意的是,上述图形的可视化展示均在笛卡儿坐标系中完成,若将其转变至极坐标系中,此时的柱状图则变为南丁格尔玫瑰图,南丁格尔玫瑰图能够达到凸显相似类型视觉差异的目的,如图 5-2 所示。

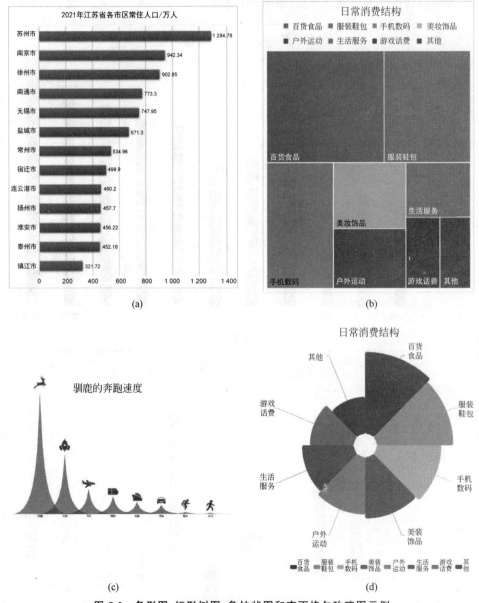

图 5-2　条形图、矩形树图、象柱状图和南丁格尔玫瑰图示例

(a) 条形图;(b) 矩形树图;(c) 象柱状图;(d) 南丁格尔玫瑰图

此外,对条形图进行变换,则可以生成漏斗图,通过漏斗的形式能够更加直观地表示层级间的转化率,如果两层数据之间的宽度接近,表示该层的转化率高,如果两层数据之间的

宽度大幅度缩减,则表示转化率低。同时,柱状图一般是一个分类型变量不同类别间的比较;雷达图是多个数值在同一标度之下的比较,既可以是多个观测之间的纵向比较,也可以是一个观测在不同变量间的横向比较。需要注意的是,在绘制雷达图时,需要对不同类别变量数据进行归一化处理,以实现变量间的横向比较。漏斗图和雷达图示例如图 5-3 所示。

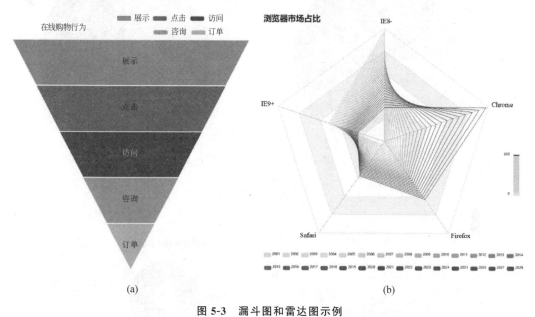

图 5-3　漏斗图和雷达图示例

(a) 漏斗图;(b) 雷达图

5.3.2　局部与整体图

局部与整体关系主要关注定性数据中不同类别与总体之间的比例或占比关系,从而展示不同类别在总体中的重要性程度。饼图是局部与整体图中最为常用的可视化方法。在饼图中,每一部分扇形通过不同的颜色加以区分以代表不同类别,类别的扇形角度越大,表明该类别在整体所占比例越高。虽然饼图能够直观地展示不同类别在整体中的比例,但是当总体涵盖类别过多时,难以通过比较不同的类别以发现比例关系从而发现数据间价值。通常,饼图分类不多于 9 个,若分类过多则建议使用条形图进行展示。在绘制饼图时,为了凸显占比较高的类别,通常会将占比(份额)最大的类别放置在图中的 12 点方向,并且顺时针绘制占比第二的部分,以此类推。若分析者需要对图中某一类别进一步展示,则可以将该部分从原有饼图中分离以示强调,如图 5-4 所示。

同样,可以对饼图进行简单的变化以满足不同的可视化目的和需求。若将饼图中心部分掏空,则形成圆环图,如图 5-5(a)所示。相比饼图,圆环图更加简洁,并且可以充分利用圆环中间部分,通过加入文字和图形等表示某些特殊的含义。此外,可以同时展示多个圆环图,从而对相同问题的不同数据集进行对比分析,以丰富可视化的内涵。如图 5-5(b)所示,通过同时展示两位学生阅读书籍圆环图,能够直观地发现学生 A 和学生 B 所阅读书籍种类和时间的差别。

当饼图和圆环图中每个类别能够细分为其他更小的类别时,可以通过旭日图进一步反

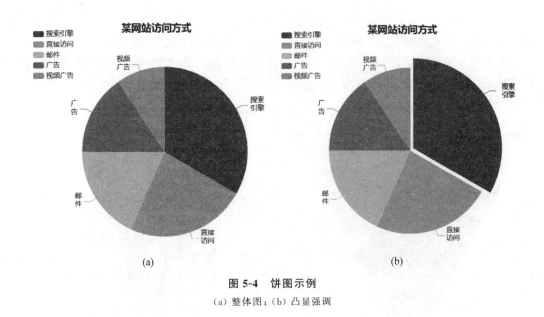

图 5-4　饼图示例

（a）整体图；（b）凸显强调

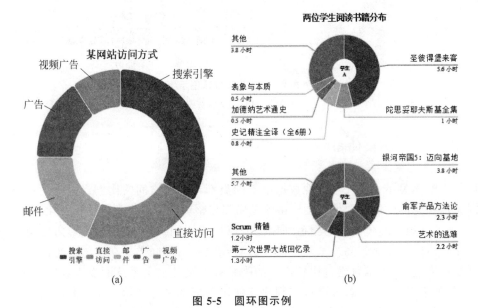

图 5-5　圆环图示例

（a）圆环图；（b）两位学生阅读书籍圆环图

映多个变量多层次之间的比例关系。旭日图也称为太阳图，是一种圆环镶接图。旭日图中每个级别的数据通过 1 个圆环表示，离原点越近，代表圆环级别越高，最内层的圆表示层次结构的顶级，然后一层一层地观察数据的占比情况。越往外，级别越低，且分类越细。因此，旭日图既能像饼图一样表现局部和整体的占比，又能像矩形树图一样表现层级关系。一般而言，可以将旭日图理解为多个饼图的组合，但饼图只能体现一层数据的比例情况，而旭日图不仅可以体现数据比例，还能体现数据层级之间的关系。图 5-6 展示的世界咖啡风味轮，详细地将主要咖啡风味分为绿色/蔬菜、酸/发酵、水果、花、甜、坚果/可可类、香料、烧烤和其他类别九大韵味。再往下细分出有实质参照物的类别，如水果类的柠檬、橙子，糖类的枫糖、焦糖,等等。[①] 通过图 5-6,咖啡初学者能更快、更准确地建立对咖啡的感官认知。

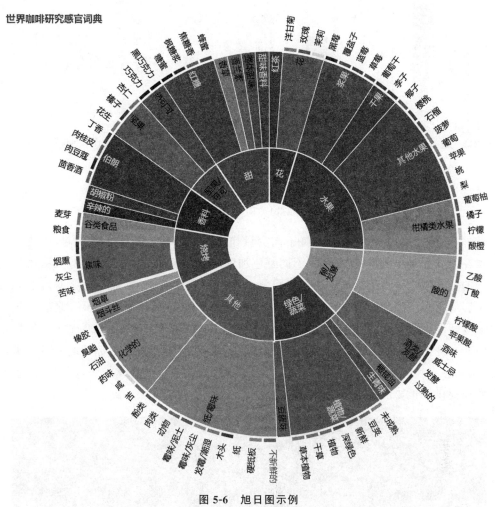

图 5-6 旭日图示例

资料来源:https://worldcoffeeresearch.org/work/sensory-lexiconv。

5.3.3 分布图

分布图展示了定量数据在其取值范围内的分布特征,在结构化数据可视化中广泛应用。直方图能够很好地展示单个变量的分布状况,由一系列高度不等的纵向条纹或线段表示数据分布的情况。一般用横轴表示数据类型,纵轴表示分布情况。具体而言,直方图将变量的取值范围分成不同的区间,分别计算各个区间样本出现的频率,将频率通过柱状的形式进行可视化展示,如图 5-7(a)所示,可以发现相比柱状图,直方图中的柱状之间没有间隔。直方图所展示的分布是不光滑的,其形状会受到窗宽即区间宽度的影响。核密度估计图作为一种平滑估计随机变量概率分布的非参数估计方法,对直方图提供了补充,如图 5-7(b)所示。

---

① 资料来源:https://worldcoffeeresearch.org/work/sensory-lexicon/。

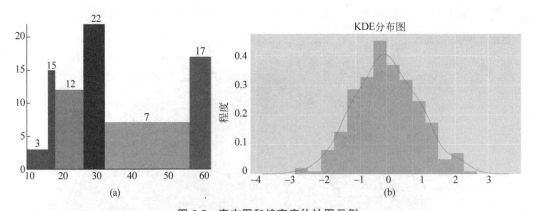

图 5-7　直方图和核密度估计图示例

（a）直方图；（b）核密度估计图

　　此外，还可以使用平行坐标图，将不同变量作为不同的纵坐标组合在一起，用线连接一个样本在不同变量中的取值，并利用不同颜色加以区分，从而通过线条的走势和稠密程度反映不同的分布度。平行坐标图作为信息可视化的一种重要技术，克服了传统的笛卡儿直角坐标系容易耗尽空间、难以表达三维以上数据的问题。图 5-8 可视化展示了北京市某月的空气质量情况，分别统计了 AQI（空气质量指数）、PM2.5（细颗粒物）、PM10（可吸入颗粒物）、CO（一氧化碳）、NO_2（二氧化氮）和 SO_2（二氧化硫）等主要空气指标情况。平行坐标图的方式，能够直观有效地展示北京市在该月不同空气质量指标的变化趋势，为空气质量的监控与管控提供了重要的信息价值。

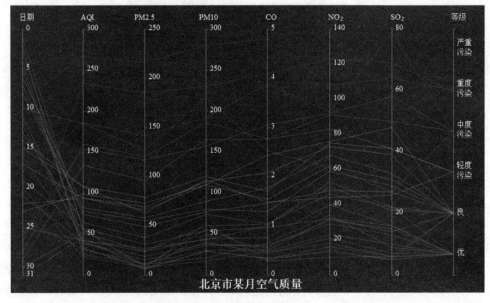

图 5-8　平行坐标图示例

　　上述图形通常只展示一维变量的分布特征，如果关注的是二维变量，则可以通过热力图的方式展示。如图 5-9 所示，通过二维矩阵的方式展示某人 2015—2017 年每日步数，能够直观地反映每日步数的密度和变化程度。一般来说,热力图中颜色越深,表示数据越集中,即数据反映的程度越高。

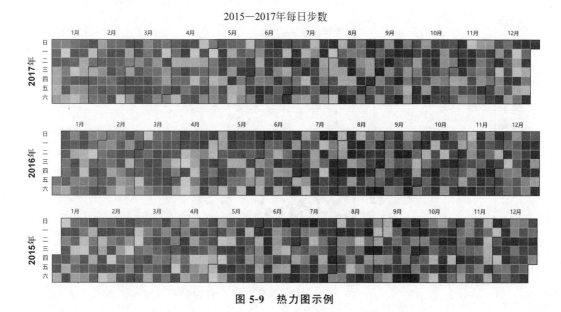

图 5-9　热力图示例

5.3.4　相关性图

相关性图主要关注两个或多个定量变量之间的结构关系。其中,散点图是展示两个定量变量之间关系最为常见的可视化方法。在散点图中,两个变量分别位于横纵坐标轴上。它们的交叉点在图中代表一个数据样本,所有的数据在图中就形成大量的散点,通过散点的分布等就能够发现潜在的规律特征。图 5-10 展示了男性和女性身高体重的分布,图中男性身高体重以浅灰色点表示,女性身高体重则以深灰色节点表示。可以发现,整体而言,男性身高体重明显高于女性,就个体而言,身高较高的男性或女性个体,其体重也相对较高。

此外,散点图不仅可以用圆点表示,也可以使用不同的图样或颜色使数据展现更多的信息。气泡图是散点图的一种常见的变化形式,它能够在散点图的基础上加入其他维度的变量来反映多个变量的相互关系。图 5-11(a)展示了 Github 某一周的用户打卡记录,横坐标为时间,纵坐标为日期,图中气泡的大小表示在该时间打卡的次数,气泡越大,表示在这个时间打卡的人数越多。如果关注多个变量之间的两两相关程度,可以在图 5-9 的基础上,通过相关矩阵热力图进行可视化展示,如图 5-11(b)所示。其中,X 轴和 Y 轴对应不同变量,每个小方块表示对应两个变量之间的相关性程度,方块颜色的深浅同样表示相关性程度的高低,颜色越深,表示对应两个变量的相关性越高。

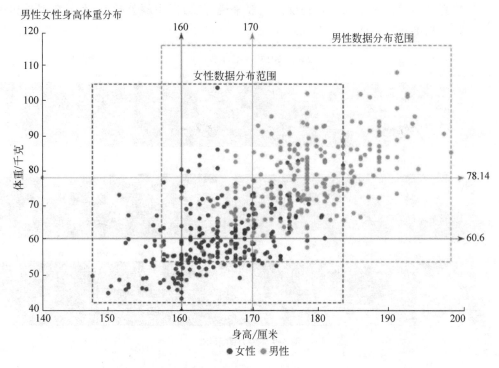

图 5-10　散点图示例

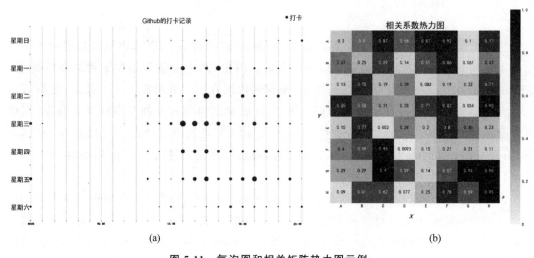

(a)　　　　　　　　　　　　　(b)

图 5-11　气泡图和相关矩阵热力图示例

（a）气泡图；（b）相关矩阵热力图

5.3.5　网络关系

网络关系是指个体或者节点之间的复杂关系。由节点和连边组成的网络图是最基本的反映网络关系的可视化方法。其中,节点代表关系的对象,如可以表示现实世界中人、动物、事物等,节点在图中的位置被称为布局,而节点之间的连线表示节点间的关系,如好友关系、同事关系、师生关系等。连边又可以分为无向边、有向边和双向边,而边的粗细能够反映节点间关系的强弱,基本网络图示例如图 5-12 所示。同时,图 5-13 展示了《悲惨世界》小说中主要人物之间的角色关系,图中的节点分别代表不同的人物角色,连边表示两个角色同时出现在一幕或多幕中的关系,连边的权重代表两个角色同时出现在一幕或多幕中的次数,出现的次数越多,在图中则表现为角色所代表的节点越大;反之,节点越小。通过图 5-13 能够快速厘清《悲惨世界》小说中人物之间的复杂关系以及人物角色的重要程度。

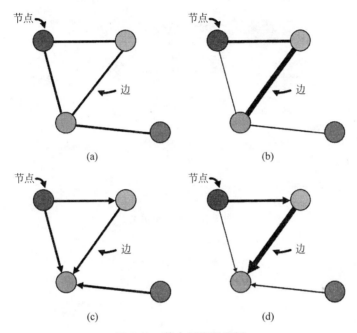

图 5-12　基本网络图示例

(a) 无向无权网络图;(b) 无向有权网络图;(c) 有向无权网络图;(d) 有向有权网络图

5.3.6　时间趋势图

时间趋势图主要关注定量数据随时间变化的规律,对时间趋势的可视化是结构化数据分析常见的方法之一。折线图作为展示时间趋势最常用的可视化图形,一般将时间作为横轴,所关注的特征作为纵轴,将所有的数据点连在一起而形成。当散点数量达到一定规模时,折线就趋于平滑并接近曲线,此时能够更加贴切地反映连续型变量随时间变化的趋势。图 5-14 展示了某地区一段时间内降雨量与蒸发量。可以发现,无论是降雨量还是蒸发量,都具有明显的短周期波动的特征,并且当降雨量较大时,其蒸发量也相对较高。

如果将折线图进一步投影至坐标轴就形成了面积图,面积图又称区域图,强调数量随时间而变化的程度,也可用于引起人们对总值趋势的注意。面积图与折线图本质上是一致的,只是面积图能够以更加饱满的形式展示时间趋势。面积图示例如图 5-15 所示。

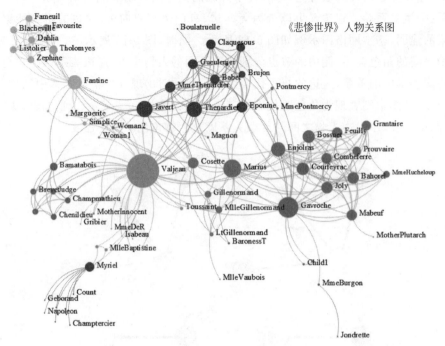

图 5-13　网络图示例

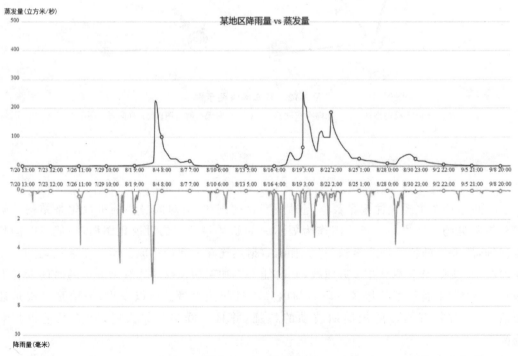

图 5-14　折线图示例

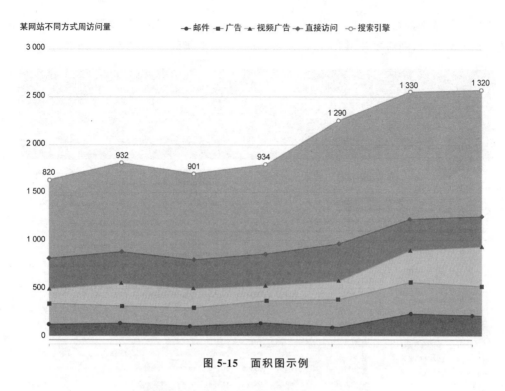

图 5-15　面积图示例

5.4 结构化数据可视化案例

5.4.1　案例描述

国内生产总值(gross domestic product,GDP),是一个国家所有常住单位在一定时期内生产活动的最终成果。GDP 是国民经济核算的核心指标,也是衡量一个国家经济实力和发展水平的重要标准。一个国家的经济究竟处于增长抑或衰退发展阶段,从 GDP 的变化便可以观察到。当 GDP 的增长处于正数时,即显示该国家经济处于扩张阶段;反之,即表示该国家的经济进入衰退期,则需要采取积极的政策措施以恢复经济增长。

本案例将以 2002—2021 年我国 31 个省区市地区生产总值数据为对象,通过多种数据可视化方法展示各省区市地区生产总值的分布、占比、变化过程等,为结构化数据可视化的应用提供案例解析。本章节案例综合使用 ECharts、Python 和 Excel 进行结构化数据的可视化展示,为结构化数据的可视化分析与应用提供参考。

5.4.2　数据收集与处理

本案例的数据来源于国家统计局[①],数据查询和下载界面如图 5-16 所示。国家统计局网站提供数据下载的功能,可以直接通过下载功能收集 2002—2021 年 20 年的 31 个省区市

. ①　国家统计局:http://www.stats.gov.cn。

地区生产总值数据,节选数据详见表 5-4。本案例数据来源为典型的网络数据,若网站不提供相关数据下载功能,则需要采用 Python、GooSeeker 等数据爬取工具对网页数据进行采集。

图 5-16　国家统计局数据查询和下载界面

表 5-4　31 个省区市地区生产总值　　　　　　　　　　　　　　　　亿元

地 区	2002 年	2003 年	2004 年	2005 年	2006 年	…	2021 年
北京市	4 525.7	5 267.2	6 252.5	7 149.8	8 387.0	…	40 269.6
天津市	1 926.9	2 257.8	2 621.1	3 158.6	3 538.2	…	15 695.0
河北省	5 518.9	6 333.0	7 588.6	8 773.4	10 043.0	…	40 391.3
山西省	2 324.8	2 854.3	3 496.0	4 079.4	4 713.6	…	22 590.2
内蒙古自治区	1 940.9	2 388.4	2 942.4	3 523.7	4 161.8	…	20 514.2
辽宁省	5 458.2	5 906.3	6 469.8	7 260.8	8 390.3	…	27 584.1
吉林省	2 043.1	2 141.0	2 455.2	2 776.5	3 226.6	…	13 235.5
黑龙江省	3 242.7	3 609.7	4 134.7	4 756.0	5 329.8	…	14 879.2
…	…	…	…	…	…		…
新疆维吾尔自治区	1 612.6	1 889.2	2 170.4	2 520.5	2 957.3	…	15 983.6

在获取初始数据的基础上,进一步以年度为单位统计 31 个省区市地区生产总值、均值、方差、极值,初步了解并掌握样本数据情况,相关描述性统计详见表 5-5。由表 5-5 可以发现,自 2002 年以来,31 个省区市地区的生产总值呈快速增长的整体态势。需要说明的是,本案例中统计的 31 个省区市地区生产总值并非我国的国内生产总值,31 个省区市地区加总和的生产总值会低于国内生产总值,因为有中央直属企业等单位的生产总值并未纳入各省区市。为了便于理解,本案例中统计的生产总值是指由 31 个省区市地区生产总值统计的总和。

表 5-5　31 个省区市地区生产总值年度描述性统计　　　　　　　　亿元

年份	总值	均值	方差	标准差	极大值	极小值
2002	119 999.00	3 870.94	9 806 698.73	3 131.56	13 601.90	162.00
2003	137 548.40	4 437.05	13 188 185.51	3 631.55	15 979.80	186.00
2004	162 477.60	5 241.21	18 517 540.12	4 303.20	18 658.30	217.90
2005	189 085.10	6 099.52	26 194 255.54	5 118.03	21 963.00	243.10
2006	220 974.00	7 128.19	36 442 164.50	6 036.73	25 961.20	285.90
2007	270 677.30	8 731.53	54 071 952.20	7 353.36	31 742.60	344.10
2008	320 202.70	10 329.12	73 558 437.40	8 576.62	36 704.20	398.20
2009	349 911.90	11 287.48	87 307 964.28	9 343.87	39 464.70	445.70
2010	414 670.50	13 376.47	119 867 540.59	10 948.40	45 944.60	512.90
2011	491 419.90	15 852.25	160 491 705.56	12 668.53	53 072.80	611.50
2012	543 063.20	17 518.17	188 666 140.79	13 735.58	57 007.70	710.20
2013	597 974.70	19 289.51	227 160 349.55	15 071.84	62 503.40	828.70
2014	648 304.20	20 913.04	268 824 357.72	16 395.86	68 173.00	939.70
2015	693 642.00	22 375.55	325 279 608.18	18 035.51	74 732.40	1 043.00
2016	750 948.60	24 224.15	387 417 298.60	19 682.92	82 163.20	1 173.00
2017	832 096.40	26 841.82	475 292 338.95	21 801.20	91 648.70	1 349.00
2018	914 117.50	29 487.66	563 763 147.04	23 743.70	99 945.20	1 548.40
2019	982 320.50	31 687.76	646 599 506.27	25 428.32	107 986.90	1 697.80
2020	1 009 937.50	32 578.63	687 714 170.62	26 224.30	111 151.60	1 902.70
2021	1 137 743.40	36 701.40	869 352 034.48	29 484.78	124 369.70	2 080.20

5.4.3　数据可视化应用与展示

首先,对 31 个省区市地区生产总值进行初步的可视化分析,利用 ECharts 实现柱形图的可视化展示,如图 5-17 所示,相关代码详见代码 5-1。由图 5-17 可知,自 2002 年以来,我国 31 个省区市地区生产总值持续增长,表现出我国经济社会健康发展的总体局面。并且,随着生产总值规模的不断扩大,生产总值快速增长的态势并未减弱,有力地表明我国经济发展具有强劲的动力和活力,这也是国民经济现状的真实写照。

视频 5-1　2002—2021 年 31 个省区市生产总值

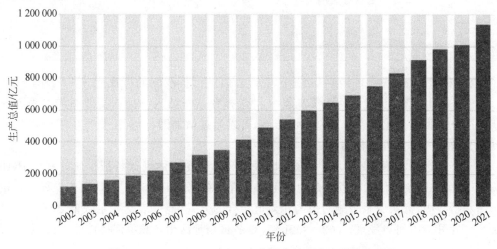

图 5-17　2002—2021 年 31 个省区市地区生产总值柱形图

代码 5-1

```
 1  import * as echarts from 'echarts';
 2  var chartDom = document.getElementById('main');
 3  var myChart = echarts.init(chartDom);
 4  var option;
 5  option = {
 6    title: [
 7        {
 8          text: '31 省区市地区生产总值(亿元)'
 9        }
10    ],
11    xAxis: {
12      type: 'category',
13      data: ['2002 年', '2003 年', '2004 年', '2005 年', '2006 年', '2007 年', '2008 年', '2009
14          年', '2010 年', '2011 年', '2012 年', '2013 年', '2014 年', '2015 年', '2016 年',
15          '2017 年', '2018 年', '2019 年', '2020 年', '2021 年'
16    ]
17    },
18    yAxis: {
19      type: 'value'
20    },
21    series: [
22        {
23        data: [
24          119999, 137548.4, 162477.6, 189085.1, 220974, 270677.3, 320202.7,
25          349911.9, 414670.5, 491419.9, 543063.2, 597974.7, 648304.2, 693642,
26          750948.6, 832096.4, 914117.5, 982320.5, 1009937.5, 1137743.4
27        ],
28        type: 'bar',
29        showBackground: true,
30        backgroundStyle: {
31          color: 'rgba(180, 180, 180, 0.2)'
32        }
33        }
34    ]
35  };
36  option && myChart.setOption(option);
```

其次,利用 Excel 对 31 个省区市地区生产总值进行折线图的可视化分析,如图 5-18 所示。在 Excel 中,绘制折线图的主要步骤为:"选择数据→插入→插入折线图或面积图→选择折线图→调整与优化。"在生成基础图形后,可以通过增加图标标签、数据标签、数据表、误差线和趋势线等丰富可视化结果。

进一步通过瀑布图展示 31 个省区市地区生产总值变动的规律特征。此处利用 Python 的 waterfall_ax 包绘制 31 个省区市地区生产总值瀑布图,如图 5-19 和代码 5-2 所示。相比柱形图和折线图,瀑布图采取绝对值与相对值结合的方式,能够表达特定数值之间的数量变化关系。从图 5-19 可以发现,2002—2021 年,31 省区市地区生产总值保持持续增长,未出现负

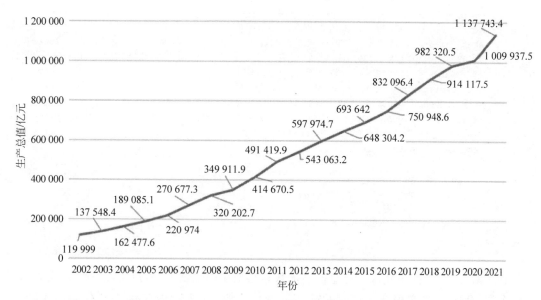

图 5-18　2002—2021 年 31 个省区市地区生产总值折线图

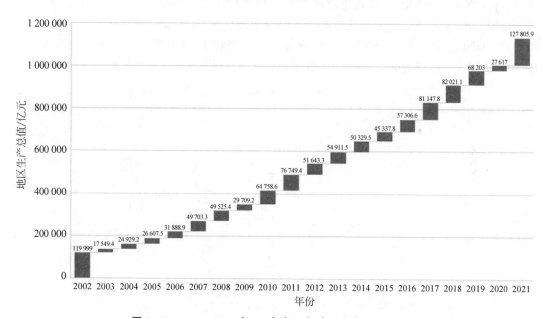

图 5-19　2002—2021 年 31 个省区市地区生产总值瀑布图

增长的现象。同时,相比 2020 年,2021 年的地区生产总值增长幅度较大,达到 127 805.9 亿元,说明在 2020 年之后,国内经济得到快速的恢复和发展。此外,2010 年、2011 年、2017 年和 2018 年与前一年相比都实现了较快的增长。

　　代码 5-2

```
1  from waterfall_ax import WaterfallChart
2  import matplotlib.pyplot as plt
```

```
 3   metric_name = '31 省区市地区生产总值瀑布图(亿元)'
 4   step_names = ['2002 年', '2003 年', '2004 年', '2005 年', '2006 年', '2007 年', '2008 年',
 5   '2009 年', '2010 年', '2011 年', '2012 年', '2013 年', '2014 年', '2015 年', '2016 年', '2017
 6   年', '2018 年', '2019 年', '2020 年', '2021 年']
 7   plt.rcParams['font.sans-serif'] = ['SimHei']
 8   step_values = [119999, 137548.4, 162477.6, 189085.1, 220974, 270677.3, 320202.7,
 9   349911.9, 414670.5, 491419.9, 543063.2, 597974.7, 648304.2, 693642, 750948.6, 832096.4,
10   914117.5, 982320.5, 1009937.5, 1137743.4]
11   waterfall = WaterfallChart(
12       step_values,
13       step_names = step_names,
14       metric_name = metric_name,
15       )
16   wf_ax = waterfall.plot_waterfall()
17   plt.show()
```

在了解 31 个省区市地区生产总值整体数量与变化的基础上,通过折线图的方式分别展示每个省份地区生产总值在 2002—2021 年的变化趋势,如图 5-20 所示,主要代码如代码 5-3 所示。由图 5-20 可以发现,各省份地区生产总值整体呈现上升的趋势,但也有省份出现波动的情况。图 5-20 能够进一步反映单个省份的发展情况,而此类信息在图 5-17、图 5-18 和图 5-19 中难以反映。因此,在进行数据库可视化的过程中,不仅需要考虑整体的结构和趋势,同样需要进一步探索更多维度和层次的信息,从而对可视化问题做出准确而全面的理解。

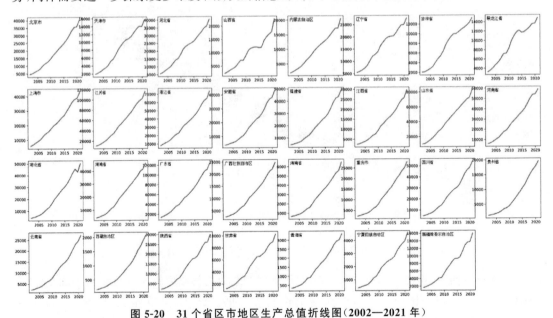

图 5-20　31 个省区市地区生产总值折线图(2002—2021 年)

代码 5-3

```
 1   import numpy as np
 2   import pandas as pd
```

```
3    fig,ax = plt.subplots(4,8)
4    x = [2002, 2003, 2004, 2005, 2006, 2007, 2008, 2009, 2010, 2011, 2012, 2013,
5    2014, 2015,2016, 2017, 2018, 2019, 2020, 2021]
6    y1 = [4525.7, 5267.2, 6252.5, 7149.8, 8387, 10425.5, 11813.1, 12900.9, 14964, 17188.8,
7    19024.7, 21134.6, 22926, 24779.1, 27041.2, 29883, 33106, 35445.1, 35943.3, 40269.6]
8    …
9    ax[0][0].plot(x,y1)
10   …
11   plt.show()
```

利用饼图和树状图展示 2021 年各省区市地区生产总值的分布情况,如图 5-21 和图 5-22 所示。饼图的可视化展示使用 ECharts 绘制,具体代码如代码 5-4 所示,树状图的可视化利用 Excel 绘制,主要步骤为:"选择数据→插入→插入层次结构图表→树状图。"可以发现,2021 年广东省、江苏省、山东省、浙江省、河南省、四川省、湖北省占 31 个省区市地区生产总值的近一半,其中,广东省、江苏省、山东省位于前三。

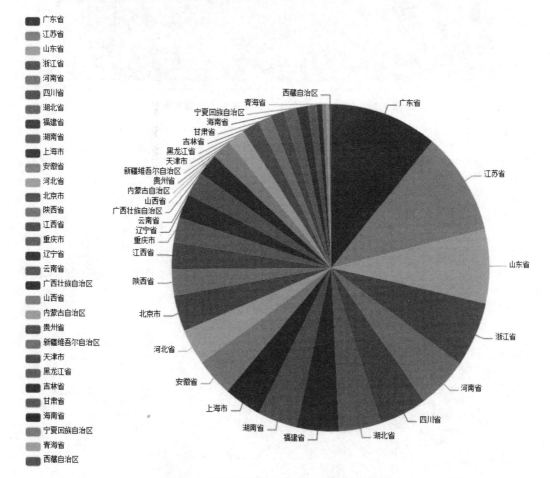

图 5-21　2021 年 31 个省区市地区生产总值饼图

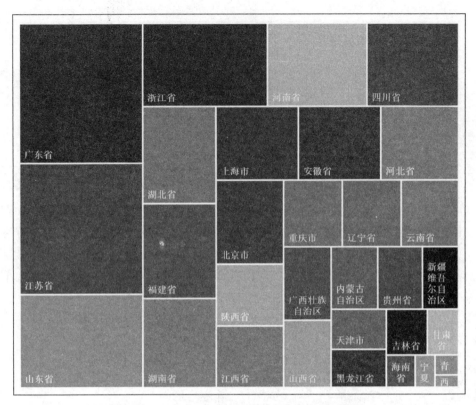

图 5-22　2021 年 31 个省区市地区生产总值树状图

代码 5-4

```
1   import * as echarts from 'echarts';
2   var chartDom = document.getElementById('main');
3   var myChart = echarts.init(chartDom, null, {
4     renderer: 'svg'
5   });
6   var option;
7   option = {
8     title: {
9       text: '2021 年 31 省区市地区生产总值饼图',
10      left: 'center'
11    },
12    tooltip: {
13      trigger: 'item'
14    },
15    legend: {
16      orient: 'vertical',
17      left: 'left'
18    },
19    series: [
20      {
21        name: 'GDP',
```

```
22          type: 'pie',
23          radius: '50 % ',
24          data: [
25            { value: 124369.7, name: '广东省' },
26            { value: 116364.2, name: '江苏省' },
27            …
28            { value: 2080.2, name: '西藏自治区' }
29          ],
30          emphasis: {
31            itemStyle: {
32              shadowBlur: 31,
33              shadowOffsetX: 0,
34              shadowColor: 'rgba(0, 0, 0, 0.5)'
35            }
36          }
37        }
38      ]
39    };
40    option && myChart.setOption(option);
41
```

在实现上述可视化分析与展示的基础上,利用面积图对 2002—2021 年 31 个省区市地区生产总值进行可视化展示。图 5-23 展示了不同年份各省区市地区生产总值的面积图,而图 5-24 则展示了 31 个省区市不同年份的地区生产总值堆积面积图,图 5-23 和图 5-24 均使用 Excel 绘制。

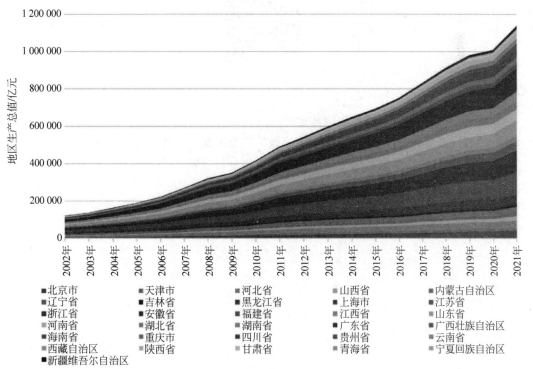

扫二维码
看彩色图

图 5-23　2002—2021 年 31 个省区市地区生产总值堆积面积图

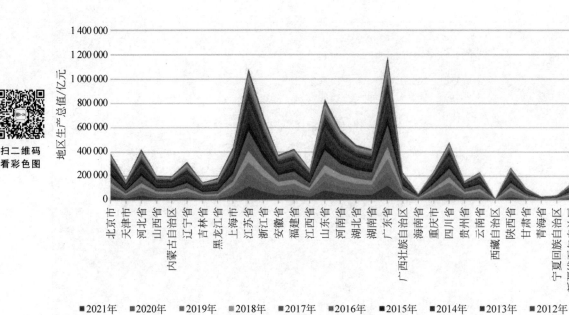

扫二维码
看彩色图

图 5-24　2002—2021 年 31 个省区市地区生产总值堆积面积图

即测即练

思考题

1. 柱状图如何展示不同单位的数据？

2. 绘制 31 个省区市 2002—2021 年地区生产总值变化趋势的方法有哪些？

3. 还能够从哪些维度对案例数据进行可视化分析与展示？

第6章
关系型数据的可视化

　　可视化最有价值、最根本的用法之一是表达关系,这些关系组成了已定义的世界或系统。关系型数据的可视化使我们能够以一种易于理解的方式解释世界。可视化图形表现为一个视觉模型,这个视觉模型被转换为一个脑中的模型,通过这种方式来真正地理解系统和一些因素,从而帮助人们作出明智的商业决策。在现实分析中,关系常常具有更加细微、广泛的特征,只用简单的线条无法表示出来。如果显示的世界比较小,具有视觉表现力的连接和它们的节点能够帮助人们更加完整地解释关系的本质。本章我们将探究数据之间的关系。关系型数据具有关联性,并且存在不同的关系类别,通过可视化方式可以清晰地反映出数据之间的关系。下面具体讲解关系型数据的基本概念、关系类别、可视化方法以及构造步骤。

本章学习目标

(1) 掌握关系型数据的概念;

(2) 理解数据中的关系类型;

(3) 掌握每种关系类型可用的可视化方法;

(4) 掌握不同关系型数据的可视化的过程。

6.1　关系型数据的概念

　　关系型数据是表现实体之间联系和关联的数据。一般关系型数据的可视化主要通过节点和连接来体现。节点有时被称为“顶点”,连接表示两个实体之间的关系,如两个人之间的父/子关系、两个文档之间的引用关系或两个银行账户之间的交易关系。连接有时被称为“边”,因为连接显示实体之间的关系,所以这种类型的数据通常称为关系型数据。

　　关系型数据的可视化能够发现实体间错综复杂的关系,有助于分析其结构、规律和特征,获得更有商业价值的洞见。关系型数据中常见的关系类别有相关关系、包含关系、层级关系、分流关系、联结关系。下面对各种关系类别的可视化进行详细介绍。

6.2　相　关　关　系

　　在几乎所有现实应用中,有一类关系对于数据科学具有根本性的意义,那就是相关关系。相关关系指出了实体的什么特性在什么时间、以何种方式相关,从而帮助人们理解什么条件与目标结果相关,进而为行动策略提供了基础。在此基础上,人们可以通过操纵可控的因素,影响出现有利结果的可能性。这种操纵取决于具体事件与具体行业。应注意的是,相关关系的可视化是检测因果关系的第一步,但是相关性并不总是意味着因果关系。

相关关系是客观现象存在的一种非确定的相互依存关系,更准确地说,它是两个变量相关程度的度量。相关关系有三种可能的结果:正相关、负相关和零相关。正相关是指两个变量在同一方向上移动,即当一个变量随着另一个变量的增加而增加,或者一个变量减少,另一个也减少时,意味着两个变量正相关。例如身高和体重,高个子的人往往更重。负相关是两个变量其中一个变量的增加与另一个变量减少有关。例如海拔高度和温度。当人们爬山时(高度增加),会觉得冷(温度降低)。当两个变量之间没有关系时,存在零相关性。例如,喝茶量和智力水平之间没有关系。

6.2.1 相关关系的可视化方法

在本节中,我们将介绍两个基本的相关关系的可视化方法——散点图和气泡图。

1. 散点图

散点图又称 X-Y 图,其主要绘制数值类型变量数据,它将所有的数据以点的形式展现在直角坐标系上,如果变量相互关联,则点将沿直线或曲线分布。相关性越强,点与直线的距离就越短。通过观察散点图上数据点的分布情况,我们可以推断出变量的相关性。如果变量不存在相互关系,那么在散点图上就会表现为随机分布的离散的点;如果存在某种相关性,那么大部分的数据点就会相对密集并以某种趋势呈现。数据的相关关系主要分为正相关(两个变量值同时增长)、负相关(一个变量值增加另一个变量值下降)、零相关等。那些离点集群较远的点称为离群点或者异常点。身高与体重的相关关系表现在散点图上的大致分布如图 6-1 所示。其中,对身高和体重两个维度进行比较,可以看到所有的数据点比较集中,呈正相关关系,即身高越高,相应的体重会越大。

2. 气泡图

气泡图是一种多变量图表,是散点图的变体,气泡图通常用于比较和展示不同类别圆点(这里我们称为气泡)之间的关系,通过气泡的位置以及面积大小来表示。从整体来看,气泡图可用于分析数据的相关性。气泡图最基本的用法是使用 3 个值来确定每个数据序列,和散点图一样,气泡图将两个维度的数据值分别映射为笛卡儿坐标系上的坐标点,其中,X 轴和 Y 轴分别代表不同的两个维度的数据,但是不同于散点图的是,气泡图的每个气泡都有分类信息(它们显示在点旁边或者作为图例)。每一个气泡的面积代表第三个数值型数据。另外还可以使用不同的颜色来区分分类数据或其他的数值型数据,或者使用亮度或透明度。表示时间维度的数据时,可以将时间维度作为直角坐标系中的一个维度,或者结合动画来表现数据随着时间的变化情况。需要注意的是,气泡图的数据大小容量有限,气泡太多会使图表难以阅读,但是可以通过增加一些交互行为弥补:隐藏一些信息,当单击或者鼠标指针悬停时显示,或添加一个选项用于重组或者过滤分组类别。另外,气泡的大小是映射到面积而不是半径或者直径绘制的。因为如果是基于半径或者直径,圆的大小不仅会呈指数级变化,而且会导致视觉误差。

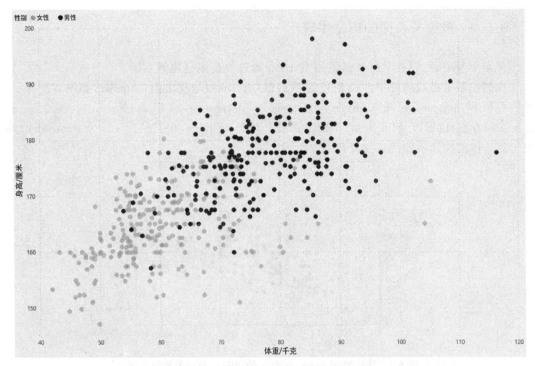

图 6-1　身高与体重的相关关系散点图

　　图 6-2 为各大洲国家人均国内生产总值、人均寿命以及人口相关关系气泡图。其中，横坐标表示人均国内生产总值，纵坐标表示人均寿命，气泡的大小表示人口数量，然后用颜色来区分各个洲。可以看出人均国内生产总值和人均寿命的相关性，大致呈正相关性，并且人均寿命较长的地区主要集中在亚洲、欧洲和大洋洲。

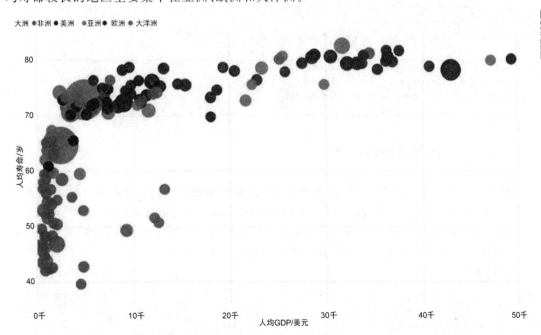

扫二维码
看彩色图

图 6-2　各大洲国家人均国内生产总值、人均寿命以及人口相关关系气泡图

6.2.2 散点关系图的构造步骤

在本小节中,我们将学习如何使用 Python 通过数据集创建散点图。

我们绘制某游戏软件中涉及角色的防御值(defense)与攻击值(attack),如图 6-3 所示。我们可以用 matplotlib 或 seaborn 绘图。对于 matplotlib,可以调用 pandas 中的.plot.scatter()方法,也可以使用 plt.scatter()方法。对于 seaborn,我们使用 sns.scatterplot()函数。其具体的构造步骤代码如代码 6-1 所示。

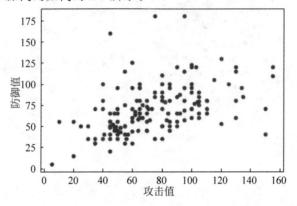

图 6-3 防御值(defense)与攻击值(attack)相关关系散点图

代码 6-1

```
1   ♯加载数据
2   import numpy as np
3   import pandas as pd
4   import matplotlib.pyplot as plt
5   import seaborn as sns
6   data = pd.read_csv("../input/pokemon.csv")
7
8   ♯绘图,使用 dataframe.plot.scatter()方法
9   g1 = data.loc[data.generation == 1,:]
10  g1.plot.scatter('attack', 'defense')
```

6.2.3 气泡图的构造步骤

在本小节中,我们将学习如何使用 Python 通过数据集创建气泡图。数据来源于 Gapminder(https://www.kaggle.com/datasets/gbahdeyboh/gapminder)。

图 6-4 反映了产量与温度、降雨量的关系:温度数值在横坐标轴,降雨量数值在纵坐标轴,产量的大小用气泡的大小表示。其具体代码如代码 6-2 所示。

代码 6-2

```
1   import matplotlib.pyplot as plt
2   import numpy as np
```

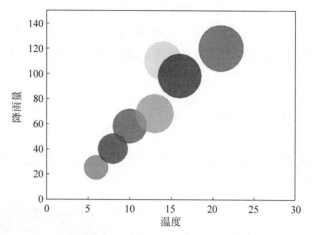

图 6-4　产量与温度、降雨量的相关关系气泡图

```
3
4    # 输入产量与温度数据
5    production = [1125, 1725, 2250, 2875, 2900, 3750, 4125]
6    tem = [6, 8, 10, 13, 14, 16, 21]
7    rain = [25, 40, 58, 68, 110, 98, 120]
8
9    colors = np.random.rand(len(tem))                  # 颜色数值
10   size = production
11   plt.scatter(tem, rain, s = size, c = colors, alpha = 0.6) # 画散点图, alpha = 0.6 表示不透明度
12   为 0.6
13   plt.ylim([0, 150])                                 # 纵坐标轴范围
14   plt.xlim([0, 30])                                  # 横坐标轴范围
15   plt.xlabel('温度')                                  # 横坐标轴标题
16   plt.ylabel('降雨量')                                # 纵坐标轴标题
17   plt.show()
```

6.3　包 含 关 系

包含是集合与集合之间的从属关系,也叫子集关系。包含关系是关系型数据中最基本也是最简单的一种关系。

6.3.1　包含关系的可视化方法

作为表示集合之间关系的可视化图形,韦恩图(Venn diagram)是展示数据集之间包含关系的绝佳方式,它通过面积的大小来映射集合元素的个数,重叠部分的面积,则代表多个数据集重合元素的个数。在工作中,我们要研究多个数据集之间的包含关系,就可以使用韦恩图来展示数据。比如,购买啤酒的用户和购买尿布的用户有多少是重合的,收过某快递公司包裹的用户和选择某快递公司寄件的用户,有多少是重合的。图 6-5 展示了集合 A 和集

合 B 的交集为 C，C 部分表示数据集 A 和数据集 B 同时具有的元素。

当然，韦恩图的使用并不仅仅局限于两组数据包含关系展示，研究多个数据集的包含关系，都可以使用韦恩图，但是前提是多个数据集描述的对象维度需要相同，如都是用户 ID 或商品名称等。

6.3.2 韦恩图的构造步骤

例如：构建数据集$\{1,2,3,4\}$与$\{3,5,4,8\}$的韦恩图，如图 6-6 所示。其核心代码如代码 6-3 所示。

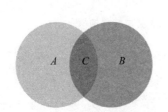

图 6-5 集合 A 和集合 B 包含
集合 C 的韦恩图

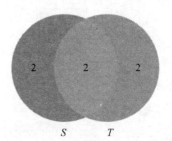

图 6-6 数据集$\{1,2,3,4\}$与
$\{3,5,4,8\}$的韦恩图

代码 6-3

```
1  import matplotlib.pyplot as plt
2  import matplotlib_venn as venn
3
4  s = {1,2,3,4}
5  t = {3,5,4,8}
6  venn.venn2([s,t],set_labels = ('S','T'))
7  plt.show()
```

6.4 层 级 关 系

层级是一种用树形结构描述实体及其之间联系的关系。其逻辑结构可以用一棵倒置的树表示。分层数据中最基本的数据关系是层级关系，它代表两条记录之间一对多(包括一对一)的联系。人们在做决策时可以把树用作一种简单的经验方法，它也可以作为一种有用的方法设置信息收集的优先次序。例如，可以利用优先次序安排在线客户档案的字段顺序，或者调查问题的顺序，以方便获得最重要的数据。另外，树也非常适合用于理解组织，如组织结构图提供了公司的结构信息，以及一个用来理解公司业绩的框架。

6.4.1　层级关系的可视化方法

层级关系的可视化方法主要包括树状图和旭日图两种。

1. 树状图

树状图是一种流行的利用包含关系表达层次化数据的可视化方法,它是以数据树的图形作为表示形式,以父子层次结构来组织对象。树状图能将事物或现象分解成树枝状,从一个项目出发,展开两个或两个以上分支,然后从每一个分支再继续展开,以此类推。它拥有树干和多个分支,所以很像一棵树,将主要的类别逐渐分解成许多越来越详细的层次。图 6-7 为公司组织架构树状图,其展示了数据之间的层级关系,并表明该公司层级关系较多。

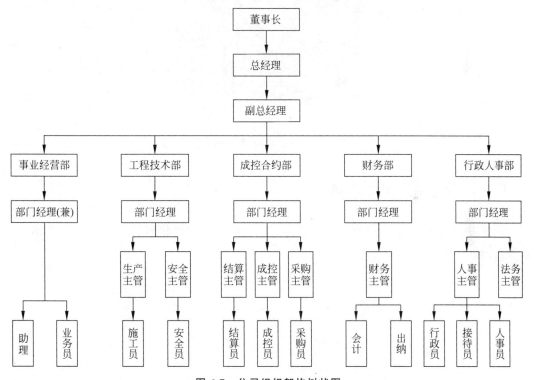

图 6-7　公司组织架构树状图

树状图可以分为有权重的树状图和无权重的树状图。有权重的树状图描述节点之间的父子关系,每个节点带有权重,展示数据之间的层级关系的同时,还可以展示数据量的大小。无权重的树状图描述节点之间的父子关系,每个节点没有权重,仅展示数据之间的层级关系。例如"公司组织结构图"数据层级较多且没有权重关系,用无权重的树状图来表示。树状图的节点和"枝丫"宽度统一,仅展示层级关系。绘制树状图有助于思维从一般到具体的逐步转化。使用树状图可以完成对百科知识的总结和归纳,使概念更加清晰。

2. 旭日图

旭日图是一种现代饼图，它超越传统的饼图和环图，能表达清晰的层级和归属关系，以父子层次结构来显示数据构成情况。旭日图中，离原点越近，表示级别越高，相邻两层中，是内层包含外层的关系。旭日图可以更细分溯源分析数据，真正了解数据的具体构成。图6-8为挂号、看诊、取药旭日图，可以清晰地看出挂号、看诊、取药相关活动的层级关系。

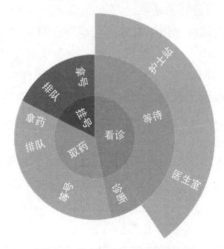

图 6-8　挂号、看诊、取药旭日图

6.4.2　树状图的构造步骤

构建 Python 数据分析师所具备的能力和相应的工具的树状图展示，如图 6-9 所示。其具体代码如代码 6-4 所示。

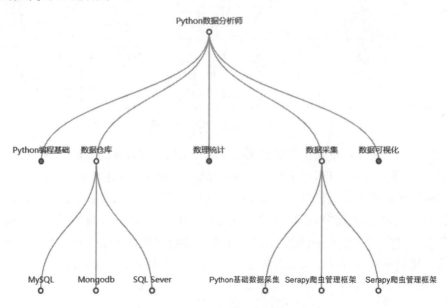

图 6-9　Python 数据分析师树状图

代码 6-4

```
1   from pyecharts import options as opts
2   from pyecharts.charts import Tree
3
4   data = [{
5       "name": "Python 数据分析师",
6       "children": [
7           {
8               "name": "Python 编程基础",
9           },
10          {
11              "name": "数据仓库",
12              "children": [
13                  {"name": "MySQL", "value": 1111},
14                  {"name": "Mongodb", "value": 2222},
15                  {"name": "SQL Sever", "value": 3333},
16              ]
17          },
18          {
19              "name": "数理统计",
20          },
21          {
22              "name": "数据采集",
23              "children": [
24                  {"name": "Python 基础数据采集", "value": 1111},
25                  {"name": "Scrapy 爬虫框架", "value": 2222},
26                  {"name": "Gerapy 爬虫管理框架", "value": 3333},
27              ]
28          },
29          {
30              "name": "数据可视化",
31          },  ]
32      }]
33  c = (
34      Tree()
35      .add(
36          "",
37          data,
38          collapse_interval = 2,  # 折叠枝点
39          orient = "TB",  # 自上向下树图
40          layout = "radial",  # 发散树图
41      )
42  )
43  c.render_notebook()
44
```

6.4.3 旭日图的构造步骤

例如,构造波士顿每个区域街道的犯罪发生量旭日图,如图 6-10 所示。其具体代码如代码 6-5 所示。

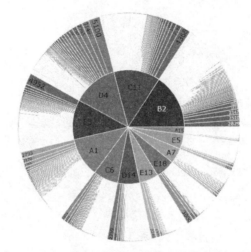

图 6-10　波士顿每个区域街道的犯罪发生量旭日图

代码 6-5

```
 1  import pandas as pd
 2  import numpy as np
 3  import plotly as pty
 4  import plotly. express as pex
 5  import matplotlib. pyplot as plt
 6
 7  street_crimes =
 8  pd. read_csv('../input/crimes - in - boston/crime.csv', encoding = 'windows - 1252')
 9  import pandas as pd
10  import numpy as np
11  import plotly as pty
12  import plotly. express as pex
13  import matplotlib. pyplot as plt
14
15
16  street_crimes =
17  pd. read_csv('../input/crimes - in - boston/crime.csv', encoding = 'windows - 1252')
18
19  street_crimes = street_crimes[["STREET" , "INCIDENT_NUMBER", "DISTRICT" ]]
20  scm = pd. DataFrame(
21      data = (
22          street_crimes. groupby(
```

```
23          [
24              "DISTRICT", "STREET"
25          ]
26      ).count()[
27          [
28              'INCIDENT_NUMBER'
29          ]
30      ]
31      ).reset_index().values, columns = [
32          "DISTRICT", "", "STREET"]
33  )
34  fig = pex.sunburst(scm, path = ["DISTRICT",  "STREET"], values = "STREET")
35  fig.show()
36  plt.show()
```

6.5　分流关系

　　分流是描述数据的流向或能量平衡的分流关系。当目标是生成清晰可理解的流时，必须使用其他的图技术。

6.5.1　分流关系的可视化方法

　　分流关系的可视化方法主要包括桑基图、和弦图和漏斗图三类。其中，桑基图可以直观地展现数据流动，和弦图用于表示数据间的关系和流量，漏斗图适合作为具有层级关系的数据的可视化方法。

1. 桑基图

　　桑基图是一种描述数据分流关系的可视化图表方案，它的优势是可以直观地展现数据流动。它主要由边、流量和支点组成。其中，边代表流动的数据，流量代表流动数据的具体数值，节点代表不同分类。边的宽度与流量成比例地显示，边越宽，数值越大。桑基图的一个重要特点就是保持能量守恒，即所有主分支的高度总和＝所有分出去的分支高度之和，因此桑基图也称为桑基能量平衡图。1898 年，爱尔兰人 Matthew Henry Phineas Riall Sankey 在土木工程师学会会报纪要的一篇关于蒸汽机能源效率的文章中推出了第一个能量流动图，此后便以其名字命名为 Sankey 图，中文音译为桑基图。

　　起初，桑基图主要用于分析能源的用途流向和行业损耗、工业生产材料的成分构成、金融领域的资金流向等。后来，桑基图使用领域扩大，可以用于分析用户在网站或 App 上行为路径和分流情况，如分析家庭收入来源和支出流向、世界人口迁移等。总之，如果需要展示数据的分流情况，桑基图是一种绝佳的可视化方案。其显示结果直观，可以清晰地看到各个维度指标变化的情况，并且支持以某个节点查看该节点所在的流程情况。例如，想要了解

公司客户的分流情况以及客户推销商品的分流情况,则可以用桑基图来表示,如图 6-11
所示。

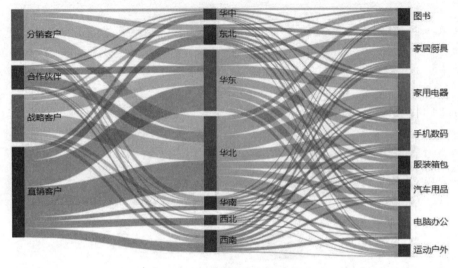

图 6-11　客户的分流情况桑基图

2. 和弦图

和弦图用于表示数据间的关系和流量。外围不同颜色圆环表示数据节点,弧长表示数
据量大小。内部不同颜色连接带,表示数据关系流向、数量级和位置信息,连接带颜色还可
以表示第三维度信息。首尾宽度一致的连接带表示单向流量(从与连接带颜色相同的外围
圆环流出),而首尾宽度不同的连接带表示双向流量。外层加入比例尺,还可以一目了然地
发现数据流量所占比例。

和弦图用于探索实体组之间的关系,实体之间的连接用于显示它们共享某些共同点,这
使和弦图非常适合比较数据集内或不同数据组之间的相似性。其被生物科学界广泛用于可
视化基因数据,其中最经典的例子就是 2007 年,纽约时报使用和弦图来展示物种之间基因
的联系,图 6-12 显示了小老鼠、恒河猴、黑猩猩和鸡与人类相似基因的关联关系。

3. 漏斗图

漏斗图适合作为具有层级关系的数据的可视化方式,特别是流程类或具有先后关系步
骤的数据,且一般是用来描述单变量在不同环节的变化情况。在网站或 App 分析中,通常
使用漏斗图来比较完整流程中,各关键步骤的转化率,以此来发现各个环节的问题并进行改
进。在电商类购物网站中,常用漏斗图来分析用户从浏览商品至最终交易成功的各个关键
环节的转化率,如图 6-13 所示。

通过纵向对比各个环节的用户转化率和流失情况,可以发现业务流程中各环节存在的
问题,从而采取相应的措施来改进。除了纵向对比以外,在实际业务中,也经常会横向对比
不同时间周期的转化率情况,从而来评估某项改进措施的效果或发现现阶段的问题。

基因组的特写，逐个物种的特写

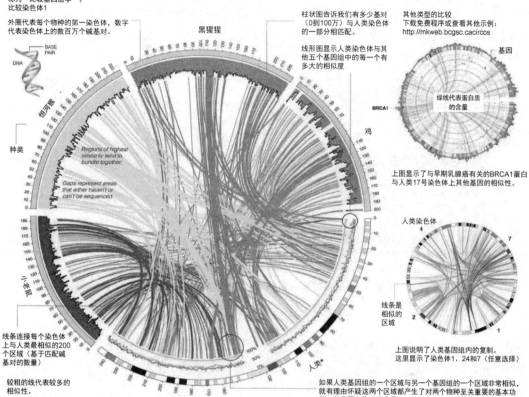

科学家们正在对70多种生物的基因组进行排序。这些序列的可用性导致了比较基因组学的出现，它试图利用来自另一种动物的信息来回答关于一种动物基因组的问题。加拿大的基因组学科学家Martin Krzywinski创建了一个计算机程序，称为"比较基因组学"。

比较染色体1

外圈代表每个物种的第一染色体，数字代表染色体上的数百万个碱基对。

柱状图告诉我们有多少基对（0到100万）与人类染色体的一部分相匹配。

线形图显示人类染色体与其他五个基因组中的每一个有多大的相似度。

其他类型的比较
下载免费程序或查看其他示例：
http://mkweb.bcgsc.ca/circos

基因

绿线代表蛋白质的含量

上图显示了与早期乳腺癌有关的BRCA1蛋白与人类17号染色体上其他基因的相似性。

人类染色体

线条是相似的区域

上图说明了人类基因组内的复制。这里显示了染色体1、24和7（任意选择）

如果人类基因组的一个区域与另一个基因组的一个区域非常相似，就有理由怀疑这两个区域都对两个物种至关重要的基本功能，并且不允许出现变异。

线条连接每个染色体上与人类最相似的200个区域（基于匹配碱基对的数量）。

较粗的线代表较多的相似性。

与其他物种相比，长度显示在200%。外带上的阴影表示染色时染色体的外观

图 6-12 人与其他物种之间基因的联系

资料来源：纽约时报。[①]

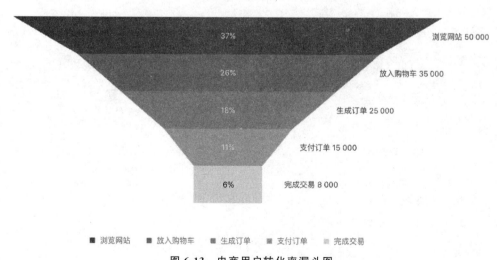

图 6-13 电商用户转化率漏斗图

---

① http://zqb.cyol.com/content/2007-12/26/content_2009736.htm。

6.5.2 桑基图的构造步骤

通过一个实例来实现桑基图的绘制，可以显示出第一年和第二年来自基础层、银层和金层的客户流量，如图 6-14 所示。此外，已经使用 plotly 绘制了图表，所以可以悬停在数据上以获得更好的见解。其 Python 代码如代码 6-6 所示。

图 6-14　基础层、银层和金层的客户流量桑基图

代码 6-6

```
 1  import plotly. graph_objects as go
 2
 3  fig = go. Figure(data = [go. Sankey(
 4      node = dict(pad = 15, thickness = 20, line = dict(color = "black", width = 0.5),
 5      label = ["Y1_Base", "Y1_Silver", "Y1_Gold", "Y2_Base", "Y2_Silver", "Y2_Gold"],
 6      color = ['#a6cee3','#fdbf6f','#fb9a99','#a6cee3','#fdbf6f','#fb9a99']
 7      ),
 8      link = dict(
 9        source = [0, 0,0, 1, 1,1, 2 ,2, 5], # indices correspond to source node wrt to label
10        target = [3, 4, 5, 3, 4, 5, 5,3,0],
11        value = [18, 8, 2, 1, 16, 4, 8, 1,1],
12        color = ['#a6cee3', '#a6cee3', '#a6cee3', '#fdbf6f','#fdbf6f', '#fdbf6f',
13  '#fb9a99', '#fb9a99','#fb9a99']
14    ))])
15
16  fig. update_layout(
17      hovermode = 'x',
18      title = "Sankey Chart",
19      font = dict(size = 10, color = 'white'),
20  )
21
22  fig. show()
```

6.5.3 和弦图的构造步骤

和弦图表示若干个实体(节点)之间的流或连接。例如,利用和弦图绘制电影类型之间的联系,如图 6-15 所示。为了简单起见,我们将使用合成数据来说明同一部电影中电影类型之间的联系,具体代码如代码 6-7 所示。

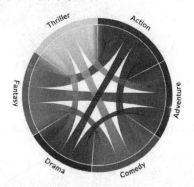

图 6-15 电影类型之间的联系和弦图

代码 **6-7**

```
1   from chord import Chord
2
3   matrix = [
4       [0, 5, 6, 4, 7, 4],
5       [5, 0, 5, 4, 6, 5],
6       [6, 5, 0, 4, 5, 5],
7       [4, 4, 4, 0, 5, 5],
8       [7, 6, 5, 5, 0, 4],
9       [4, 5, 5, 5, 4, 0],
10  ]
11
12  names = ["Action", "Adventure", "Comedy", "Drama", "Fantasy", "Thriller"]
13
14  # 保存
15  Chord(matrix, names).to_html("chord-diagram.html")
```

6.5.4 漏斗图的构造步骤

通过一个实例来实现漏斗图的绘制,可以显示出各个环节的用户流转情况,如图 6-16 所示。其 Python 代码如代码 6-8 所示。

代码 **6-8**

```
1   import plotly.express as px
2   data = dict(
```

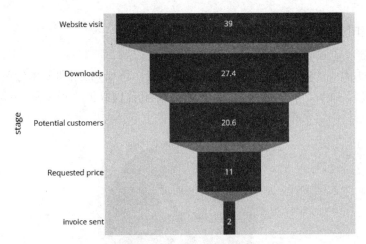

图 6-16 各个环节的用户流转情况漏斗图

```
3       number = [39, 27.4, 20.6, 11, 2],
4       stage = ["Website visit", "Downloads", "Potential customers", "Requested price",
5   "invoice sent"])
6   fig = px.funnel(data, x = 'number', y = 'stage')
7   fig.show()
```

6.6 联 结 关 系

联结关系是指对象与对象之间由于某种因素的作用,使二者之间具有某种关系。例如小明和小明的妈妈之间存在母子关系。而一个对象并不是只和另一个对象存在联结关系,其可以与多个对象之间存在联结关系。例如,小明和小明的爸爸、小明和小明的同学都存在联结关系。

6.6.1 联结关系的可视化方法

节点关系图常用来表示两个或多个对象之间的关系,由节点、联系、方向组成。节点表示一个对象,常用圆形、方形等形状来表示,有时还会在节点内显示对象图片等信息;如果两个节点之间有联系,则使用线段连接,线段上通常会有关系说明;节点之间联系的方向性,是使用线段的箭头来表示联系的单向或双向。某私募基金管理人与客户之间的关系可以用节点关系图(图 6-17)来表示。

6.6.2 节点关系图的构造步骤

在此例中简单绘制节点关系图用来展示 8 个节点的关系,如图 6-18 所示。其 Python 代码如代码 6-9 所示。

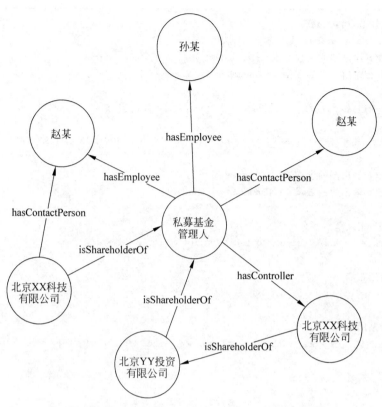

图 6-17　某私募基金管理人与客户之间的关系节点关系图

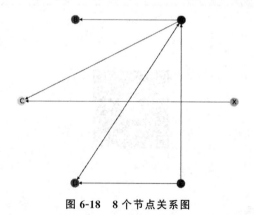

图 6-18　8 个节点关系图

代码 6-9

```
1   import networkx as nx
2   import matplotlib.pyplot as plt
3
4   # 初始化一个有向图对象
5   DG = nx.DiGraph()
6   DG.add_node('X')
7
```

```
8    # 添加节点传入列表
9    DG.add_nodes_from(['A', 'B', 'C', 'D', 'E'])
10   print(f'输出图的全部节点：{DG.nodes}')
11   print(f'输出节点的数量：{DG.number_of_nodes()}')
12
13   # 添加边,传入列表,列表里每个元素是一个元组,元组里表示一个点指向另一个点
14   的边
15   DG.add_edges_from([('A', 'B'), ('A', 'C'), ('A', 'D'), ('D', 'A'), ('E', 'A'), ('E', 'D')])
16   DG.add_edge('X', 'C')
17   print(f'输出图的全部边:{DG.edges}')
18   print(f'输出边的数量:{DG.number_of_edges()}')
19
20   # 可自定义节点颜色
21   colors = ['pink', 'blue', 'green', 'yellow', 'red', 'brown']
22
23   # 运用布局
24   pos = nx.circular_layout(DG)
25
26   # 绘制网络图
27   nx.draw(DG, pos = pos, with_labels = True, node_size = 200, width = 0.6, node_color = colors)
28
29   # 展示图片
30   plt.show()
31
```

即测即练

思考题

1. 什么是关系型数据？
2. 关系型数据的可视化方法有哪些？
3. 数据包含哪些常见的关系类型？
4. 层级关系的可视化方法包括哪些步骤？

第7章

文本数据的可视化

在现实生活中,文本无处不在,成为人们最经常接触的信息来源之一。对文本信息可视化,可以帮助人们更有效地处理信息,挖掘其潜藏的内容以及逻辑关系,提高阅读的效率,具有较大的现实意义。本章首先介绍文本数据类型、文本信息理解层级、文本可视化及其类型与方法;然后详细介绍了文本数据可视化过程;最后按照文本数据类型,介绍了在对单文本数据、多文本数据以及时序文本数据进行可视化时可以用到的图形技术及实现方式。

本章学习目标

(1) 了解什么是文本数据;

(2) 了解文本数据可视化的含义、类型;

(3) 了解文本数据可视化过程;

(4) 了解不同类型文本数据可视化用到的方法和技术;

(5) 掌握词云图的构造方法。

7.1 文本数据可视化概述

文字是传递信息最常用的载体,文本已成为人们经常接触的信息来源。在日常生活中,人们需要处理各种各样的文本信息,如消息、邮件、新闻、工作报告等。然而,进入信息时代,随着海量文本的涌现,信息超载和数据过剩等问题日益显现。面对文本信息的爆炸式增长与日益加快的生活节奏和工作节奏,人们需要更高效的文本阅读和分析方法。因此,对于大量的文本信息,如何有效地处理数据、高效地理解数据,挖掘其中蕴藏的知识,成为当前迫切需要解决的问题。文本数据可视化正是在这样的背景下应运而生。

一图胜千言,是指一张图像所传达的信息超过大量文字的堆积描述。考虑到图像和图形在传达信息方面所具有的优势与效率,文本数据可视化是指采用可视表达技术来刻画文本内容,直观形象地呈现文本中的有效信息。具体来说,文本数据可视化是从人的视觉角度出发,通过计算机技术将文本数据中复杂、烦琐或者难以通过文字表达的内容和规律以视觉符号的形式表现出来,利用人们与生俱来的视觉感知的并行化处理能力,帮助人们以一种更加高效的方式来接收信息,从而提高人们读取文本数据并提取其中所蕴含的关键信息的效率。因此,如何帮助用户准确无误地从文本中提取需要的信息并简洁直观地展示出来,是文本数据可视化的核心问题之一。

7.1.1　文本数据类型

文本数据是指不能参与算术运算的任何字符,也被称为字符型数据,包括英文字母、汉字和其他可输入的字符。文本数据不同于传统数据库中的数据,它具有半结构化、高维度、数据量大、语义性四个方面的特点。

按照文本数据类型的不同,文本数据可以分为单文本数据、多文本数据以及时序文本数据。而对于不同类型的文本数据又有不同的可视化重点。对于单文本数据来说,我们更关心的是文本的主题或是作者要表达的核心思想;对于多文本数据来说,我们更关心的是文本之间隐藏的连接关系、相同主题在不同文本里面的权重、不同主题在文本集里面的分布等;对于时序文本数据来说,我们更关心文本的时序性,并通过时间轴来展示。

7.1.2　文本信息理解层级

文本信息涉及的数据类型多种多样,如邮件、新闻、文本档案和微博等。文本是语言和沟通的载体,文本的含义以及读者对文本的理解需求纷繁复杂。例如,对于同一段文字,不同人的解读不一样,有人希望理解文章的关键字或主题,而有人则希望了解文章所涉及的人物关系等。这种对文本信息需求的多样性,就要求从不同层级提取与呈现文本信息。文本信息的提取由浅入深可总结为三个层级。

对于文本数据,我们的理解需求一般可分为三级:词汇级、语法级和语义级[21]。基于对文本数据不同程度的理解需求,我们采用不同的文本可视化方法和技术实现。

词汇级信息包括从文本文档中提取的字、词和短语,以及它们在文章内的分布统计、词根词位等相关信息,最常见的词汇级别的信息就是文本的关键字。对于词汇级的理解,主要是基于各类分词算法和词频的可视化技术,如词袋模型(bag-of-words model,BOW)、词频-逆文件频率(term frequency-inverse document frequency,TF-IDF)技术等,具体的应用实例包括词云、单词树(wordtree)等。

语法级信息包括词语的词性、单复数、词与词之间的相似性等,这些属性可以通过语法分析器识别。对于语法级的理解,往往需要采用一些句法分析算法技术,如 Cocke-Kasami-Younger 算法和 Earley 算法等。

语义级信息是研究文本整体所表达的语义内容信息和语义关系,是文本中的最高层信息。语义级信息除了包括对词汇级和语法级所提取的信息在文本中的含义的深入分析之外,如文本中的字词、短语等在文本中的含义和彼此的关系,还包括作者想要通过文本所传达的信息,如文本主题等。对语义级的理解则采用主题抽取算法。

关于不同理解层级所运用的可视化技术,将在 7.2 节详细介绍。

7.1.3　文本可视化介绍

随着网络媒体的发展,文本在网络上的传播变得极为方便,导致信息丰富多样且冗杂,人们很难直接从海量的文本信息中得到有价值的信息。文本可视化主要是通过文本数据分析和挖掘的方法在纷繁复杂的文本信息中提取出有效的信息,再通过可视化的方法来展示计算出的数据。文本可视化呈现出的不单单是丰富多样的图形、图表或者二者的结合,更重要的是,可视化图形能够发现文本或者文本集合中潜在的、有意义的规律,帮助我们理解、组织、比较和关联文本,从而迅速了解文本中有价值的信息,提升阅读效率。

文本可视化技术综合了文本分析、数据挖掘、数据可视化、计算机图形学、人机交互、认知科学等多学科的理论与方法,为人们理解文本的内容、结构和内在的规律等提供了有效的手段。例如,对于社交平台上的发言,文本可视化可以帮助我们对发言内容进行归类;对于新闻事件,文本可视化可以帮助我们厘清事情发展脉络、每个人物的关系等;而对一系列跟踪报道所构成的新闻专题,文本可视化不仅可以帮助我们了解每一时间段的具体内容,还能展现新闻热点的时序性变化情况;对于文档集合,文本可视化可以帮助我们找出文档与文档之间的联系等。

文本可视化的研究内容可从多个角度总结。例如,按照可视化要重点表现的文本信息特征,其可以分为文本内容可视化、文本关系可视化和文本情感分析可视化;以文本文档的类别作为归纳标准的文本可视化,可以分为单文本可视化、多文本可视化和时序文本可视化[22]。根据不同的研究内容,以及人们对文本信息不同的理解需求,用户在进行文本分析时往往需要完成不同的分析任务。常见的任务有:对文本的内容或特征进行总结(包括对词汇、句法的抽取)、分析文本表达的主题、研究文本蕴含的情感、比较文档和文档集合的信息等。

7.1.4　文本可视化类型与方法

基于不同类型的文本数据(单文本、多文本和时序文本),采用不同的文本可视化方法。对于单文本数据可视化,主要采用词云、单词树等技术来展现文本中的特征词及内部语言关系;对于多文本数据可视化,主要采用雷达图、星系视图(galaxy view)等来展现各文本主题的分布或主题之间的相似性;对于时序文本可视化,考虑到时间这一要素,主要采用主题河流来展现文本主题随时间的变化。

如前文所述,针对所要表现的文本信息特征的不同,我们还可以将文本可视化分为文本内容可视化、文本关系可视化以及文本多层面信息可视化。对文本内容可视化可以帮助读者快速获取文本的重点内容,应用基于词频的可视化技术,将文本看作词汇的集合,并用词频来表现文本特征,最终可视化结果用词云的形式来呈现。对文本关系可视化可以反映文本的内在结构和语义关系。文本关系可视化又进一步分为文本内在关系可视化和文本外在关系可视化。文本内在关系体现在文本内在结构和语义关系上,主要使用单词树来展示文本的上下文关系和内部逻辑;文本外在关系则反映在文本间的引用关系、网页的超链接关系等直接关系以及相似性等潜在关系上。对于文本多层面信息的可视化,主要是结合信息的多个方面,特别是时间关系,来帮助读者更深层地理解文本数据,挖掘其中的规律。

在本书中,我们按照不同的文本数据类型来介绍文本可视化的研究内容及方法:单文本数据可视化(7.3节)、多文本数据可视化(7.4节)和时序文本数据可视化(7.5节)。

7.2 文本数据可视化过程

文本数据可视化的过程主要包括三个部分：文本预处理、文本数据挖掘和视图绘制，如图 7-1 所示。在对文本进行可视化的过程中，根据不同的可视化任务需求，需要使用不同的文本信息挖掘的计算模型，最后，在此基础上，对可视化的图形进行设计与优化。

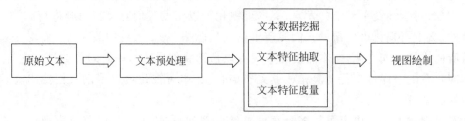

图 7-1　文本数据可视化过程

7.2.1　文本预处理

文本可视化过程中用到的文本信息通常是基于文本内容提取而来的。因此，文本质量将直接影响到文本可视化的效果。然而，当前文本的传播速度之快、范围之广，使原始文本中存在大量无用甚至干扰的信息。例如，中文文本中的一些成分的缺失、标点符号的省略等，英文单词的大小写错乱、单词的单复数变化和词性变化等，都构成了文本中的噪声，影响对文本内容的进一步分析和处理，如关键词的抽取和文本信息的度量等。

除此之外，原始文本数据的格式也是多种多样的，这也给文本语言处理工具的应用带来了干扰。因此，在对文本信息进行分析和挖掘之前，需要对文本数据进行预处理，从而有效地过滤掉文本中的冗余、无用信息，为文本可视化提取重要的文本素材。

在文本预处理时，通常用到的方法是分词和词干提取。分词，顾名思义，就是将一段文字划分为多个词项，剔除其中的停顿词，如中文文本中常见的"的""了""吗"等字，从而提取文字中有意义的词项。词干提取是指去除词缀得到词根，常见于对英文单词的预处理过程。通过词干提取，可以得到单词最原始的词根写法，从而有效避免同一个单词的不同表现形式给文本分析带来的干扰。

7.2.2　文本数据挖掘

文本数据挖掘是指从大量的文本数据中发掘信息和知识的计算机处理技术，《数字化单一市场版权指令》给出的定义是：为了获取模式、趋势、相关关系等信息而对数字格式的文本与数据采取的任何自动化分析手段。也有学者认为，文本数据挖掘是"从计算机可以处理的文本内提炼出有价值信息的过程"。作为一个复杂的自动化处理过程，文本数据挖掘由若干段计算处理步骤构成，包括信息的复制、提取、处理、分析等，最终能够发现数据中存在的规律或趋势。

在文本信息挖掘层次，需要根据文本可视化的任务需求，分析原始文本数据，从文本中提取相应层级的信息,包括词汇级、语法级和语义级。获取词汇级信息,可以采用各种分词算法,获取语法级信息可采用多种句法分析算法,而获取语义级信息则可采用主题抽取算法等。文本信息挖掘主要包括文本特征抽取和文本特征度量。

1．文本特征抽取

在对文本进行分析时,通常需要相关的文本特征来度量。这时就可以应用文本挖掘技术来提取文本的特征信息,如词汇级的关键词、语法级的实体-关系信息以及语义级的主题信息等。

2．文本特征度量

除了上文提出的文本特征抽取,有时我们可能想要进一步分析文本的深层特征,如文本的分类和多文本主题的相似性等。这时,可以应用一些聚类算法和基于度量特征的相似性算法进行分析。

3．文本数据挖掘相关技术

接下来,将针对不同层级(词汇级、语法级、语义级)的文本信息,分别介绍可以采取的文本数据挖掘技术。

1) 词汇级

在对文本数据进行可视化过程中,需要采用合适的文本度量方法,从而从文本中提取可用于可视化图形展示的结构化信息。向量空间模型(Vector Space Model)由 Salton 等[23]于 20 世纪 70 年代提出,是指利用向量符号对文本进行度量的代数模型,指代一系列向量空间的定义、生成、度量和应用的方法与技术,常用于自然语言处理、信息检索等领域。

(1) 词频-逆文档频率。词频-逆文档频率是一种常用的权重分配模型,用于评估一个字或一个词语对于一个文档集或一个语料库中一份文档的重要程度。词频-逆文档频率的核心思想是,字词对于某个文档的重要性随着它在文档中出现的次数呈正相关增加,但同时会随着它在语料库或文档集中出现的频率呈负相关下降。简而言之,一个词语在一篇文档中出现的次数越多,同时在所有文档中出现的次数越少,越能代表该文档。

词频(TF)指的是某一个给定的词语在该文档中出现的次数,如式(7-1)所示。词频一般会进行归一化处理(词频除以文档总词数),以防止文本内容过长。这是因为同一个词语在长文档中可能会比在短文档中有更高的词频,而不管该词语重要与否。

$$TF = \frac{词语在文档中出现的次数}{文档总词数} \tag{7-1}$$

然而,一些通用的词语,虽然出现的次数较多(词频较大),但是这种词语对于文档的主题并没有太大的作用,反而一些词频较小的词语才能够真正地表达文档的主题。权重的设计必须满足这一条件,即一个词语预测主题的能力越强,权重越大;反之,权重越小。因此,单独使用 TF 是不合适的,并不能完全表示该词语对于文档的重要性程度。这时需要逆文档频率(inverse document frequency,IDF)的帮助。

IDF 的中心思想是,如果包含某一词语的文档越少,IDF 越大,则说明该词语具有很好地区分文档的能力。在实际计算中,某一特定词语的 IDF,可以由总文档数目除以包含该词语的文档的数量,再将得到的商取对数获得,如式(7-2)所示。

$$IDF = \log_{10}\left(\frac{\text{文档集中的文档总数}}{\text{包含某词语的文档数}}\right) \tag{7-2}$$

最终 TF-IDF 的计算公式为

$$TF - IDF = TF \cdot IDF \tag{7-3}$$

综合式(7-1)和式(7-2)可以看出,某一词语在某一特定文档内高频出现,并且该词语在整个文档集合的其他文档中低频出现,最终可以产生高权重的 TF-IDF。因此,TF-IDF 倾向于过滤掉常见的词语,保留重要的词语。

(2) 词袋模型。词袋模型是应用向量空间模型构造文本向量的常用方法,可以提取词汇级的文本信息。词袋模型忽略文本的语法和语序等要素,将其仅仅看作若干个词汇的集合,文本中每个词语的出现都是独立的。具体来说,在剔除停顿词等无关紧要的词语之后,词袋模型将一个文本的内容总结为在由关键词组成的集合上的加权分布向量。在该一维词频向量中,每个维度代表一个词语,每个维度的值等于该词语在文本中出现的频数,进而代表该词语的重要性。在词袋模型中,词语之间没有顺序关系,也没有考虑语法、语序等深层信息,直观易懂,易于理解。在文本分析过程中,应用词袋模型提取的词频向量可为更高层的文本分析提供支持。

(3) 文本相似性度量。空间向量模型也可用于文本之间相似性的度量。它采用词项-文档矩阵来构建多个文档的数学模型。其中,一个向量代表一个文本,文本之间的相似性应用空间向量的运算来刻画。度量文本语义的相似度时,常用向量之间夹角的余弦值来表示,余弦值越大,表明这两个文档的内容越相似;反之亦然。

2) 语法级

语法分析树(或分析树)是一种有序树结构,可以用于反映文本中的语句及其语法的关系。语法分析树可按照短语结构语法或依存语法中的依赖关系来生成。基于短语结构语法的语法分析树区分了语法结构中的终端节点和非终端节点:在树结构中,树的叶节点用来表示终端节点,而内部节点则表示非终端节点。基于依存关系的语法分析树展示了文本词语之间的依赖(依存)关系,通常用箭头来表示,有时也会在箭头上标出其具体的语法关系,如主语或宾语等。

语法分析树常见的构建算法包括两类:自顶向下和自底向上。自顶向下算法从树结构的根节点开始构建,包括 Earley 算法等;自底向上算法则相反,它从树结构的叶节点开始构建,包括 Cocke-Kasami-Younger 算法等。

3) 语义级

主题模型是指描述文本或文本集合的语义内容,即文本的主题描述。在主题模型中,一个文本的语义信息可被描述为多个主题的组合表达,而一个主题可被认为是一系列词语的概率分布或权重分布。

文本主题的抽取算法可分为两类:一类是基于矩阵分解的非概率模型,另一类是基于贝叶斯的概率模型。

在非概率模型算法中,词频-文本矩阵被投影到 K 维空间中,其中,每个维度代表一个主题。在主题空间中,每个文本用 K 个主题的线性组合表达而成。隐含语义检索(latent semantic indexing,LSI)是代表性的非概率模型方法[24]。

在概率性的主题模型算法中,主题被看成多个词项的概率分布,而文本又被理解为多个主题的组合结果。最终,一个文本的内容是在主题的概率性分布基础上,由从主题的词项分布中抽取出的词条构成。其中,概率隐含语义检索(probabilistic LSI,PLSI)和隐含狄利克雷分布(latent Dirichlet allocation,LDA)模型是广泛使用的方法。以 LDA 为例,Chuang 等[25]设计了一种基于 LDA 的可视化文本探索方法。该方法首先抽取所有文本的主题分布,并计算不同文本类别间的主题相似度,最终使用基于散点图设计的地形视图来展示文本类别间的相似度。

7.2.3　视图绘制

在视图绘制阶段,我们主要是将应用文本挖掘技术提炼出的信息转换为可视视图。通过可视视图,用户可以快速地获取文本信息。在绘制图形时,第一要考虑选择合适的图元,从而准确无误地表达文本的信息特征;第二要考虑如何优美地布局图元,使图元视图符合人的感知。

以上是文本数据可视化的流程步骤。接下来,针对文本数据可视化过程中涉及的对文本内容、文本关系以及文本多层面信息的处理,我们将按照不同的文本数据类型逐一进行展示,并给出实战案例。

7.3　单文本数据可视化

7.3.1　词云图

1. 词云图简介

词云,又称标签云,是用来展示文档或数据的关键词或标签,已经成为目前最受欢迎的文本内容可视化方法之一[26]。它通过提取文本文档中的关键词并在二维空间上美观地排布,可以用于文本内容展示、辅助文本分析、吸引读者阅读注意,帮助读者快速了解文本重点等。

2. 词云图原理

词云图构造的基本理念是,通过考虑主题词(或字)字体的大小、粗细、颜色以及空间布局等要素,每个字词的大小与其出现频率成正比,显示不同字词在给定文本中出现的频率,然后将所有的字词按照一定形状排列在一起,形成云状图案,如图 7-2 所示。

在文本分析中,当我们需要对文本中的某些关键字或词进行重点突出说明时,可以采用词云图的可视化方法。

图 7-2 《后浪》词云图

3．词云图的优缺点

1）词云图的优点

（1）视觉上更有冲击力。词云图比条形图、直方图和词频统计表格等更有吸引力，视觉冲击力更强，一定程度上符合人们快节奏阅读的习惯。

（2）内容上更直接。词云图本身是对文本内容的高度浓缩和精简处理，能更直观地反映特定文本的内容，在一定程度上能够节省读者时间，让读者在短时间内了解文本数据的主要信息。

（3）应用范围广。词云图可以应用到用户画像、舆情分析、用户反馈等场景，还可以直接嵌入 PPT 报告、问卷调查分析报告和可视化大屏中。

（4）制作门槛低。词云图的制作难度不大，便捷的工具和软件使得即使没有数据分析或处理技术背景的人也能制作出优美、有效的词云图。

2）词云图的缺点

（1）区分度不足。词云图对词汇的表达采取的"抓大放小"的处理方式，对于词频相差较大的词汇有较好的区分度，但对于颜色相近、出现频率差不多的词汇的区分效果不是很好。

（2）输出无统一标准。受制于分词技术、算法、词库质量等因素，不同的人对于同一文本数据，采取不同的词云生成方式和图案，得到的词云图可能会有较大差异。

（3）信息缺失问题。词云图对高频词汇能做到突出化处理，让高频词汇占据主要位置，但是对于大量低频词汇或者长尾型词汇所传达的信息不能很好地表达，再加之这类词汇大多字体偏小，可能会让读者忽略掉部分信息。

（4）内容表达缺乏逻辑性。词云图是由各类词汇在空间上按一定图形组合而形成的，这些词汇都是从有逻辑结构的文本数据中拆分出来的，从文字变成图形后，呈现出来的内容便失去了内在的逻辑结构。

4. 词云图制作

词云图制作可以分为三种方法：第一种方法是借助在线工具，也就是在网页上就能完成词云图的制作和输出。目前支持在线制作词云图的网站有 wordArt、wordItOut、微词云、易词云、美寄词云等。第二种方法是直接使用有词云图制作功能的软件，如 FineBI、Tableau、SmartBI 等，词云图只是这些软件的一个小功能。第三种方法就是通过编程来实现词云图制作，常用的编程语言有 Python 和 R。

下面将以 2021 年发布的《中华人民共和国国民经济和社会发展第十四个五年规划和 2035 年远景目标纲要》（以下简称"十四五"规划）的章节标题为例，应用 Python 编程工具来详细展示词云图的制作过程。"十四五"规划是全面建设社会主义现代化国家的开局规划，也是向第二个百年奋斗目标进军的第一个五年规划。"十四五"规划全文共分为 19 篇，总计 65 章。

扩展阅读 7-1
经济学家解读
"十四五"规划和
2023 年远景目
标纲要

第一步，将"十四五"规划中的篇和章节的标题保存为 txt 文档，命名为 The Fourteenth Five-Year Plan.txt，并将其放在 Python 项目文件所在的同一文件夹中。

第二步，下载并导入制作词云图所需要的各种库，包括 jieba 库、wordcloud 库、matplotlib 库。

第三步，读取文本文档里的内容，并进行分词处理，去除连词、停顿词和标点符号等字符（规划标题中较少有停顿词和标点符号）。

第四步，收集去除掉停词之后的词汇，并用 join() 函数以空格分隔将所有词连接成一个新的字符串。

第五步，生成词云，设置字体、字号、背景颜色、词云形状等属性。

其具体代码如代码 7-1 所示。

代码 7-1

```
1   import jieba   ＃引入 jieba 库用于分词
2   from wordcloud import WordCloud   ＃引入词云库 WordCloud 用于生成词云
3   import matplotlib.pyplot as plt   ＃引入 matplotlib 库来进行绘图
4   import imageio
5
6   with open ('D:\\python_learning\\The Fourteenth Five－Year Plan.txt','r', encoding = "UTF－8")
7   as f:
8   file = f.read()
9
10  data_cut = jieba.cut(file,cut_all = False)
11  stop_words = []   ＃新建一个停词列表
12  with open('D:\\python_learning\\stopwords.txt','r',encoding = "UTF－8") as f:   ＃将常见
13  的停词表放入此列表
14  for line in f:
15  if len(line) > 0:
16  stop_words.append(line.strip())
17  data_result = [ i for i in data_cut if i not in stop_words]   ＃收集去除停词后的词汇
18
```

```
19   text = " ".join(data_result).replace("\n","")
20
21   wc = WordCloud(font_path = 'D:/python_learning/GB2312.ttf',background_color =
22   'white',width = 600, height = 400, max_words = 1000)
23   wc.generate(text)
24   wc.to_file("D:\\python_learning\\img.jpg")
25   plt.imshow(wc)
```

最后生成如图 7-3 所示的词云图片。

图 7-3　"十四五"规划词云图

图 7-3 默认展示的是长方形,我们可以使用 mask 来指定词云形状,如图 7-4 所示,这里将"十四五"规划的词云图以"中国"两字形式展示出来。为了实现这一效果,需要安装 imageio 库来引入 imread()函数,有兴趣的同学可自行实现。

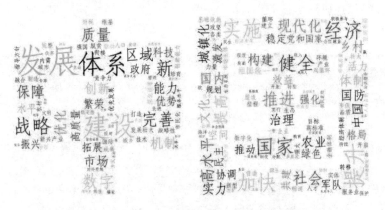

图 7-4　以"中国"两字形式展示"十四五"规划词云图

7.3.2　单词树

1. 单词树简介

单词树是一种基于图的文本关系可视化,也是对单一文本进行可视化的常用方法。单词树不仅能将文本主题词可视化，还能够从句法层面可视化表达文本词汇的前缀关系，并利用树型结构可视化总结文本的句子，进而体现文本的内部语言关系。

2. 单词树原理

单词树利用树型结构来可视化文本中的句子，树的根节点（也叫中心节点）是用户感兴趣的一个词语，而树的子节点是原文中搭配在父节点后面的词或词语，从中心节点向前拓展，就是文本中处于该词前面的词语；从中心节点向后拓展，就是文本中处于该词后面的词语。字号大小代表了词语在文本中出现的频率。

3. 单词树制作

目前我们可以应用 wordtree 程序包来构造单词树。在该程序包中，生成单词树主要包括两个步骤：第一，统计文本文档中心词的频率，应用 search() 函数；第二，根据词的频率生成单词树，应用 draw() 函数。在实际操作过程中，我们直接应用 search_and_draw() 函数。

图 7-5 和图 7-6 是以马丁·路德·金的演讲 *I Have a Dream* 为示例，应用 Python 编程工具制作生成的单词树示意图。这两幅图都是以"dream"为核心词，不同的是，图 7-5 的树干长度为 5，而图 7-6 的树干长度为 10。通过这种单词树形式，可以很好地展现这篇演讲稿的行文逻辑，具体代码如代码 7-2 所示。

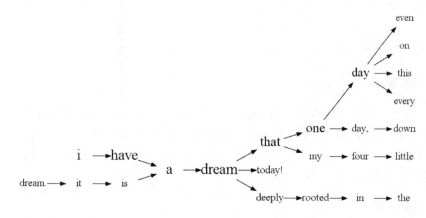

图 7-5　*I Have a Dream* 单词树示意图（长度为 5）

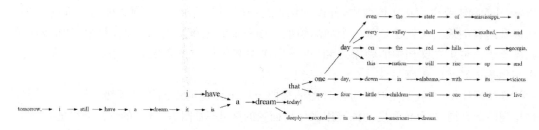

图 7-6　*I Have a Dream* 单词树示意图（长度为 10）

代码 7-2

```
1    import wordtree #导入单词树程序包
2
3    file_object = open('D:\\python_learning\\I have a dream.txt')
4    try:                                           #不一定要在这里用
5    Try/finally 语句,但是用了效果更好。因为它可以保证即使在读取中发生了严重错误,
6    文件对象也能被关闭。
7
8        all_text = file_object.read().splitlines()
9    finally:
10       file_object.close()
11
12   word_tree = wordtree.search_and_draw(corpus = all_text, keyword = "i", max_n = 10,
13   max_per_n = 5) #应用 search_and_draw 函数进行单词树构建。更详细的解释请见:
14   https://github.com/willcrichton/wordtree
     word_tree.render("单词树")
```

wordtree 包中的 search_and_draw()函数还有其他参数,包括 max_n、max_font_size、max_per_n、font_interp 等,有关该函数更详细的解释请见网址:https://github.com/willcrichton/wordtree。

7.3.3 文档散

1. 文档散简介

在采用关键词可视化文本内容时,我们还可以进一步展现关键词之间的层次关系。在我们使用的词汇中,词与词之间往往存在语义层级关系,即一个词是另一个词的下义词或上义词。文档散(DocuBurst)可以用于展示词汇之间的上下义词的关系,从语义层次角度来总结文本的内容。

2. 文档散原理

文档散以放射状层次圆环的形式展示文本结构,词汇之间上下义词的层次关系基于 WordNet 方法获得。在文档散中,外圈的词汇是内圈词汇的下义词,圆心处的关键词是文本所涉及内容的最上层概述。每一个词的辐射范围覆盖其他所有的下义词,其中,某个词汇的频率等于该词汇在文档中的频率之和,单一层次中某单词所覆盖的弧度表示其与这一层次中其他单词频率的比率关系。

在实际应用中,我们主要通过旭日图的径向布局来体现词汇的语义等级,其中,外层词是内层词的下义词,颜色饱和度的深浅用来体现词频的高低,处于同一环上的词汇等级是一样的。

3. 文档散制作

在制作文档散之前,首先要应用 WordNet 方法来获取文本文档的层次信息。WordNet 是由普林斯顿大学的心理学家、语言学家和计算机工程师联合设计的一种基于认知语言学

的英语词典。它不仅把单词以字母顺序排列,而且按照单词的意义组成一个"单词的网络"。WordNet 是一个覆盖范围宽广的英语词汇语义网。名词、动词、形容词和副词各自被组织成一个同义词的网络,每个同义词集合都代表一个基本的语义概念,并且这些集合之间也由各种关系连接。

WordNet 的描述对象包含 compound(复合词)、phrasal verb(短语动词)、collocation(搭配词)、idiomatic phrase(成语)、word(单词)。其中,word 是最基本的单词。

WordNet 的词汇结构包括九大类:上下位关系(动词、名词)、蕴含关系(动词)、相似关系(名词)、成员部分关系(名词)、物质部分关系(名词)、部件部分关系(名词)、致使关系(动词)、相关动词关系(动词)、属性关系(形容词)。

在获取到文档的层次结构信息之后,采用 Python 编程工具,并按照旭日图的形式来展现词汇之间的层级关系。

图 7-7 所展示的是根据实际的果蔬之间隶属的层级关系制作的文档散,具体代码如代码 7-3 所示。

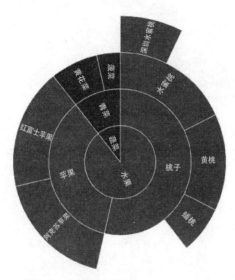

图 7-7　文档散示意图

代码 **7-3**

```
1   from pyecharts.charts import Sunburst
2   from pyecharts import options as opts
3
4   data = [
5       opts.SunburstItem(
6           name = "水果",
7           children = [
8               opts.SunburstItem(
9                   name = "桃子",
10                  value = 15,
```

```
11                      children = [
12                          opts.SunburstItem(name = "蟠桃", value = 2),
13                          opts.SunburstItem(
14                              name = "水蜜桃",
15                              value = 5,
16                              children = [opts.SunburstItem(name = "深圳水蜜桃",
17      value = 2)],
18                          ),
19                          opts.SunburstItem(name = "黄桃", value = 4),
20                      ],
21                  ),
22              opts.SunburstItem(
23                  name = "苹果",
24                  value = 10,
25                  children = [
26                      opts.SunburstItem(name = "阿克苏苹果", value = 5),
27                      opts.SunburstItem(name = "红富士苹果", value = 5),
28                  ],
29              ),
30          ],
31      ),
32  opts.SunburstItem(
33      name = "蔬菜",
34      children = [
35          opts.SunburstItem(
36              name = "青菜",
37              children = [
38                  opts.SunburstItem(name = "菠菜", value = 1),
39                  opts.SunburstItem(name = "黄花菜", value = 2),
40              ],
41          )
42      ],
43  ),
44  ]
45
46  sunburst = (
47      Sunburst(init_opts = opts.InitOpts(width = "900px", height = "600px"))
48      .add(series_name = "", data_pair = data, radius = [0, "90%"])
49      .set_global_opts(title_opts = opts.TitleOpts(title = "文档散示例"))
50  )
    sunburst.render_notebook()
```

7.4 多文本数据可视化

　　如上所述,对于单一文本而言,单文本的内容和关系可视化通常采用基于图的方式展示,如词云图、单词树等。而对于多文本数据进行可视化时,我们主要关注文本之间隐藏的连接关系以及主题在文本集里面的分布情况等,不再过多关注文本的具体内容,对多文本数据进行可视化就是为了更好地呈现出这些关系。

　　此时可以引入向量空间模型来计算各个文档之间的相似性，单个文档被定义成单个特征向量，最终以投影等方式来呈现各文档之间的关系。常见的多文本数据可视化的方法包括星系视图和主题地貌（ThemeScape）。

7.4.1　星系视图

1. 星系视图简介

　　星系视图是将文本集合中的文本按照其主题的相似性进行布局。在星系视图中，假设一篇文档是一颗星星，每篇文档都有其主题，将所有文档按照主题投影到二维平面，就如同星星在星系中一样。在绘制视图过程中，将主题接近的文本绘制在相近的地方，最终绘制成疏密有致的"星系"。如图 7-8 所示，这样可以直观地看见，星系视图中密集的地方表示接近这一主题的文本文档较多，表明这一主题就能表示这个文本集合中多个文本的特征或者思想内容。

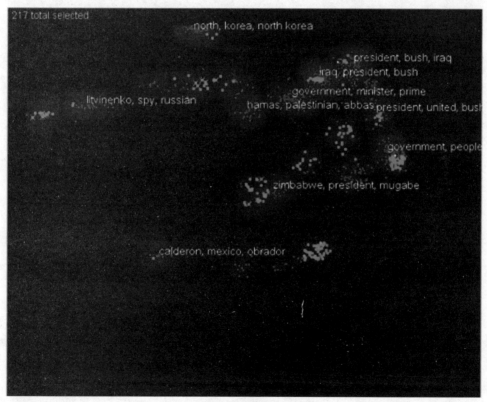

图 7-8　星系视图示意图

资料来源：https://in-spire.pnnl.gov。

2. 星系视图原理

　　星系视图主要用于表征多文档数据的主题之间的相似性，两点之间的二维距离与其主题相似性成正比，文档的主题越相似，星星之间的距离就越近；文档的主题相差越大，星星之间的距离就越远。星星聚集得越多,就表示这些文档的主题越相近,并且数量较多;若存在多个聚集点,则说明文档集合包含多种主题的文档。

7.4.2　主题地貌

1．主题地貌简介

主题地貌是星系视图方法的一种改进版本。基于星系视图计算得到的文档分布情况,继续采用等高线和颜色的方式可视表达文档集合中主题相似文档的分布密度,如图 7-9 所示。在主题地貌中,文档位置的疏密程度反映为主题地貌中山体的高度,等高线和颜色共同刻画文本分布的密度。

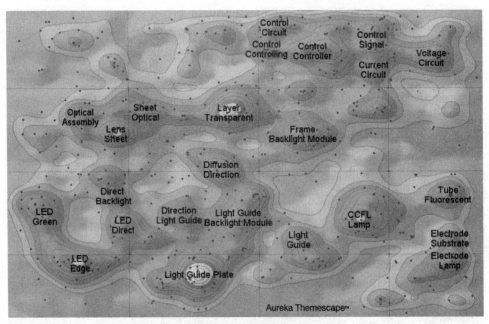

图 7-9　主题地貌示意图

资料来源：ThemeScape。

2．主题地貌原理

在主题地貌中,文档之间的主题越相似,则在图形中表现为点的分布越密集,从而等高线越紧密、颜色越显著。主题地貌中的"山峰"可视化了多文本文档涉及的主题。因此,与星系视图方法相比,主题地貌方法更直观简洁地揭示了文档集合中的主题分布以及每个主题所涉及的文档数量的差异性。

7.5　时序文本数据可视化

时序文本数据通常是指那些具有内在顺序的文本或文本集合,如北京冬奥会期间对我国奥运健儿取得的优异成绩的新闻报道、旅游达人在其旅行期间所撰写的旅途日志、小说

《西游记》中各个妖怪的出场和故事情节的发展变化等。这些时序文本往往都有内在的时间联系。所以,在对时序文本进行可视化时,需要重点考虑文档主题随着时间的变化情况。

7.5.1　主题河流

1. 主题河流简介

主题河流(ThemeRiver)是一种经典的时序文本可视化方法。当需要表示事件或主题在一段时间内的变化时,我们可以用不带颜色的条带状河流来表示不同的事件或主题,用河流的宽度表示数值的大小,使用主题河流图来呈现。如图 7-10 所示,其横轴是时间轴,每个颜色的河流是提取出来的一个主题。随着主题的变化,河流状态可能会扩展、收缩或是保持不变。

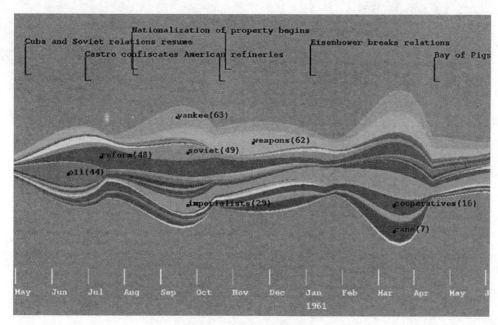

扫二维码
看彩色图

图 7-10　主题河流示意图

资料来源:ThemeRiver。

2. 主题河流原理

主题河流是将时序文本中的主题随时间的改变表现为"河流"宽度随时间的变化。从主题河流当中,我们可以看到每个主题词的重要性随着时间的改变。主题河流方法提供了宏观的主题演化结果,每一条河流代表一个主题,河流的宽度代表其在当前时间点上所有文本主题中所占的比例。多个主题河流叠加在一起,用户既可以看出特定时间点上主题的分布情况,又可以看到多个主题随时间的发展变化情况。

3. 主题河流制作

在构造主题河流时,第一步是对文本文档进行分析,依据文本中的时间顺序,提取出每个主题在不同时间内的强度或数量。

第二步,在获得构造主题河流的"原材料"之后,应用 Python 的 pyecharts 库,来绘制主题河流图。本书以消费者在网上购物时对产品质量、服务态度、售后服务和物流质量等的关注与重视程度随时间的变化趋势为例,展示主题河流的制作过程,时间区间是从 2022 年 7 月 1 日到 10 日。

最终的主题河流示意图如图 7-11 所示。其具体代码如代码 7-4 所示。

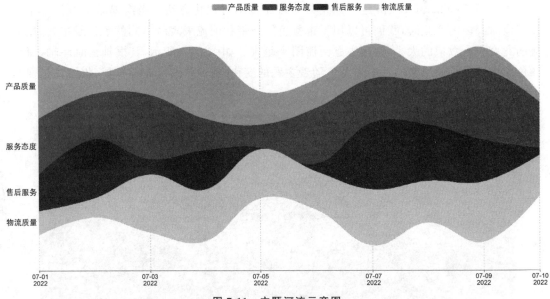

图 7-11　主题河流示意图

代码 7-4

```
1   from pyecharts.charts import ThemeRiver   #从 pyecharts 中导入 ThemeRivew 包
2   import pyecharts.options as opts
3   import random
4   import pandas as pd
5   theme = ['产品质量', '服务态度', '售后服务', '物流质量']   #主题数可以自定
6   data = [[d.strftime('%Y-%m-%d'),random.randint(1,100),n] for d in
7   pd.date_range(start = '2022/07/01',periods = 10) for n in theme]   #每个主题下面
8   的数据是根据时间顺序,对文本文档进行主题提取而得出,这里仅是举例说明
9   tr = ThemeRiver(init_opts = opts.InitOpts(width = "1600px", height = "800px"))   #确定主题
10  河流图的大小
11  tr.add(series_name = theme,data = data, singleaxis_opts = opts.SingleAxisOpts(   #给各项
12  参数赋值
13           pos_top = "50", pos_bottom = "50", type_ = "time"
14        )).set_global_opts(
15        tooltip_opts = opts.TooltipOpts(trigger = "axis", axis_pointer_type = "line")
16  )
17  tr.render("主题河流.html")   #生成 html 在线图像
```

7.5.2 TIARA

1. TIARA 简介

主题河流在辅助用户理解每个时间段的主体内容时存在局限性,即主题河流只能将每个主题在每个时间刻度上概括为一个简单的数值,而一个简单的度量数值常常不足以完整准确地描述主题所包括的细节内容。为此人们对其做了进一步的拓展,如 TIARA(Text Insight via Automated Responsive Analytics,通过自动响应分析获得文本洞察)和 TextFlow 等。与主题河流相比,TIARA 系统不仅使用了更为有效的文本分析技术,而且改进了布局算法,并在可视化中加入能够帮助用户理解文本的关键词信息。如图 7-12 所示,TIARA 将标签云技术与主题河流相结合,用来描述文本主题在内容上随时间推进而发生的变化。此外,TIARA 为每个文本主题在每个时间点上提取出不同的关键词,然后将这些词云排布在相应色带上的相应位置,并用词的大小表示关键词在该时刻出现的频率。为了紧凑美观地排练主题支流,TIARA 系统还设计了一系列自动调节支流顺序的算法。

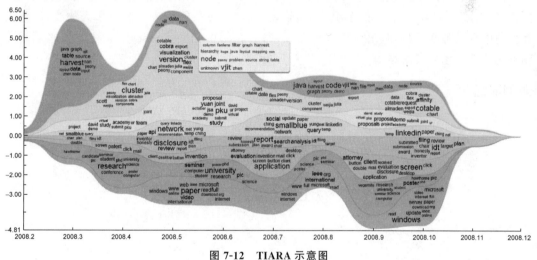

扫二维码
看彩色图

图 7-12　TIARA 示意图

资料来源:Liu 等[27]。

2. TIARA 原理

主题河流有一个缺点,即无法反映主题词内容的变化。可能到某个时间点后,某个主题词就从文章中消失,即权重下降为零。同时,也有新的主题词出现。所以有了新的可视化方法——TIARA。TIARA 可以视为改进的主题河流,与主题河流的不同之处在于它结合了标签云技术,用标签云来表示关键词的特征词,而且字号越大,权重越大。TIARA 结合了标签云,通过主题分析技术,将文本关键词根据时间点放置在每条色带上,并用词的大小来表示关键词在该时刻出现的频率。因此用 TIARA 就可以帮助用户快速分析文本具体内容随时间变化的规律,而不是仅仅一个度量的变化。

除了上述两种可视化时序文本数据的方法之外,其他方法,如 TextFlow、HistoryFlow、SparkClouds 和 Storyflow 也都可以用来可视化时序文本。TextFlow 可以看作 ThemeRiver 的一种拓展,它不仅表达了主题的变化,还表达了各个主题随着时间的分裂与合并。如某个主题在某个时间分成了两个主题,或多个主题在某个时间合并成了一个主题,用于理解大型文本中主题的演化。HistoryFlow 主要研究文档内容随时间的变化。SparkClouds 则是在标签云的基础上,在每个词下面增加了一条折线图,用以显示该词的词频随时间的演变,如图 7-13 所示。

图 7-13　SparkClouds 示意图

资料来源：Lee 等[28]。

Storyflow 可以用来展示电影或小说中经常说到的时间线、剧情线等。它通过层次渲染的方式,生成一个 storyline 布局,其中,横轴表示时间,每条线代表一个故事人物线,当两人在剧情中有某种联系(同时出场或其他交集)时会在图中相交。Storyflow 主要用来刻画人物动态关系或场景层次结构等。

即测即练

思考题

1. 什么是文本数据可视化?
2. 文本信息理解层级有哪些?
3. 简要阐述文本数据可视化过程。
4. 介绍词云图的优缺点及实现方式,并自行找一篇文章,生成词云图。

第8章
多媒体数据的可视化

随着数字媒体技术的发展,多媒体数据已经渗透到人们生活、工作的方方面面。对多媒体数据进行可视化可以帮助人们进一步挖掘数据背后的内涵和特征。多媒体数据主要包括文字数据、音频数据、图像数据和视频数据,本章将主要介绍除文本数据以外的其他类型多媒体数据的可视化方法。首先介绍多媒体数据以及多媒体数据可视化的定义;然后介绍多媒体数据的类型;最后按照多媒体数据类型,分别介绍音频数据、图像数据和视频数据的特征提取技术以及可视化的实现途径。

本章学习目标

(1) 了解多媒体数据的定义;

(2) 了解多媒体数据可视化的含义、类型;

(3) 掌握不同类型多媒体数据特征提取用到的方法和技术。

8.1 多媒体数据可视化概述

8.1.1 多媒体数据的定义

在当今的信息化社会时代,随着互联网技术的飞速发展,我们在日常生活中会接触到大量的媒体数据,如聆听的歌曲音乐、浏览的图像图片和观看的电影视频等。作为人与人之间信息交流的中介,媒体是信息的载体。

在计算机系统中,组合两种或两种以上媒体的一种人机交互式信息交流和传播媒体,称为多媒体(multimedia)。多媒体涵盖的媒体种类包括文字、图像、视频、语音等,即多种信息载体的表现形式和传递方式。相应地,多媒体数据是由内容上相互关联的文本、图形、图像、声音、动画、活动图像等媒体的数据所形成的复合数据。多媒体是一种技术,而不是信息的简单叠加。多媒体技术具有数据化、集成性、多样性、交互性、非线性和实时性等特点。

8.1.2 多媒体数据可视化

在对多媒体进行可视化时,首先就要满足其多样性特征。与数值型数据相比,多媒体数据的可视化更多地体现在对多媒体数据的特征抽取上。虽然多媒体数据所包含的信息类型、信息载体以及对信息的处理方式都具有多样性,但是,一般而言,多媒体的特征抽取还是可以分为文本特征抽取、图形特征抽取、声音特征抽取和视频特征抽取。

文本特征抽取与第 7 章所述的对文本特征值抽取的操作类似,区别在于这里的文本主要是从视频或音频的字幕中摘取和识别,本章不再详述。因此,在这一章中,我们主要考虑对音频数据、图像数据和视频数据的特征抽取,并对多媒体数据进行可视化。

8.2 多媒体数据类型

多媒体数据类型主要包括文字数据、音频数据、图像数据和视频数据。本章将主要讨论后三种类型的数据。

8.2.1 音频数据

音频是多媒体中的一种重要的媒体,是声音信号的表示形式,属于听觉类媒体。声音是人们用来传递信息、交流感情最方便、最熟悉的方式之一。音频常常被当作"音频信号"或"声音"的同义语,因此,音频数据也即声音数据。作为一种信息的载体,音频可分为波形声音、语音和音乐三种类型。不同的类型将具有不同的内在特征,这些内在特征可划分为三级:最低层的物理样本级、中间层的声学特征级以及最高层的语义级。物理样本级包含的特征有采样频率、时间刻度、样本、格式、编码等;声学特征级包含的特征有感知特征和声学特征,其中,感知特征有音调、音高、旋律、节奏等,声学特征包含能量、过零率(zero crossing rate)、线性预测系数(linear prediction coefficient,LPC)及音频的结构化表示等;语义级包括音乐叙事、音频对象描述和语音识别等。

8.2.2 图像数据

图像是人们日常生活中最常见、应用最广的媒体之一,也是最容易创造的媒体之一。随着智能手机的普及以及摄像技术的越发成熟,数字化图像的规模和增长速度都达到了空前的程度。2021 年的统计数据显示,微信朋友圈照片日均发布量已高达 6.7 亿张。此外,国外一家创意网站 Photutorial(https://photutorial.com)的统计数据显示,2022 年,全球共拍摄照片 1.72 万亿张,较 2021 年增长了约 40%。

图像是多媒体软件中最重要的信息表现形式之一,它是决定一个多媒体软件视觉效果的关键因素。图像数据是指用数值表示的各像素的灰度值的集合。把图像信息分解为很多小的区域,这些小区域就被称作像素,可以用数值来表示。而对于彩色图像来说,常常用红、绿、蓝(red、green、blue,RGB)三个分量来表示。

对于图像数据来说,用于可视化的图像特征主要包括图像的色彩、明暗、轮廓、场景等。对图像数据的特征抽取可以帮助用户更好地从大量的图像集合中发现一些隐藏的特征模式,挖掘其中蕴藏的知识。

8.2.3　视频数据

当前,随着移动互联网技术的成熟和普及以及短视频软件市场的发展,视频的生成、获取和应用越来越普遍。视频数据是指连续的图像序列,其实质是由一组组连续的图像构成的。视频数据具有时序性和丰富的信息内涵,常常用于表现事物的发展过程。

视频数据可用帧、镜头、场景和故事单元来描述[29]。帧是组成视频的最小视觉单位,是一幅静态的图像,将时间上连续的帧序列合成到一起便形成动态视频;镜头是由一系列帧组成的,它描绘的是一个事件或一组摄像机的连续运动;场景由一系列有相似性质的镜头组成,这些镜头针对的是同一环境下的同一批对象,但每个镜头的拍摄角度和拍摄方法不同;故事单元也称视频幕,是将多个场景进行组织,共同构成一个有意义的故事情节。如果将视频数据与文本数据做类比,那么视频数据里的帧、镜头、场景和故事单元则分别对应于文本数据中的字、词、句子和段落。

视频数据具有信息内容丰富、数据量巨大、时空二重性的复杂结构关系以及数据解释的多样性和主观性等特点。对视频数据的可视化涉及对视频关键帧的提取和对视频语义的理解,从而帮助用户快速精确地分析视频特征和语义信息。

8.3　音频数据可视化

声音是能触发听觉的生理信号,声音属性包括音乐频率(音调)、音量、速度、空间位置等。人类语言的口头沟通产生的声音称为语音。音乐是一种有组织的声音的集合,是由声音和无声组成的时序信号构成的艺术形式,旨在传达某种信息或情绪。音乐可视化通过呈现各种属性,包括节奏、和声、力度、音色、质感与和谐感来揭示其内在的结构和模式。

本节将首先介绍音频数据的特征,并给出描述相关特征的实现方法,以达到对音频数据特征提取和可视化的目的,随后将介绍一些对音乐节奏、波形和结构的可视化方法。

8.3.1　音频数据特征提取

1. 音频数据特征介绍

对音频数据提取的特征除了要能够充分表示音频频域和时域的重要分类特性,还要能够对环境的改变具有鲁棒性和一般性。音频特征主要分为帧层次上的音频特征和片段层次上的音频特征[30]。

帧层次上的音频特征主要包括频域能量、子带能量比、频率中心、带宽等指标。频域能量可以用来评判某一帧是否静音帧,若该帧的频域能量达不到阈值,就认为该帧是静音帧;若达到了阈值,就是非静音帧。如若将频域划分为 4 个子带,然后计算各子带能量的分布,则子带能量比即为各子带能量与频域能量的比值。不同类型的音频段,其能量在各个子带区间的分布有所不同。音乐的频域能量在上述各个子带区间的分布比较均匀,而语音中的能量主要集中在第一个子带。频率中心和带宽也是重要参数,频率中心是用来度量音频亮度的指标,带宽是表示音频频域范围的指标。

片段层次上的音频特征包括静音比例、子带能量比均值、频谱流量等。静音比例是指一段音频片段中静音帧的数目占片段中总帧数的比例。子带能量比均值是在"子带能量比"概念的基础上,计算片段中各子带能量比的均值。频谱流量是指一个片段中相邻两帧之间频谱变化量的均值。

2. 频谱质心、过零率和梅尔频率倒谱系数

声音的音频特征有多种,这里主要介绍三个有意义的特征:频谱质心(spectral centroid)、过零率和梅尔频率倒谱系数(Mel-frequency cepstral coefficients,MFCC)。

1)频谱质心

频谱质心是指声音的"质心",又称为频谱一阶距,是按照声音的频率的加权平均值计算得出。频谱质心的值越小,表明越多的频谱能量集中在低频范围内。

2)过零率

过零率是指一个信号符号变化的比率,即在每帧中,语音信号通过零点(从正变为负或从负变为正)的次数。这个特征已在语音识别和音乐信息检索领域得到广泛使用,是摇滚乐的关键特征。

3)梅尔频率倒谱系数

梅尔频率倒谱系数通常是指由10~20个特征构成的集合,可以用来简明地描述频谱包络的总体形状,对语音特征进行建模。

3. 特征提取

本书将以一段音频为例,介绍音频特征的提取方法。提取音频特征采用的工具是Python里的librosa工具。librosa是一个用于音乐信号和音频信号分析的Python包,它提供了创建一个音乐信息检索(music information retrieval,MIR)系统所需的构建块。目前,librosa已充分实现文档化,并具有许多相关的示例和教程。

音频的过零率、频谱质心、梅尔频率倒谱系数如图8-1、图8-2、图8-3所示。其具体代码如代码8-1所示。

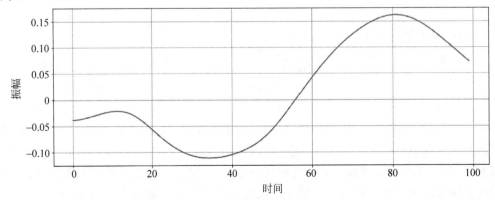

图 8-1 过零率

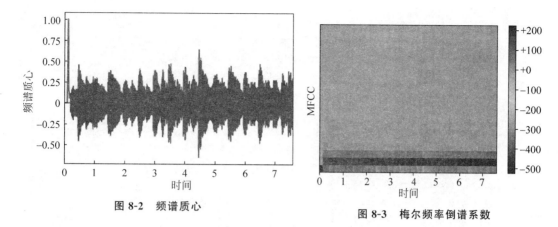

图 8-2　频谱质心

图 8-3　梅尔频率倒谱系数

代码 8-1

```
1   import numpy as np
2   import librosa
3   import librosa.display
4   import matplotlib.pyplot as plt
5   from matplotlib import font_manager
6   #在音频特征提取之前,需要先把音频的 mp3 格式转换为 wav 格式,这里需要用到
7   ffmpeg。
8   audio_data = 'D:\\python_learning\\music_test\\5.wav'
9   x , sr = librosa.load(audio_data)
10  #设置中文字体
11  my_font = font_manager.FontProperties(fname = (r'D:\python_learning\SongTi.ttf'))
12  #过零率,如图 8 - 1 所示。
13  n0 = 9000
14  n1 = 9100
15  plt.figure(figsize = (14, 5))
16  plt.xlabel("时间", FontProperties = my_font, size = 20)
17  plt.ylabel("振幅", FontProperties = my_font, size = 20)
18  plt.plot(x[n0:n1])
19  plt.grid()
20  #验证过零点的个数
21  zero_crossings = librosa.zero_crossings(x[n0:n1], pad = False)
22  print(sum(zero_crossings))
23  #频谱质心,如图 8 - 2 所示。
24  spectral_centroids = librosa.feature.spectral_centroid(x, sr = sr)[0]
25  frames = range(len(spectral_centroids))
26  t = librosa.frames_to_time(frames)
27  import sklearn
28  def normalize(x, axis = 0):
29      return sklearn.preprocessing.minmax_scale(x, axis = axis)
```

```
30  librosa.display.waveplot(x, sr = sr)
31  plt.xlabel("时间", FontProperties = my_font, size = 12)
32  plt.ylabel("频谱质心", FontProperties = my_font, size = 12)
33  plt.plot(t, normalize(spectral_centroids), color = 'r')
34  ♯梅尔频率倒谱系数,如图 8 - 3 所示。
35  mfccs = librosa.feature.mfcc(y = x, sr = sr)
36  librosa.display.specshow(mfccs, sr = sr, x_axis = 'time')
37  plt.xlabel("时间", FontProperties = my_font, size = 12)
38  plt.ylabel("MFCC", FontProperties = my_font, size = 12)
39  plt.colorbar(format = '% + 2.0f')
40  ♯波形图,如图 8 - 4 所示。
41  plt.figure(figsize = (10,6.18))
42  librosa.display.waveplot(x, sr = sr)
43  plt.xlabel("时间", FontProperties = my_font, size = 12)
44  plt.ylabel("振幅", FontProperties = my_font, size = 12)
45  plt.show()
46  ♯声谱图,这里 y 轴为取 log 之后的数值,这样能够更加清晰地展示图谱纹理。
47  ♯如图 8 - 5 所示。
48  plt.figure(figsize = (10,6.18))
49  D = librosa.amplitude_to_db(np.abs(librosa.stft(x)), ref = np.max)
50  librosa.display.specshow(D, y_axis = 'log')
51  plt.colorbar(format = '% + 2.0f dB')
52  plt.xlabel("时间", FontProperties = my_font, size = 12)
53  plt.ylabel("赫兹", FontProperties = my_font, size = 12)
54  plt.show()
```

除此了上述三种音频特征之外,librosa 包还可以用于描述音频的波形图(图 8-4)、声谱图(图 8-5)以及其他特征,如频谱带宽、滚降频率、频谱平坦度等的提取,有兴趣的同学可以自行探索,这里不再一一介绍。

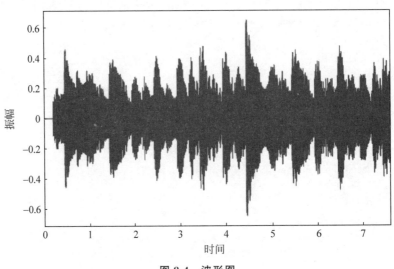

图 8-4　波形图

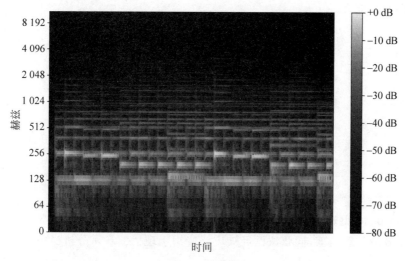

图 8-5 声谱图

8.3.2 音乐节奏可视化

在当前的信息时代,音乐节奏可视化常常是音乐媒体播放工具的一个功能,用于生成一段以音乐为基础的动画图像,实时产生并与音乐的播放同步呈现,如图 8-6 所示。音乐节奏可视化通常包括音乐的响度和频谱的变化。

图 8-6 音乐节奏可视化

资料来源:http://www.visualcomplexity.com/vc/blog/?p=811。

8.3.3 音乐结构可视化

音乐结构的可视化是通过音乐结构的抽象来达到一个视觉增强的效果。对音乐结构的可视化既可以为听众理解和感知音乐韵律提供一种视觉方法,同时也可以表现出作曲家作品的差异。

弧图法(arc diagram)[31]是音乐结构可视化的常见方法。它采用首尾端点位于一维轴上的弧来表示重复的音乐结构,其宽度与重复序列的长度成正比,半径与匹配对之间的距离成正比,如图 8-7 所示。

图 8-7 音乐结构的弧图可视化

资料来源: Wattenberg[31]。

同弦法(isochords)[32]采用了数学家欧拉发明的二维三角坐标网络,对音乐结构进行可视化,如图 8-8 所示。当前,同弦法已经被广泛应用于现代的音乐分析当中。

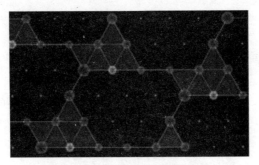

图 8-8 音乐结构的同弦法可视化

资料来源: Bergstrom 等[32]。

8.4 图像数据可视化

8.4.1 图像数据特征提取

图像数据的特征可以分为底层视觉表达特征和高层语义特征。高层语义是经过人脑感知后产生的,现有的计算机程序还很难模拟这一点。所以,对图像的处理一般都是通过提取底层视觉特征来反映图像的高层语义。例如,图像在颜色、纹理等底层视觉特征方面的差别也会对应不同的高层语义。一般来说,图像的底层视觉表达特征又可以分为全局特征和局部特征两类。

1. 图像的全局特征

典型的全局特征包括颜色、纹理、边缘、形状等。

1) 颜色

颜色是图像的主要视觉性质之一。由于计算简单、结果稳定等特点,颜色目前已经成为图像检索系统中的常用特征。通常来讲,两幅图像如果内容相近,那么在颜色或者灰度分布上也会相近,而平移、旋转、尺度缩放等图形变换并不会改变这一特征。在计算机系统中,颜色通常使用红、绿、蓝来描述。

2)纹理

纹理是指物体表面特性,其包含了物体表面结构组织排列的重要信息及其与周围物体的联系。研究的不断深入,对纹理的分辨和提取获得了巨大突破。目前,纹理也越来越多地应用到图像检索的实践中。

3)边缘

边缘是指图像灰度在空间上的突变,或者在梯度方向上发生突变的像素集的集合,上述突变通常是由于图像中所包含物体的物理特征改变而造成的。

4)形状

形状能够为用户过滤掉与图像特征无关的背景或者无关的目标,将后续的图像处理过程聚焦在与目标图像相近的图像上。形状特征一般可以分为以下两类:一是轮廓特征,即目标的外边界;二是区域特征,即整个形状区域。

总体来说,全局特征由于具有计算简单、表示直观等特点,在图像检索的初期有很大的作用。但是特征维度过高是其存在的主要不足。并且在某些情况下,如图像视角变大、目标被遮挡、目标与复杂背景交错等,全局特征的抽取结果会不太理想。这种时候,图像的局部特征就比全局特征更能反映图像内容。

2. 图像的局部特征

在图像局部特征的抽取中,最常用的模型是视觉词袋模型。

视觉词袋(bag of visual words,BOVW)模型,是词袋模型从自然语言处理与分析领域向图像处理与分析领域的一次推广。由于该模型是将图像局部特征来类比词袋模型中的单词,所以称为视觉词袋模型。通过对图像进行特征提取和描述,将一幅图像分割为一系列局部区域或者基本元素的集合,然后将这些区域或者基本元素构建成"单词袋",统计它们出现的频率,最后用直方图的形式来表示。

视觉词袋模型构造的关键步骤包括两个方面:一方面是如何对图像进行特征提取,另一方面是视觉单词的构造方法。对于图像的特征提取,比较经典的方法是使用尺度无关特征变换。尺度无关特征变换通过在尺度空间对稳定特征点的测量,能够在一定程度上抵抗光照、视角、尺度以及仿射变换的影响。而对于视觉词典构造环节,视觉词袋模型通常会应用 K 均值(K-means)聚类算法。

8.4.2　基于相似性的图像集可视化

对于包含成千上万张图片的图片集来说,这时就需要有效的搜索和可视化算法来展示图像与图像之间的关联性。关联性往往通过图像内容、文字描述的相似性得到。基于相似性的图像可视化可以构造出带有层次的信息,从而支持对大规模图像集的浏览,如图 8-9 所示。图 8-9(a)描述的是汽车开过街道的线性结构；图 8-9(b)描述的是两个人交谈时的非线性结构[33]。

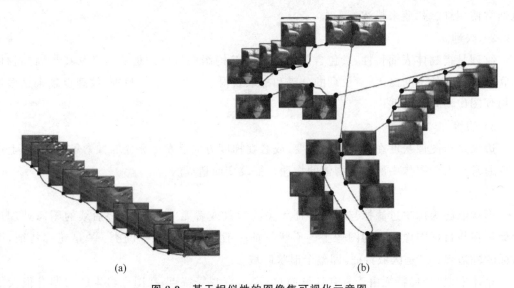

(a)   (b)

图 8-9   基于相似性的图像集可视化示意图

(a) 汽车开过街道的线性结构；(b) 两个人交谈时的非线性结构

资料来源：Nguyen 等[33]。

8.4.3   基于故事线的社交照片可视化

故事线是可视化大规模社交网络图片或一系列新闻报道图片的一种有效方法。故事线可以提炼出多类别图片在时间线上的先后顺序。而构造故事线的关键技术是要从大规模社交网络图片中提取出时序变化的单向网络[34]。如图 8-10 所示，把在美国独立日多人拍摄的照片序列和他们的社交关系作为输入，我们可以用故事线的形式重构出当天发生的事件。

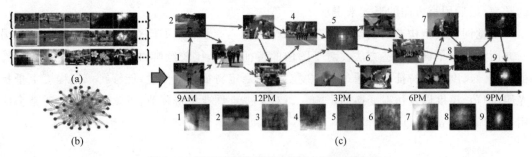

图 8-10   基于故事线的社交照片可视化示意图

（a）Input1：A set of Photo Streams；（b）(Optional)Input2：Friendship graph；（c）Output：Storyline graph

资料来源：Kim 等[34]。

　　　　　视频数据可视化

8.5.1　视频数据特征抽取

视频数据的分析涉及视频结构和关键帧的抽取、视频语义的理解,以及视频特征和语义的可视化与分析。视频可视化主要考虑采用何种视觉编码来表达视频中的信息,以及如何帮助用户快速精确地分析视频特征和语义。

视频可视化旨在从原始视频数据集中提取出有意义的信息,并采用适当的视觉表达形式传达给用户。针对每个类别的视频,可视化设计需要考虑多个不同方面。例如:处理的视频类别区别于其他类别的特点,如何充分利用这些线索,以便更好地浏览或者探索视频;是否存在工具计算、浏览、探索视频内容;使用优化的方法浏览、探索并可视化视频的核心内容。

视频可视化的方法主要分为两类:视频摘要和视频抽象。具体来说,视频摘要是从大量视频中抽取出用户感兴趣的关键信息,然后把数据信息编码到视频中,从而对视频进行语义增强,帮助用户理解视频;视频抽象是将视频中的宏观结构信息和变化趋势或者关键信息有机地组织起来,并且映射为可视化图表,以便帮助观察者快速有效地理解视频流。

8.5.2　视频摘要

近年来,观看视频已经成为人们的一种重要的娱乐活动。然而,随着视频数量和长度的增加,完整地观看完一整段视频并且找到其中感兴趣的内容变得非常耗时。视频摘要技术可以用于提取视频中的关键信息,从而缩短观看视频的时间。

将视频看成图像堆叠而成的立方也是一种经典的视频表达方法。为了减少对视频数据的处理时间,可以采用更为简洁的方法呈现视频立方包含的有效信息。例如,科学可视化中的体可视化方法[35],如图 8-11 所示,它展现了4 个视频场景(走路、跑步、恶作剧和入室抢劫)及其对应的弯曲型视频立方可视化效果。这种方法的主要步骤是:视频获取、特征提取、视频立方构造、视频立方可视化。其关键是依赖一组视频特征描述符来刻画视频帧之间的变化趋势。用户可以通过设计视频立方的空间转换函数交互地探索场景。

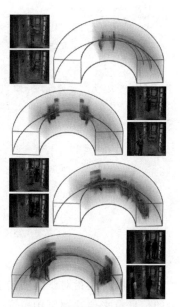

图 8-11　视频立方示意图
资料来源:Daniel 等[35]。

8.5.3　视频抽象

不同于视频摘要,视频抽象注重将视频信息映射为可视化元素,其中,视频信息主要指代视频中重要的信息,而不是原始的视频图像。视频流往往包含了很多信息,如发生的一些事件或一些物体的位移。视频抽象包括语义抽取和语音信息可视化两步。视频抽象方法可以分为视频嵌入可视化、视频图标和视频语义。

视频嵌入可视化的一种思路是将视频流转化成一个向量,并且以线性或非线性形式组织起来,以便帮助观察者快速有效地理解视频流中宏观的结构信息和变化趋势。视频嵌入可视化的另一种思路是直接将视频的每一帧看成高维空间中的一个点,并采用投算法,将其嵌入低维空间,然后顺序连接低维空间中的点,形成一条线性轨迹,如图 8-12 所示,图(a)是将鸟类飞翔视频投影成点,并将它们连接成线,图(b)是对视频的概要可视化展示,体现了鸟类的两种飞翔模式。

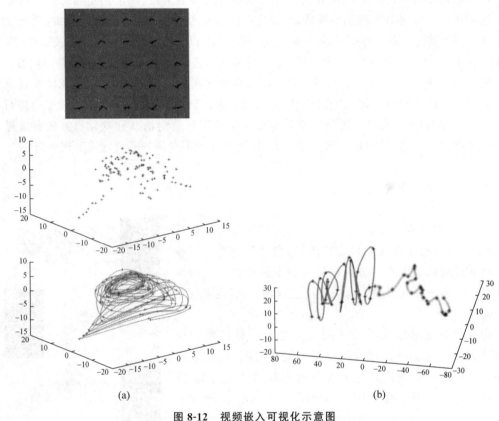

图 8-12　视频嵌入可视化示意图

(a) 鸟类飞翔视频投影成点并连接成线;(b) 对视频的概要可视化展示

资料来源:Pless[36]。

视频图标是指对视频的内容或特征采用某种变换形成的简化可视表述,从而实现以较少的信息量来传达视频中蕴含的特征模式。视频图标包括视频条形码和视频指纹。视频条形码本质上是起到了降维作用,它是将视频的每一帧展开为沿纵轴排列的彩色线条,并以时间轴为横轴依次排列这些彩色线条,形成一个长方形的彩色条形码。视频指纹是从每个视频片段中提取那些出现频率最高的若干种颜色,并且按照时间顺序将片段排练成圆环形式。然后根据从视频中提取的人物和场景移动的频率及幅度来变换圆环中各个场景片段的位置,从而生动地呈现视频的色调和运动规律。

视频语义是指从视频中抽取出具有语义的属性或关键性事件,如道路监控视频中的车辆抛锚、交通事故等事件,然后将这些关键信息以可视化的形式呈现。这种方法也有一些应用的实际案例。例如,警报可视化(alert visualization,AlVis)系统[37],如图 8-13 所示。它是一个增强隧道视频监控系统的时态感知能力的可视化系统。可以利用 AlVis 系统首先从视频监控中抽取出交通事件,再通过可视化的方式来展示隧道中发生的事件。

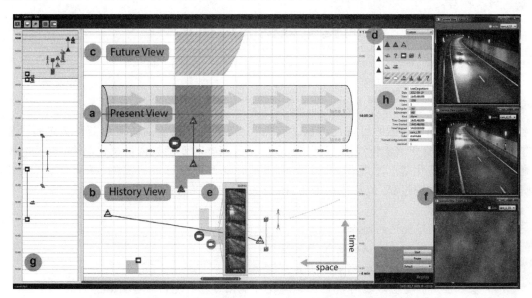

图 8-13　视频语义可视化案例:AlVis 系统对隧道通行状况的实时监控

资料来源:Piringer 等[37]。

即测即练

思考题

1. 多媒体数据的类型有哪些?
2. 什么是多媒体数据可视化?
3. 简要阐述音频数据的特征。
4. 图像特征提取时主要对哪些全局特征进行提取?
5. 视频数据可视化方法有哪些?

第 9 章
时变型数据的可视化

本章介绍时变型数据的可视化方法。首先,分别对时变型数据的概念与种类进行了基本介绍;其次,主要介绍了折线图、面积图、日历图等基本时变型数据可视化图表;然后针对流数据给出其可视化基本原理和方法;最后通过时变型数据可视化案例,详细介绍了时变型数据可视化的实现过程,包括数据准备、图表选择、呈现及解读。

本章学习目标

(1) 掌握时变型数据的概念;

(2) 掌握时变型数据可视化常用图表类型;

(3) 了解时变型数据可视化主要工具;

(4) 基本应用时变型数据可视化工具实现可视化目标(Excel 和 Python)。

9.1 时变型数据可视化基本概念

随时间变化、带有时间属性的数据称为时变型数据,如各种传感器设备获取的监测数据、股市股票交易数据、股票价格变动、太阳黑子随时间的变化数据等。时间序列型图表强调数据随时间的变化规律或者趋势,X 轴一般为时序数据,Y 轴一般为数值型数据。时间序列数据可视化常见图表包括折线图[图 9-1(a)]、面积图[图 9-1(b)]、柱形图[图 9-1(c)]、雷达图[图 9-1(d)]、日历图等。其中,折线图是用来显示时间序列趋势的标准方式,非常适合显示在相等时间间隔下的数据趋势。

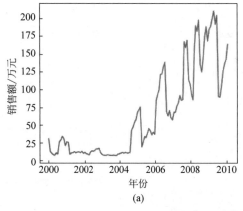

(a)

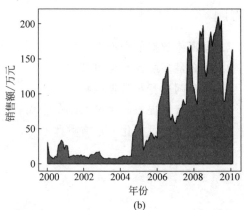

(b)

图 9-1　时变型数据可视化图表

(a) 折线图;(b) 面积图;(c) 柱形图;(d) 雷达图

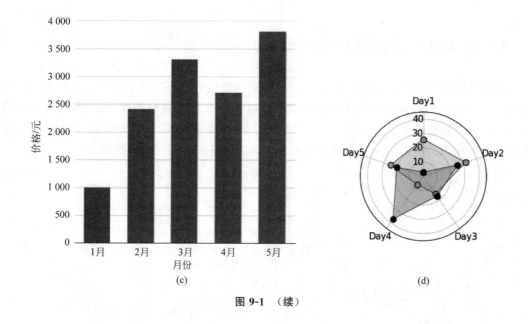

图 9-1 （续）

9.1.1 时变型数据可视化设计维度

时变型数据的可视化设计涉及三个维度[38]，即表达（representation）、比例尺（scale）和布局（layout），如图 9-2 所示。表达维度决定如何将时间信息映射到二维平面，可选的映射方式包括线性（linear）、径向（radial）、表格（grid）、螺旋形（spiral）和随机（arbitrary）等。比例尺维度可以决定以怎样的比例将时序数据映射为可视化图形，如生物钟（chronological）、线性比例尺（sequential）等。布局这一维度将决定以怎样的布局方式对时序数据进行排布，如单一或多时间线等。通过这三个维度的不同组合，就可以得到不同的时间数据可视化结果。

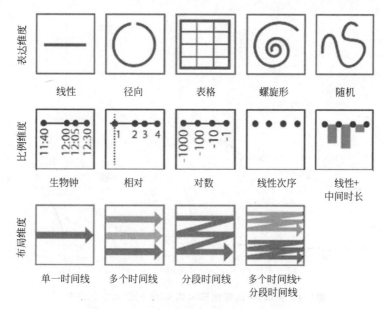

图 9-2 时变型数据可视化的三个维度

9.1.2 单个时间序列和多个时间序列

从数据集包含的时间序列数量进行分类,时变型数据可以分为单个时间序列和多个时间序列。单个时间序列,即数据集或可视化需求只包括一组时间-属性数据,如某商场服装系列 2000—2010 年的销售量变化[图 9-3(a)]。多个时间数列则表示存在多组时间-属性数据,如某商场服装和电子产品系列 2000—2010 年的销售量变化需要展示在一个图中[图 9-3(b)]。

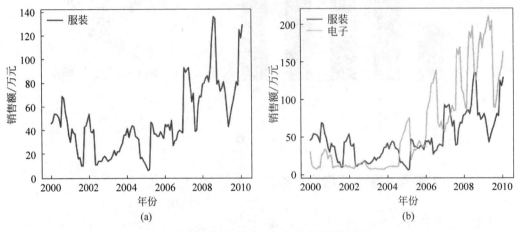

图 9-3 单个时间序列和多个时间序列折线图

(a)单个时间序列;(b)多个时间序列

另外,对于多个时间序列可视化分析,动画形式的可视化可以诠释某些动态事物的过程,有助于用户以可视的形式了解整个时间过程,如 Gapminder 软件用动态可视化展示各国经济的发展历程。图 9-4 展示的是美国、中国等国家人均 GDP 的动态变化情况,本图展示的是其中的一帧。

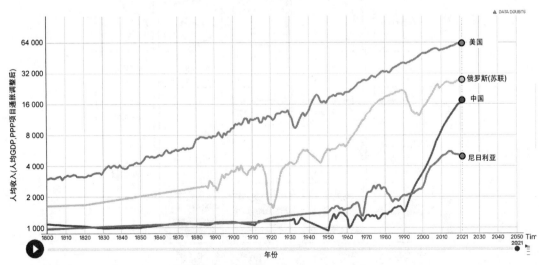

图 9-4 美国、中国等国家人均 GDP 的动态变化情况

资料来源:https://www.gapminder.org/tools/。

9.1.3　多个响应变量时间序列

在前面的例子中,我们只处理了一个响应变量的时间序列(如商场销售额或国家人均 GDP)。不过,有多个响应变量的情况也不少见。宏观经济学领域就经常出现这种情况,如石油消耗量与石油价格之间的关系随时间的变化趋势等。

利用折线图等工具,可以把这些数据可视化为两个单独的折线图,上下叠放在一起。这个图可以直接显示我们关注的两个变量,很容易理解。不过,由于两个变量显示为两个单独的折线图,对它们进行比较会很麻烦,如果我们想确定哪些时间段内这两个变量同向或反向变化,就必须在这两个图之间来回切换,比较这两条曲线的相对斜率。一种替代做法是对这两个变量的相互关系作图,画出从最早时间点到最晚时间点的一条路径。这种可视化方法称为连通散点图,因为从技术来讲,我们会画出两个变量相互关系的一个散点图,然后连接相邻的点。

在连通散点图中,从左下角到右上角的线表示两个变量正相关(随着一个变量的增加,另一个变量也增加),而与之正交的线(即从左上角到右下角)表示负相关(一个变量增加时,另一个变量减少)。如果两个变量有某种循环关系,连通散点图中就会看到圆或螺旋曲线。绘制连通散点图时,有一点很重要,我们要指出数据的方向和时间范围。如果没有这些提示,这个图可能会变成毫无意义的涂鸦。可以通过颜色逐渐加深表示方向,也可以沿路径画上箭头指示方向。

如图 9-5 所示,Oil's Roller Coaster Ride 使用连通散点图描绘了 1960—2000 年的世界石油消耗量(横轴)与石油价格(纵轴)之间的关系随时间的变化情况。从图中可以看出,前

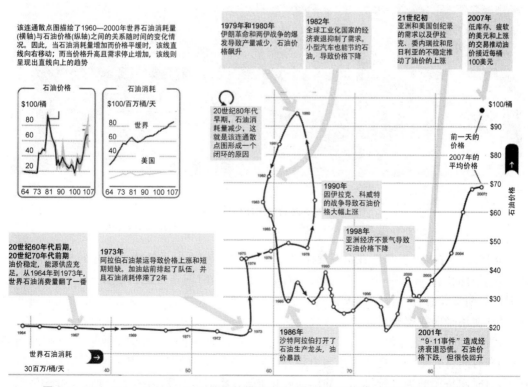

图 9-5　Oil's Roller Coaster Ride 使用的描述石油消耗和石油价格之间关系的连通散点图

期石油价格以及消耗都相对平稳,而在 1990 年,伊拉克、科威特的战争导致石油价格大幅上涨,20 世纪 80 年代早期,石油消耗的突然减少导致连通散点图形成了一个闭环圆圈[39]。

9.2 时变型数据可视化种类

如果将时间属性当成时间轴变量,那么每个数据实例是轴上某个变量值对应的单个事件。对时间属性的刻画有三种方式:线性时间和周期时间,时间点和时间间隔,顺序时间、分支时间和多角度时间。

9.2.1 线性时间和周期时间

线性时间是通过一个出发点展现从过去到将来数据的线性时间域。线性时间通常代表一段连续的时间,它由两个或多个时间点组成,小到几秒大到几年等,连续的时间包含了比时间点更多的信息。针对线性时间,一般的可视化方法是将数据绘制成折线图,横坐标表示时间,纵坐标表示其他变量。图 9-6(a)为标准的一维时间序列图,x 轴表达线性时间、时间点或时间间隔,y 轴表示该时间域内的特征属性。标准的线性时间单轴序列图可以表现出数据元素在线性时间域中的变化,却难以表达出时间的周期性。对于线性时间,在表达维度上最常用的就是线性映射方式。

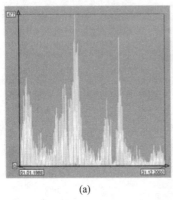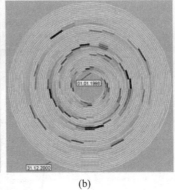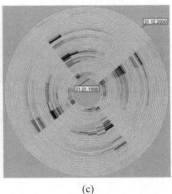

(a)   (b)   (c)

图 9-6 线性时间和周期时间可视化[40]

(a) 一维时间序列图;(b) 周期时间可视化(27 天);(c) 周期时间可视化(28 天)

自然界的许多过程都具有循环规律,如季节的循环等。为了呈现出这样的现象,可以使用循环的时间域。在每一个严格的循环时间域中,不同时间点之间的顺序相对于一个完整的时间周期毫无意义。比如冬天在夏天之后来临,但夏天之后仍旧会有冬天。对于周期时间,经常使用径向或螺旋形的映射方式。

线性时间可视化虽然可以很好地表达数据在时间域中的变化,却很难表达时间的周期性,周期时间可视化是挖掘时序数据中隐含周期性规律的有效方法,其通常采取循环的时间视图,将时间按照圆周进行排列。如图 9-6(b)所示,将时间序列沿圆周排列,采用螺旋图的方法布局时间轴,一个回路则代表一个完整周期。在这种周期时间可视化时,选择正确的周期很重要。正确的排列周期可以展现出数据集正确的周期性特征。如对比图 9-6(b)和图 9-6(c),将周期从 27 天改为 28 天,可以明显看出,后者表达的周期特征更明显,该数据集展现出了以 7 天的整数倍作为周期的特征。

另外,为了体现时变型数据的周期结构,也可以采用环状结构表示。图 9-7 展示了被试者从 2004 年 8 月至 2005 年 3 月一周内每天的电话累计次数。以一周为一个周期,每个环包含 7 个楔子,代表一周中的 7 天。在可视化中,楔形是逆时针排列的,起点由一个较长的尖峰标记。研究对象 29、57 和 86 的通话频率高于其他的研究对象(如 62 号)。楔子的大小可以表示在用户指定的周期循环时间内活动的累计发生情况,如每个周六。另外,从图 9-7 可以看出,一周的周期内,周六和周日的电话频率远大于工作日。

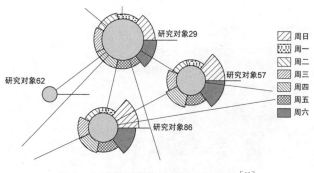

图 9-7　时变型数据环状时间可视化[41]

9.2.2　时间点和时间间隔

时间点,顾名思义就是将时间具体到某一个小时、某一分、某一秒,它不是连续的。离散时间点将时间描述为可与离散的欧拉空间点相对等的抽象概念。单个时间点没有持续的概念。间隔时间表示某一小范围内的线性时间域,如一小时、一星期、一个月等。在这种情况下,时间数据属性代表的就是整个持续时间段,被两个时间点分隔。时间点和时间间隔都被称为时间基元。对时间点以及时间段进行可视化的方法有日历时间可视化方法。时间属性可以和人类日历相对应,因此利用日历可视化来表达时间属性最符合人类对事件的认知,从日历视图可以观察以年、月、日、时为单位的变化趋势,并发现时间序列中蕴含的信息。对于日历时间的可视化,在表达维度上一般采用表格映射的方式对时间轴进行处理。

图 9-8 描绘了被试者工作状态随时间的变化情况。这个例子清晰地揭示了不同时间维度(每天和每周)被试人数的变化情况。如图 9-8(a)所示,在日视图中,纵轴表示一天中的小时数,最普遍的工作时间是上午 11 点到晚上 7 点。图 9-8(b)为周视图,纵轴表示一周中的天数,揭示了每周的工作模式,可以看出周末为周期性休息的时间。另外,从(a)、(b)两个图均可以看出,在每年的基础上,感恩节(11 月底)和圣诞节(12 月底)为一年中的大假期。

9.2.3　顺序时间、分支时间和多角度时间

这一类的主要可视化目标是一些根据时间顺序发生的事件。对分支时间、多股时间进

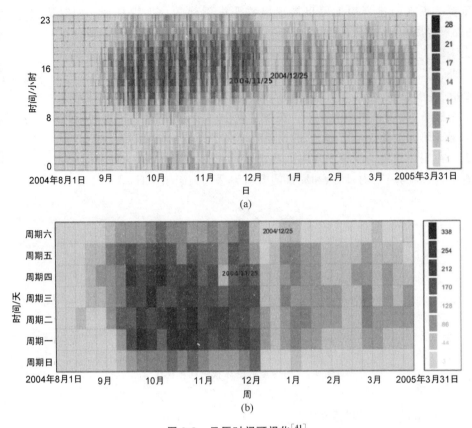

图 9-8　日历时间可视化[41]

（a）日视图；（b）周视图

行分支展开,有益于用来描述和比较有选择性的技术方案,如项目规划等。而多角度时间可以用来描述多个被观察事实的不同观点,如不同目击者的报告等。常用的顺序数据可视化视图主要有传统统计图、热力图和日历图三种。

　　传统统计图包括折线图、柱状条形图等,这种可视化视图简单易懂、清晰直观,实现起来也相对简单,多用于对连续时间的线性表达,表达某一段时间内的变化模式。

　　热力图是时间序列数据进行聚类分析的有效方法,通常与地理空间数据可视化相结合对数据进行可视化。如图 9-9 所示,基于大规模的出租车轨迹数据提出了一种管理和可视化出租车的新方法,其中,查询轨迹对时序数据以热力图的方式进行展示,如特定两条街道(文汇路和学院路)被突出显示等。热力图表示了平均速度,通过热力图,可以快速发现交通拥堵时段与地点[42]。

　　日历图主要采用表格映射的方式对时间轴进行处理,将日、周、月、年等不同时间的定量值用颜色标记在日历上,结合人类对日历的认知,使读者们更快捷地找到某些与日历有关系的定量规律,日历图的示例详见 9.3.3 节。

9.2.4　流数据可视化

　　流数据是一种特殊的时变数据,该数据由一个及以上"连续数据流"构成,输入数据(全

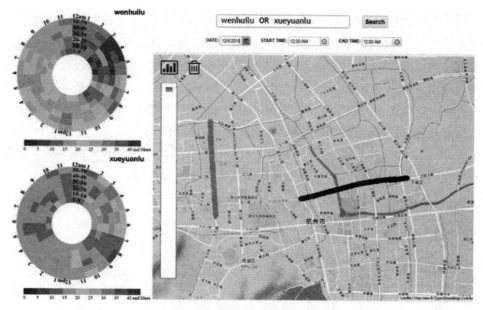

图 9-9　道路交通情况时间序列热力图

部或部分)并不存储在可随机访问的磁盘或内存中。常见的流数据包括日志数据(如移动通信日志等)、网络数据(传输数据包、警报等)、金融数据(股票市场)、社交网络数据等。近年来,流数据在移动互联网领域广泛产生,流数据的可视化和分析也受到了广泛关注[43]。

流数据处理与传统的数据池处理方法相比,有以下特点。

(1) 流数据的潜在大小也许是无限的。

(2) 数据元素在线到达,需要实时处理,否则数据的价值随时间的流逝可能降低。

(3) 无法控制数据元素到达的顺序和数量,每次流入的数据顺序可能不一致,数量时多时少。

(4) 某个元素被处理后,要么被丢弃,要么被归档存储。

(5) 对于流数据,查询异常情况和相似类型比较耗时,人工检测日志相当乏味且易出错。

1. 流数据可视化模型

流数据处理并没有一个固定模型,通常按处理目的和方法的不同(如聚类、检索、监控等)会有不同的模型。Rajaraman 提出的流数据可视化模型如图 9-10 所示。将不同的处理

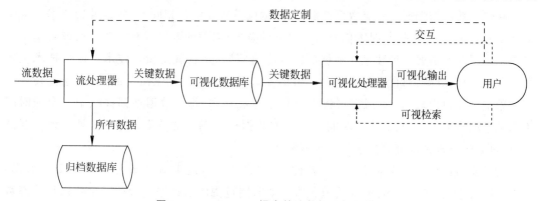

图 9-10　Rajaraman 提出的流数据可视化模型

方法封装在名为流处理器的黑匣子里,综合可视化的过程得到了一个流数据处理模型。流数据进入流处理器,经过整理后大部分原始数据保存在归档数据库中,另一部分关键数据保存在可视化数据库中,关键数据进入可视化处理器,经过一系列可视化过程后呈现给用户的是可视化输出。用户交互则包含以下三个部分:①对可视布局的基本交互。②对输出内容的可视检索。③自定义的数据定制。值得注意的是,用户对数据的定制只对定制时间之后的流数据有效,这也是流数据的特性,只在数据到达的时刻被处理。

另外,流数据分析流程图如图 9-11 所示。到达的数据流通过时间分割、聚合(聚类)、空间分割等方法进行摘要统计,形成一个统计模型或者分析模型。

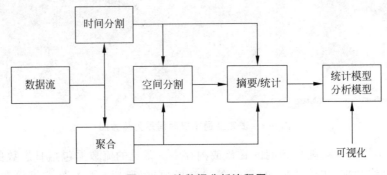

图 9-11　流数据分析流程图

2. 流数据处理技术

流数据挖掘的算法种类众多,包括:分类、聚类、频繁模式挖掘、降维等传统数据挖掘算法在流数据中的改进算法,大数据相关的统计方法、采样算法和哈希算法,以及滑动窗口、数据预测等流数据特有的算法[44]。本书重点介绍窗口技术、时序数据相似性技术和符号技术。窗口技术是时序数据特有的技术,包括滑动窗口(sliding window)[45]、衰减窗口(decaying window)[46]和时间盒(timebox)[47],给予不同时间段数据不同的权重,让最近的数据发挥更大的效用。相似性计算是时序数据聚类、分类、检索、降维以及异常检测的基础。时序数据相似性技术分为四类:基于形状的相似度、基于特征的相似度、基于模型的相似度和基于压缩的相似度。符号技术则是将时序数据转化到另一个维度。

在传统数据挖掘或一些流数据挖掘中,数据的重要程度是相同的,数据处理技术在整个数据集汇总进行。但是,有时人们更关心最近的数据,以前的数据只有参考价值或者基本可以忽略。因此就需要一种技术在数据的时间上进行限定,这就是窗口技术。窗口技术主要分为滑动窗口、衰减窗口、时间盒三种。滑动窗口是指在时间轴上滑动的窗口,挖掘技术的对象限定为窗口内数据;衰减窗口将历史数据考虑在内,每个数据项都被赋予一个随时间不断减小的衰减因子,从而达到时间越久远的数据权重越低的效果;时间盒是一种交互技术,通过时间盒框选部分数据进行联合搜索。

滑动窗口的设计假设数据带有时效性,用户只关心最近 1 周、1 天、1 个小时等的数据,随着时间流逝,窗口向前滑动,始终只包含有效时间范围内的数据。滑动窗口数据与静态数据的区别是,滑动窗口每向前推进一个时间单元(如 1 分钟),只需要增加最近 1 分钟的数据,删除最久远的 1 分钟的数据。衰减窗口在衰减模型下考虑数据流的分类、聚类、降维等计算。一般衰减模型在每个数据上乘以一个衰减系数。历史数据的权重呈指数减小,显然新的数据相对于历史数据更能影响算法结果。

由于数据流实时在线处理的需要,严格的时间限制和空间限制导致精确的数据流算法比较少见。如果按静态数据算法对滑动窗口进行分类、聚类、降维等计算,则需要在每次更新数据时重新获取数据、存储并执行算法。如此巨大的处理代价和存储开销,难以满足流数据的实时要求。因此,大多数算法只能以降低计算结果的精度为代价,从而达到降低算法时空复杂度的目的,实现流数据的实时处理。

对于流数据,不管是分类、聚类、降维还是有效检索,相似性计算都是非常重要的。对于两个时序数据 A:1,1,1,10,2,3 和 B:1,1,1,2,10,3,要测量序列的距离,也就是计算两个序列的相似性,通常采用欧式距离。然而这两个看起来很相似的序列的欧式距离却非常大。为了解决这个问题,人们提出了动态时间扭曲的方法,采用扭曲的序列对齐方式计算两个序列的距离。这一方法在机器学习,尤其是语音识别和签名识别上得到广泛应用。

符号累计近似(symbolic aggregate approximation,SAX)是一种针对时序数据的符号表达。数据经过 SAX 表达转换后可以再用时序数据相似性算法快速得到其相似性。简单来说,SAX 经过两次离散化将时序数据近似转化为字符串,所有时序数据的聚类、检索等操作都转化为字符串操作,并借助后缀树的数据结构和相关算法加速字符串操作。

3. 流数据可视化案例

流数据可视化按功能可以分为两种可视化类型:一种是监控型,用滑动窗口固定一个时间区间,把流数据转化为动态数据,数据更新方式可以是刷新,属于局部分析;另一种是叠加型,或者是历史型,把新产生的数据可视映射到原来的历史数据可视化结果上,更新方式是渐进式更新,属于全局分析。

流数据可视化最常用的领域有系统日志监控流数据。系统日志数据反映了一台机器、一个计算集群的系统性能,是商业智能和高性能计算中的重要数据。在工业界已经有诸多系统日志监控工具。这些工具在系统底层插入脚本获取性能数据,再用基本的条形图、折线图等统计图形和信息检索工具得到系统性能的概要分析。

LiveRAC[48]是一个交互式系统管理可视化工具,支持对大量的系统性能管理时间序列数据的分析。LiveRAC 使用可重排序的矩阵表达设备及其性能之间的关系,每个关系用折线图表示,整个矩阵是一个高信息密度的监控界面,用户可以按照自己的兴趣自由地进行语义缩放。LiveRAC 表达多层次的信息细节,允许任意分组,以及设备和性能的可视比较。矩阵的每个区块都用颜色表达该区块所对应设备的对应性能的均值,通过重排序可以看出设备间的性能分布关系。图 9-12 展示了一天的系统性能管理时序数据,LiveRAC 系统对超过 4 000 台设备 11 个性能进行监控,每一行是一台设备,每一列是一个性能属性,包括 CPU(中央处理器)、内存等属性。其中,前 3 台设备展开可以看到详细的性能值浮动及最大值,其他行缩略显示。每个折线图中的时间标线标记图中的异常值,时间标线的纵向比较同样可以反映异常在不同设备中的时延,从而表达不同设备的依赖关系。

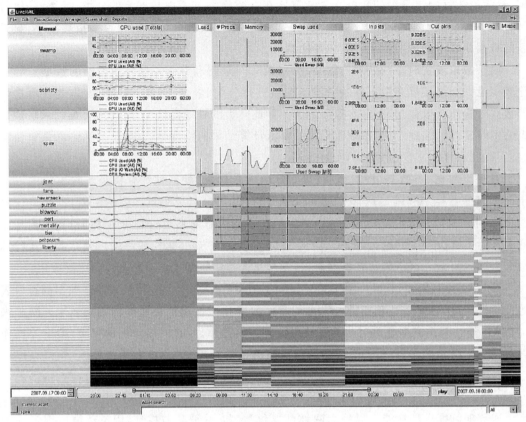

图 9-12　流数据可视化案例

9.3　时变型数据可视化图表

9.3.1　折线图

折线图用于在连续间隔或时间跨度上显示定量数值,最常用来显示趋势和关系(与其他折线组合起来)。此外,折线图也能给出某时间段内的整体概览,观察数据在这段时间内的发展情况。折线图是展示时间趋势最常用的可视化图形。要绘制折线图,先在笛卡儿坐标系上定出数据点,一般将时间作为横轴,某个特征作为纵轴,把数据点连在一起就形成了折线图。散点越多,折线就越平滑地趋近于曲线,就能更贴切地反映连续型变量随时间变化的规律。

在折线图中,X 轴包括类别型或序数型变量,分别对应文本坐标轴和序数坐标轴(如日期坐标轴)两种类型;Y 轴为数值型变量。折线图主要应用于时间序列数据的可视化。图 9-13 为某品牌 2020 年 6—7 月每月的销售额折线图,从图中可以清晰地看出每月销售额随时间的变化和趋势。在基本折线图的基础上,可以使用颜色等属性突出表示随时间变化的重点。如随 Y 轴渐变,则可以突出销售额最高点的情况;如随 X 轴渐变,则可以突出最近时间的销售额情况。

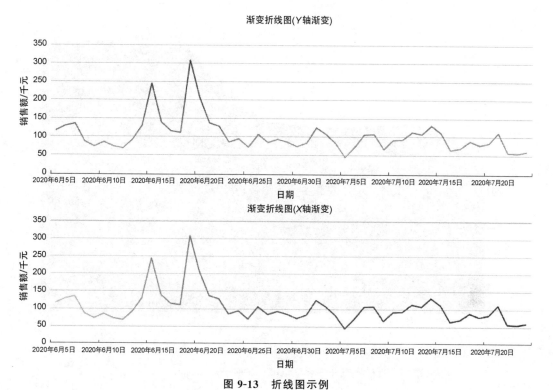

图 9-13 折线图示例

资料来源：https://echarts.apache.org/examples。

在折线图系列中,标准的折线图和带数据标记的折线图可以很好地可视化数据。因为图表的三维透视效果很容易让读者误解数据,所以不推荐使用三维折线图。另外,堆积折线图和百分比堆积折线图等推荐使用相应的面积图,如堆积折线图的数据可以使用堆积面积图绘制,展示的效果将会更加清晰和美观。

9.3.2 面积图

面积图又叫作区域图,是在折线图的基础上形成的。当折线图进一步往坐标轴投影就成了面积图,其本质其实跟折线图没区别,只是看起来更饱满。它将折线图中折线与自变量坐标轴之间的区域使用颜色或纹理填充(填充区域称为“面积”),这样可以更好地突出趋势信息,同时让图表更加美观。与折线图一样,面积图可显示某时间内量化数值的变化和发展,最常用来显示趋势,而非具体数值,如图 9-14 所示。

多数据系列面积图如果使用得当,则效果可以比多数据系列的折线图美观很多。需要注意的是,颜色要带有一定的透明度,透明度可以很好地帮助使用者观察不同数据系列之间的重叠关系,避免数据系列之间的遮挡。但是,数据系列最好不要超过 3 个,不然图标看起来会比较混乱,反而不利于数据信息的准确和美观表达。当数据系列较多时,建议使用折线图、分面面积图或峰峦图展示数据。

堆积面积图的原理与多数据系列面积图相同,但它能同时显示多个数据系列,每个系列的开始点是先前数据系列的结束点。堆积面积图上最大的面积代表了数据量的总和,是一

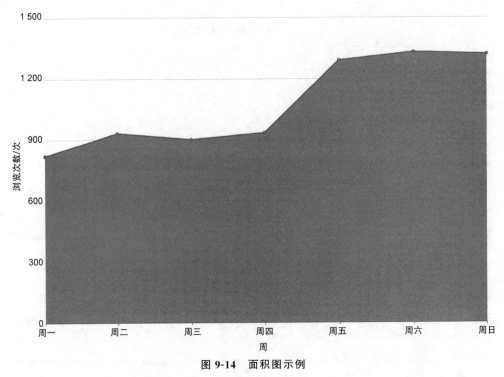

图 9-14　面积图示例

资料来源：https://echarts.apache.org/examples。

个整体。各个堆积起来的面积表示各个数据量的大小，这些堆积起来的面积图在表现大数据的总量分量的变化情况时格外有用，所以堆积面积图不适用于表示带有负值的数据集。总的来说，它们适合用来比较同一间隔内多个变量的变化。图 9-15 所示为某品牌一周的广告投放所吸引到的流量，其中，通过搜索引擎方式进行的广告投放所吸引的关注最多。

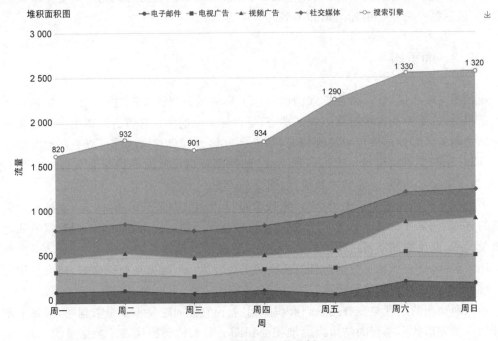

图 9-15　堆积面积图示例

资料来源：https://echarts.apache.org/examples。

在堆积面积图的基础上,将各个面积的因变量的数据使用加和后的总量进行归一化就形成了百分比堆积面积图,图 9-16 为同一组数据使用堆积面积图和百分比堆积面积图的对比。百分比堆积面积图并不能反映总量的变化,但是可以清晰地反映每个数值所占百分比随时间或类别变化的趋势线,对于分析各个指标分量占比极为有用。堆积面积图侧重于表现不同时间段(数据区间)的多个分类累加值之间的趋势。百分比堆积面积图表现不同时间段(数据区间)的多个分类占比的变化趋势。

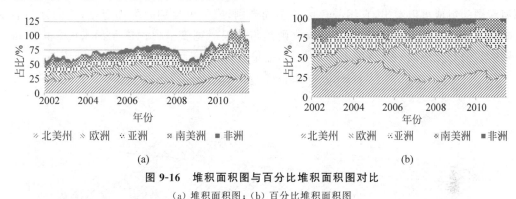

(a)   (b)

图 9-16 堆积面积图与百分比堆积面积图对比

(a) 堆积面积图;(b) 百分比堆积面积图

9.3.3 日历图

日历图也是常见的反映时间趋势的可视化方法。它将不同时间的定量值用颜色标记在日历上,这样我们很容易找到某些与日历有关系的定量规律。日历作为可视化工具,适用于显示不同时间段,以及活动事件的组织情况。时间段通常以不同单位显示,如日、周、月和年等。日历图的数据结构一般为日期(date)、数值(value),将数值按照日期在日历上展示,颜色由浅到深表示数值越来越大,如图 9-17 所示。日历图的重点在于观察出与日历有关系的定量记录,而非具体的属性数值。

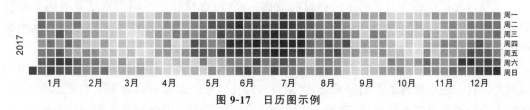

图 9-17 日历图示例

9.3.4 主题河流图

主题河流图,有时候也被称为量化波形图(stream graph)或者河流图,是堆积面积图的一种变形,通过“流动”的形状来展示不同类别的数据随时间的变化情况。但是不同于堆积面积图,主题河流图并不是将数据描绘在一个固定的、笔直的轴上(堆积图的基准线就是 X 轴),而是将数据分散到一个变化的中心基准线上(该基准线不一定是笔直的)。通过使用流动的有机形状,主题河流图可以显示不同类别的数据随着时间的变化,这些有机形状有点像河流,因此主题河流图看起来相当美观。

如果多个类别的定量关系可以累积,而我们比较关心某个类别占总体的比例,这时候折线图就不合适了。例如,我们关心不同产品的销量占总销量的比例随时间变化的趋势。这时候则推荐使用主题河流图。主题河流图把多个类别随时间的变化数据堆叠起来,表示随时间变化的趋势。每个类别的数据使用支流的宽度表示,这时候我们就可以很清楚地把握局部占总体的比例随时间变化的规律了。

图 9-18 所示为我国华东等几大区域 2010—2019 年的地区生产总值主题河流图。由主题河流图的组成可以看出,它用颜色区分不同类别,或每个类别的附加定量,流向则与表示时间的 X 轴平行。每个类别的对应数值则是与波浪的宽度呈比例展示出来的。由于每个类别的数值变化形同一条宽度不一的小河,汇集、扭结在一起,因此而得名为河流图。

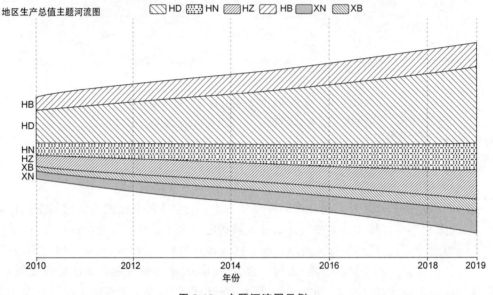

图 9-18 主题河流图示例

主题河流图很适合用来显示大容量的数据集,以便查找各种不同类别随着时间推移的趋势和模式。比如,波浪形状中的季节性峰值和谷值可以代表周期性模式。主题河流图也可以用来显示大量资产在一段时间内的波动率。

主题河流图的缺点在于它们存在可读性的问题,当显示大型数据集时,这类图就显得特别混乱。具有较小数值的类别经常会被“淹没”,以让出空间来显示具有更大数值的类别,使我们不能看到所有数据。此外,我们也不可能读取到主题河流图中所显示的精确数值。

因此,主题河流图还是比较适合不想花太多时间深入解读图表和探索数据的人,它适合用来显示一般表面的数据趋势。需要注意的是,除非使用交互技术,否则主题河流图无法精准地表达数据。但不可否认的是,在面对巨大数据量且数值波动幅度大的情况下,主题河流图拥有优雅的视觉结构,能很好地吸引读者的注意力,同时凸显变化大的数据。

9.3.5　K 线图

在金融市场上,人们经常使用一种可视化图形来反映股票或其他投资产品的价格走势,这就是 K 线图,也称为蜡烛图或阴阳线图表。通过 K 线图,我们能够把每日或某一周期的市况表现完全记录下来,股价经过一段时间的盘档后,在图上即形成一种特殊区域或形态,不同的形态显示出不同意义。在 K 线图中,统计周期内开盘价与收盘价的差用柱体表示,成为实体。其间价格波动若突破实体区间,最大突破价差用竖线表示。向上突破的称为上影线,向下突破的称为下影线。收盘价高于开盘价的称为阳线,收盘价低于开盘价的称为阴线。阳线和阴线以不同颜色加以区分,如图 9-19 所示。

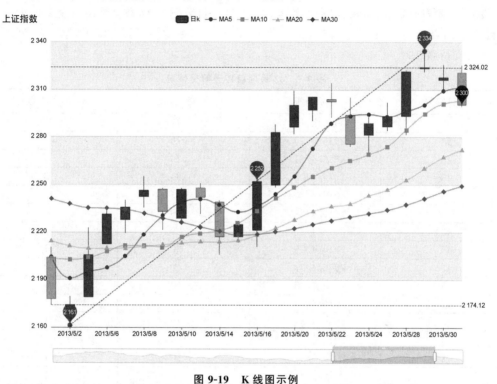

图 9-19　K 线图示例

资料来源:https://echarts.apache.org/examples。

9.4　时变型数据可视化案例:众筹项目筹资情况随时间变化趋势

9.4.1　案例背景

众筹是指通过互联网平台,以捐赠或获得回报物为形式,实现特定目标的融资方式。近年来众筹市场快速发展,市场研究机构 Research and Market 的报告显示,2021 年全球众筹市场的价值为 175.1 亿美元,预计到 2028 年达到 429.3 亿美元,预测期间(2022—2028 年)的年复合增长率为 16.40%。与快速发展的众筹市场相比,众筹项目的成功率却一直不高。因此,对于项目发起人来说,分析项目在项目筹资不同阶段的筹资情况很重要,这可以明确项目筹资的低迷期和高峰期,从而在不同阶段采取不同措施,帮助项目筹资成功,因此可以通过可视化图表更直观地展示在筹资过程中筹资额随时间变化的情况。

9.4.2　数据收集和整理

主流众筹网站包括摩点众筹、追梦网、京东众筹等国内众筹平台以及 Indiegogo 和 Kickstarter 等国外众筹平台。本案例选取国内某众筹网站数据,采用 Python 网络爬虫的方式获取数据,并按照项目-天的数据结构整理成面板数据。其主要数据包括项目编号、项目名称、发起人、筹资日期、筹资额、出资人数等,以 43 号项目数据为例,数据结构如表 9-1 所示。该项目从 2016 年 4 月 19 日开始筹资,2016 年 5 月 19 日结束筹资,历时 31 天,累计筹资 15 565 元,累计支持者 199 人。

表 9-1　43 号项目每天筹资情况

项目编号	筹资日期	筹资额/元	出资人数
43	2016/4/19	5 017	99
43	2016/4/20	2 070	40
43	2016/4/21	620	4
43	2016/4/22	30	3
43	2016/4/23	401	14
43	2016/4/24	0	0
43	2016/4/25	0	0
43	2016/4/26	20	1
43	2016/4/27	0	0
43	2016/4/28	0	0
43	2016/4/29	0	0
43	2016/4/30	10	1
43	2016/5/1	100	1
43	2016/5/2	10	1
43	2016/5/3	0	0
43	2016/5/4	10	1
43	2016/5/5	110	2
43	2016/5/6	0	0
43	2016/5/7	0	0
43	2016/5/8	0	0
43	2016/5/9	0	0
43	2016/5/10	0	0
43	2016/5/11	0	0
43	2016/5/12	0	0
43	2016/5/13	0	0
43	2016/5/14	280	11
43	2016/5/15	221	10
43	2016/5/16	50	1
43	2016/5/17	6 081	5
43	2016/5/18	535	5
43	2016/5/19	0	0

9.4.3　可视化图表选择及呈现

鉴于众筹项目筹资额和出资者数量是典型的时序型数据,因此考虑采用线性时间可视化来体现数据的时间属性,了解数据的基本特点,更直观地展示数据特征。针对众筹项目筹资额和出资者数量的时间连续性,选择了折线图。其中,横坐标代表以天为单位的时间属性,纵坐标则代表了众筹项目的筹资额和出资人数等众筹项目筹资绩效指标。从筹资额和出资人数随时间变化情况(图 9-20 和图 9-21)可以看出,项目在筹资前期和筹资后期均表现出了较好的筹资绩效,而在筹资中期呈现低迷状态,发起人在注意到这种分布规律之后,应该在项目筹资中期采取相关措施,如分享项目至社交媒体、在众筹平台主页推荐项目等方式为项目宣传引流,以帮助项目获得更高的筹资额。

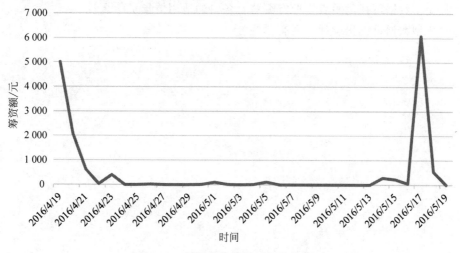

图 9-20　项目筹资额随时间变化情况

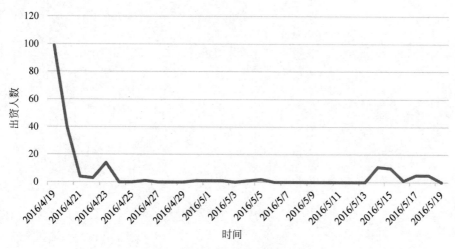

图 9-21　项目出资人数随时间变化情况

即测即练

思考题

1. 什么是时变型数据？
2. 时变型数据可分为哪几种？
3. 时变型数据可视化图表类型有哪些？各自的适用情景是什么？
4. 时变型数据可视化设计维度有哪些？

第 10 章
空间型数据的可视化

本章介绍空间型数据的可视化方法。首先从空间型数据开始,对空间型数据概念进行阐述,并介绍了空间地图和投影的基本原理。然后介绍空间型数据可视化种类以及各种类适用的可视化图表。从地图投影入手,对点、线、区域的空间型数据可视化方法进行阐明。最后,引入空间型数据可视化案例,介绍可视化的完整流程和图表呈现及解读。

本章学习目标

(1) 了解空间型数据可视化概念;

(2) 掌握空间型数据可视化基本图表类型;

(3) 了解空间型数据可视化主要工具;

(4) 基本应用空间型数据可视化工具实现可视化目标(Python)。

10.1 空间型数据可视化概念

位置与地理特征主要反映数据在二维或三维坐标空间中的位置关系。地理空间型图表主要展示数据中的精确位置和地理分布规律。空间型数据是带有地理位置信息的数据,它所具有的数据属性跟地理区域有关。地理数据描述了一个对象在真实空间中的位置。理解空间数据对认知自我和外部世界非常重要。空间数据往往借助地图来展示,因为利用人们对地图的认知能力可以有效提高数据的可读性,并且方便区域间数据的比较。例如,中国人口普查数据,将数据分布到中国地图上,可以看出哪个地区人口稠密、哪个地区人口稀疏。空间数据可视化可以对大规模数据集的分布情况做一个快速的了解,同时结合统计分析可以分析数据特征。

10.1.1 地图和投影

空间数据是指定义在三维空间中,具有地理位置信息的数据。地理投影是尤为重要的关键技术。地图信息可视化最基础的步骤就是地图投影,即将不可展开的曲面上的地理坐标信息转换到二维平面,等价于曲面参数化,其实质是在两个面之间建立一一映射关系。每个地理坐标标识对象在地球上的位置,常用经度和纬度表示。其中,经度是指距离南北走向的本初子午线以东或者以西的度数,通常使用−180 和 180 分别表示西经 180°和东经 180°。

纬度是指与地球球心的连线和地球赤道面所成的线面角,通常使用 -90 和 90 分别表示南纬 $90°$ 和北纬 $90°$。无论是将地球视为球体还是将地球视为旋转椭球体,都必须变换其三维曲面以创建平面地图图幅。此数学变换通常称作地球投影。

通过地球投影将三维曲面变成二维坐标系中的坐标 (x,y) 的过程中必然产生曲面的误差与变形。通常按照变形的方式来分析,这个转换过程要具备如下三个特性。

(1)等角度:投影面上任何点的两个微分段组成的角度,投影前后保持不变。角度和形状保持正确的投影,也被称为正形投影。

(2)等面积:地图上任何图形面积经主比例尺寸放大后,与实际相应图形的面积大小保持不变。

(3)等距离:在标准的经纬线上无长度变形,即投影后任何点到投影所选中原点的距离保持不变。

在现有的地图投影方法中,没有一种投影方法可以同时满足以上三个特性。其一般按照两个标准进行分类:一是投影的变形性质;二是投影的构成方式。按照投影的变形性质,其可以分为等角投影、等积投影、任意投影。任意投影的其中一种方式为等距投影。等距投影即沿某一特定方向的距离,投影之后保持不变,沿该特定方向的长度之比等于 1。在实际应用中,常将经线绘制成直线,并保持沿经线方向的距离相等。面积和角度有些变形,多用于绘制交通图。通常是在沿经线方向上等距离,此时投影后经纬线正交。根据投影构成方式,其可以分为两类:几何投影和解析投影。几何投影是把椭球体上的经纬网直接或附加某种条件投影到几何承影面上,然后将几何面展开为平面而得到的一类投影,包括方位投影(azimuthal projection)、圆锥投影和圆柱投影。根据投影面与球面的位置关系的不同,又可将其划分为正轴投影、横轴投影、斜轴投影。解析投影是不借助几何面,直接用解析法得到经纬网的一种投影,主要包括伪方位投影、伪圆锥投影、伪圆柱投影、多圆锥投影。在实际应用中,应该根据不同的续期选择最符合目标的投影方法,其中最常见的有三种。

1. 墨卡托投影

墨卡托投影又称为正轴等角圆柱投影,是由荷兰地图制图学家墨卡托(G. Mercator)于 1969 年发明的。该方法用一个与地轴方向一致的圆柱切割地球,并按等角度条件,将地球的经纬网投影到圆柱面,将圆柱面展开平面后即获得墨卡托投影后的地图。如图 10-1(a)所示。在生成的二维视图中,经线均匀地映射成一组垂直的直线,纬线映射成一组平行的水平线。相邻纬线之间的距离由赤道向两级增大,在投影中每个点上任何方向的长度比均相等,即没有角度变形,但是面积变形明显。在基准纬线(赤道)上的对象保持原始面积,随着离基准线越来越远而变大。墨卡托投影中将经纬度 λ、φ 转换为坐标的公式为

$$x = \lambda - \lambda_0 \tag{10-1}$$

$$y = \ln\left(\tan\left(\frac{\pi}{4} + \frac{\varphi}{2}\right)\right) = \ln(\tan\varphi + \sec\varphi) \tag{10-2}$$

墨卡托投影是目前应用最广泛的地图投影方法之一,由于具备等角度特性,墨卡托投影常用于现在绝大多数的在线地图读物,包括谷歌地图、百度地图等。此投影的等角属性最适合用于赤道镀金地区,如印尼和太平洋部分地区等。

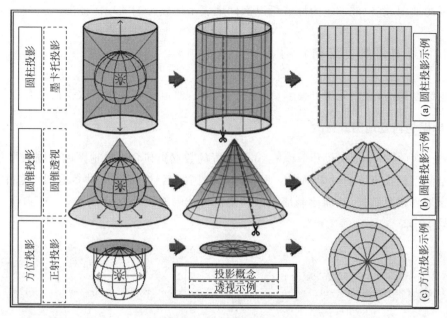

图 10-1 地图投影方法

资料来源：https://geoawesomeness.com/top-7-maps-ultimately-explain-map-projections/。

2. 阿伯斯投影

阿伯斯投影是一种正轴等面积割圆锥投影。是由德国人阿伯斯（A. C. Albers）于 1805 年提出的一种保持面积不变的正轴等积割圆锥投影。为了保持投影后面积不变，在投影时将经纬线长度做了相应的比例变化。如图 10-1（b）所示，具体的方法是，首先使用圆锥投影与地球球面相割于 2 条纬线上，然后按照等面积条件将地球的经纬网投影到圆锥面，将圆锥面展开就得到了阿伯斯投影。阿伯斯投影具备等面积特性，但是不具备等角度特性。阿伯斯投影中将经纬度 λ、φ 转换为坐标的公式为

$$x = \rho \sin \theta \tag{10-3}$$

$$y = \rho_0 - \rho \cos \theta \tag{10-4}$$

其中，$\theta = n(\lambda - \lambda_0)$，$\rho = \dfrac{\sqrt{C - 2n\sin \varphi}}{n}$，$\rho_0 = \dfrac{\sqrt{C - 2n\sin \varphi_0}}{n}$，$n = \dfrac{1}{2}(\sin \varphi_1 + \sin \varphi_2)$，$C = \cos^2 \varphi_1 + 2n\sin \varphi_2$。$\lambda_0$ 为基准的中央经线，φ_0 为坐标起始纬度，φ_1 和 φ_2 分别代表第一、第二标准纬线。在应用投影时，需要根据区域设定参数。

由于等面积特性，阿伯斯投影被广泛用于着重表现国家或者地区面积的地图绘制，也特别适合东西跨度较大的中低纬度地区，因为这些地区的变形相对较小，如中国和美国等。

3. 方位投影

方位投影属于等距投影的一种。如图 10-1（c）所示，地图上任何一点沿着经度线到投影中原点的距离保持不变。正因为如此，它也被用于导航地图。以选中的点作为原点生成的方位投影能非常准确地表示任何位置到该点的距离。这种投影方法也常常被用于表示地震

影响范围的地图,震中被设定为原点可以准确地表示地震影响的地区范围。

10.1.2　地理数据素材介绍

要想绘制地图,必须先想办法获得地图的数据。绘制地图常用的数据信息有以下三种。

1. 地图包内置地图素材

Python 中 Geopandas 包和 Basemap 包内置的数据集包含世界地图的绘制数据信息,同时可以绘制不同投影下的世界地图。根据不同的国家名称,可以从世界地图信息中提取相应的国家地理信息数据,从而绘制地图。其主要的代码如代码 10-1 所示。

代码 10-1

```
1   import geopandas
2   import matplotlib.pyplot as plt
3   world = geopandas.read_file(geopandas.datasets.get_path('naturalearth_lowres'))
4   fig, ax = plt.subplots(figsize = (14,8))
5   world.plot(ax = ax)
6   plt.show()
```

2. SHP 格式的地图数据素材

一般国家地理信息统计局和世界地理信息统计单位可以提供下载 SHP(ESRI Shapefile)文件,就可以绘制相应的地图。SHP 文件包括地图的边界线段的经纬坐标数据、行政单位的名称和面积等诸多信息。Python 可以用 Geopandas 包读取 SHP 格式的地图素材。

3. JSON 格式的地图数据素材

JSON 格式的地图数据素材是一种新的但是越来越普遍的地理信息数据文件,它主要的优势在于地理信息存储在独一无二的文件中。但是这种格式的文件相对于分文本格式的文件,体积较大。我们只需要下载得到 JSON 格式的地图数据素材,然后跟 SHP 格式的地图数据素材一样,使用绘图软件打开素材,就可以绘制相应的地图。Python 可以使用 Geopandas 包或 JSON 包读取 JSON 格式的地图数据素材。其中,Folium、Basemap、Cartopy 三个包使用比较广泛。

10.2　空间型数据可视化种类和图表

空间数据可视化已有诸多成果,从点、线、面的角度出发可分为点数据可视化、线数据可视化和区域数据可视化。区域数据可视化目的是表现区域的属性,它比点数据和线数据可以表达更多信息。

10.2.1　基于点的地理数据可视化

点数据是地理数据最常见的一种,描述对象是地理空间中离散的点,具有经度和纬度的坐标,主要针对点数据的分布,结合其他域属性观察其分布规律,如多民族的人口聚居、地图中的建筑标记等。点标识的方式简单直接,符合人们的习惯,但当数据密集时重叠严重,可读性低。可视化点数据的基本手段是在地图的相应位置放置标记或改变该点的颜色,形成的结果称为点地图(dot map),又称为分布地图或点密度地图。

基于点的地理数据可视化通常是将处理好的数据以点的形式表示在地图上,可以在有限的空间中展示大量的信息,这是一种简单、节省空间的方法,可用于表达各类空间点形数据的关系。点数据不仅可以表现数据的位置,也可以根据数据的某种变量调整可视化元素的大小,如圆圈和方块的大小或者条状图的高度等。真实世界中的空间数据点的分布是不均匀的,如通话记录、犯罪记录通常都集中于城市地区等,因此,点数据可视化的挑战在于数据密集引起的视觉混淆,常用的解决方案是采用额外的维度增强表达效果。例如,在点密集的区域用曲面可视化方法,或者根据地图上数据的统计分布用条形图等提供更多细节。

1. 点描法地图

点数据可视化的基本图形为点描法地图。点描法地图又称为点分布地图、点密度地图,是一种通过在地理背景上绘制相同大小的点来表示数据在地理空间上分布的方法。点数据描述的对象是地理空间中离散的点,具有经度和纬度的坐标,但是不具备大小的信息,如某区域内的餐馆、公司分布等。点描法地图就是散点图与地图的图层叠加,关键在于将散点的位置(x,y)变成经纬坐标$(long, lat)$。点描法地图一般有两种类型。

(1)一对一,即一个点只代表一个数据或者对象,因为点的位置对应只有一个数据,所以必须保证点位于正确的空间地理位置。

(2)一对多,即一个点代表的是一个特殊的单元,这个时候需要注意,不能将点理解为实际的位置,这里的点代表聚合数据,往往是任意放置在地图上的。

点描法地图是观察对象在地理空间上分布情况的理想方法。如图 10-2 所示,为某虚拟地图范围内咖啡馆的分布情况,地图上的点不具备大小的含义,只是可视化了各个城市或者国家的咖啡店的分布情况。借助点描法地图,可以很方便地掌握数据的总体分布情况,但是当需要观察单个具体的数据时,它是不太适合的。

2. 带气泡的地图

根据数据以及可视化需求的不同,需要地图上的点反映出属性的数据大小,而不仅仅是点分布地图表达出的分布情况。此时选择带气泡的地图比较合适。带气泡的地图,其实就是气泡图和地图的结合,根据数据$(lat, long, value)$在地图上绘制气泡,位置信息$(lat, long)$对应到地图的具体地理位置,数据的大小$(value)$映射到气泡面积大小,有时还存在第四维变量$(category)$,可以使用颜色区分数据系列。带气泡的地图比分级统计地图更适用于比较带有地理信息的数据的大小,但是当地图上的气泡过多、过大时,气泡间会相互遮盖而影响

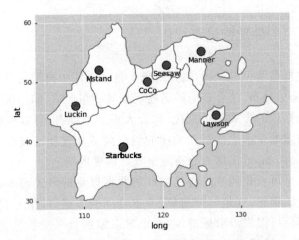

图 10-2　虚拟地图——各品牌咖啡的分布情况

资料来源：《Python 数据可视化之美》并进行了适当修改。

数据展示，所以在绘制时需考虑设置气泡的透明度。带气泡的地图与点描法地图类似，只是在它的基础上添加了新的变量，并将此映射到散点的大小或者颜色，如图 10-3 所示，将每个品牌咖啡的单价数值映射到两个视觉通道（气泡大小和颜色），图表的清晰表达程度会更好。

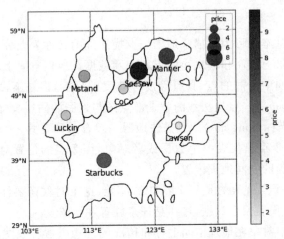

图 10-3　虚拟地图——各咖啡品牌分布及单价对比气泡图

资料来源：《Python 数据可视化之美》并进行适当修改。

10.2.2　线型数据可视化

连接任意两个或多个地点的路径与线段称为线型数据可视化，数据具有长度属性，即所经过的地理距离，最常见的是地图中的路径规划，如行车路线、交通轨迹等。线型数据可视化最简单的方法是绘制线段来连接相应的地点，需要使用多种多样的附加属性使可视化效果更加明显，如利用不同的颜色、不同的线性和多种多样的标注等，这些方式都可以用来表示数据之间的不同属性，以便达到更好的可视化效果。线型布局注重理解数据模式，通过连线来理解地域属性上的事物走向、前后关联等，但大量的线数据会造成严重的视觉混淆。错综复杂的线条干扰人的视觉感知,妨碍人对数据特征的判别,因此需要设计解决方法减少线段之间的重叠和交叉,增加可读性,改变大量数据造成的连线的重叠与交叉的问题。绘制连线时通常采用不同的可视化方法来达到最好的效果。

下面介绍两种线型数据空间可视化实例:网络地图和流量地图。

1. 网络地图

网络地图是一种以地图为定义域的网络结构,网络的线段表达数据中的连接关系和特征。网络地图中,线端点的经纬度可以用来决定线的位置,其余空间属性可映射为线的颜色、宽度、纹理、填充和标注等可视化参数。此外,线的起点和终点,不同线之间的交点都可以用来编码不同的数据变量。

与点地图相似,将网络地图方法用于大型网络数据时,将导致稠密的线绘制和线段重叠。为了减少线段之间的互相遮挡,可以考虑下列三种方法。

(1) 构建网络地图的层次结构。例如,考虑数据的地域特征,如省区市县的划分,或者根据数据的自身特征进行聚类。此外,需要给用户提供浏览层次结构的交互方法,允许用户通过交互调整可视化中线的密度。

(2) 三维网络地图。考虑到用户对地理信息空间较为熟悉,在三维空间中显示网络地图,利用三维绘制技术展示更多的信息。地理数据提供了二维空间的坐标,高度坐标可以由数据的某种属性来计算。引入三维空间的交互方法,可以为用户提供浏览数据的额外功能。

(3) 集成系统。采用网络数据可视化的方法,如链接矩阵可视化等来显示所有网络上的链接,允许用户交互地通过可视化集中显示相关的数据特征。

2. 流量地图

流量地图是一种表达多个对象之间流量变化的地图。流出对象和流入对象通过类似于河流的曲线连接,曲线的宽度代表流量的大小。流量地图与普通网络地图的差异在于:采用边绑定法最小化曲线的交叉和曲线的数量。将同一个流出对象到流入对象的曲线轨迹进行聚类,并对曲线进行适当的变形,以获得光滑的流线。线条的宽度表示出口的数量,流向相似方向的流量数据被绑定到一起,连线的聚合不仅减少了视觉的复杂度,同时提供了对数据更多层次的了解。流量地图是一种基于聚类和层次结构的地理信息简化方法。

10.2.3　基于区域的地理数据可视化

区域数据也称为面数据,面数据包含了比点数据和线数据更多的信息,面即区域块。区域数据设计地图上不同区域自然或社会经济的基本状况和统计信息,包括:地质、气象、植被等自然要素的空间分布及其相互关系;人口、行政区划、交通等社会人文要素的空间分布及其相互关系。往往当直接可视化点数据时,大量的点信息容易造成视觉混淆,有时候并不需要了解这些点数据分布,只是需要了解该区域块下数据的统计结果,区域数据可视化则在保持地理拓扑结构的同时,通过颜色或面积表征数据的统计结果。

区域可视化,顾名思义就是为了表现某一地理空间区域的特征属性,最常用的方法就是用颜色来代表这些属性的值。因此当数据类型多样时,选择合适的颜色十分具有挑战性。可视化区域数据的目的是表现区域的属性,最常见的方法就是颜色映射值。区域数据可视化可分为等值线图(isopleth map)、等值区间地图(choropleth)、变形统计地图(cartogram)以及简化示意图。

1. 等值线图

等位地图,被称为等值线地图,可以说是地图和等高线图两个图层的叠加,常用于表示地面海拔高度的变化曲面、温度变化数据、降雨量数据。等值线图通过等值线显示各区域连续性数据的分布特征,也称为轮廓线图。等值线图又分为两类:第一类,数值是区域上每一点真实属性的采样(如地表的温度等),需要采用等值线提取法,计算数值的等值线并予以绘制;第二类,区域上各点的数值为该点与所属区域中心点之间的距离,这时需要采用距离场计算方法,计算地图上的等值线。

2. 等值区间地图

等值区间地图是最原始的地图,直接利用地图形状来展示数据,假设数据的属性在一个区域内部平均分布,将区域内相应数据的统计值直接映射为该区域的颜色,各区域的边界为封闭的曲线,因此一个地区采用同一颜色编码。等值区间地图的问题在于数据分布和地理区域大小不对称,这既对空间利用造成了浪费,还会给用户造成视觉上的错误理解。例如人口数据中区域面积较小的地方对应比较密集的人口,区域面积较大的地方对应稀疏的人口,这样容易造成视觉上的误解,并且空间利用率低。

3. 变形统计地图

为了解决等值区间地图这种对可视化空间布局使用不合理的问题,变形统计地图可视化根据地理区域的数值大小调整相应区域的形状和面积,对不同区域按照一定的规则进行变形,其核心思想是采用变形算法,按照地理区域的属性值对各区域进行适当的变形,以克服空间使用的不合理性。由于区域的形状和尺寸都经过调整,地图上的各区域产生了形变,这种形变可以是连续的(保留网络的拓扑),也可以是不连续的(独立地改变每个区域的大小,或者绘制近似的区域)。

变形统计地图可以看成等值区间地图的变种,根据形变的方式和区域的形状表达方式,变形统计地图又可以分为非连续几何形变地图、连续几何形变地图等不同类型。非连续几何形变地图,将地图中的区域按照属性的值放大或缩小,并保持区域的原始形状,但很难保证区域间的相对位置;连续几何形变地图采取有限保证区域之间的邻接和相对位置不变,通过改变区域的形状实现面积及属性成正比。

4. 简化示意图

不规则图形的面积有时难以估算,因此多采用简化示意图。变形统计地图最大的问题在于数据分布和地理区域大小的不对称。由于各等级(如省份、国家等)的面积大小不一样,但是这又与展示的数据大小无关,这种数据的不对称性容易造成用户对数据的错误理解,不能很好地帮助用户准确地区分和比较地图上各个分区的数据值,面积小的省份在地图上可能难以被识别。我们可以在尽量保证地理区域的相对位置一致的情况下,将各等级地理区域统一大小,使用六边形、矩形或者圆圈代替,即地图的简化示意图。

10.3　空间型数据可视化案例：众筹项目地理分布情况

10.3.1　案例背景

中国国内众筹市场也吸引了众多发起人在众筹平台发布项目、吸引资金。利用地理数据可视化工具,可以明确我国各区域众筹市场的繁荣程度,以帮助众筹主要参与者更好地了解众筹市场地理空间分布情况,帮助政策制定者针对不同地理区域制定奖励激励政策,促进众筹市场健康发展。

10.3.2　数据收集和整理

本案例选取国内某众筹网站数据,采用 Python 网络爬虫的方式获取数据,数据结构如表 10-1 所示,主要包括项目编号、地理位置、累计出资人数、累计筹资额。根据获取的基础数据,按照区域进行整理后,得到各区域项目分布情况,如表 10-2 所示。

表 10-1　国内某众筹网站项目空间分布和筹资情况(仅选取部分表格)

项目编号	地理位置	累计出资人数	累计筹资额/元
1	陕西	122	3 209
2	广东	401	75 013
3	江苏	386	30 736
4	四川	122	15 130
5	四川	145	5 030
6	陕西	93	6 814
7	北京	371	50 080
8	重庆	537	33 133
9	湖北	775	81 668
10	北京	157	12 011
11	福建	237	14 099
12	重庆	133	18 091
13	重庆	116	4 113
14	北京	123	17 511
15	浙江	112	10 252
16	河南	262	19 102
17	四川	238	18 001
18	四川	115	6 320
19	北京	81	3 071
20	重庆	23	2 005

表 10-2　国内某众筹网站项目区域分布情况

地 理 位 置	项 目 数 量	总筹资额/元	总出资人数
安徽	58	975 673	6 171
北京	723	45 468 946	165 763
福建	167	6 535 186	22 688
甘肃	204	6 303 980	32 449
广东	310	25 428 131	88 790
广西	83	4 884 079	8 699
贵州	82	2 748 840	9 083
海南	23	736 395	2 212
河北	97	3 541 505	12 644
河南	164	7 604 164	18 122
黑龙江	2	164 179	266
湖北	179	3 732 855	19 083
湖南	134	2 170 551	10 672
吉林	23	565 137	1 597
江苏	272	9 373 201	33 306
江西	57	1 596 695	7 309
辽宁	47	7 197 831	8 344
宁夏	26	424 175	2 978
青海	32	1 070 919	4 387
山东	219	14 764 313	24 165
山西	65	2 047 130	7 423
陕西	123	2 872 014	13 815
上海	326	10 117 662	34 604
四川	254	6 618 675	26 263
台湾	5	89 748	195
天津	74	2 004 776	6 833
西藏	27	298 947	2 952
香港	13	295 592	1 542
新疆	38	984 641	4 076
云南	164	3 567 863	18 002
浙江	215	8 196 336	30 247
内蒙古	36	1 027 221	3 575
澳门	7	96 485	219
重庆	123	2 726 084	11 925

10.3.3　可视化图表选择及呈现

通过 Python 中的 Pyecharts 代码包实现中国某众筹网站项目地理位置分布情况,并且根据项目数量的多少设置渐变色,突出区域差异,实现的主要代码如代码 10-2 所示。利用地理图标可视化可以更加直观地看出，不同省、自治区、直辖市的众筹市场差异，并且地图可以随着鼠标的滑动显示具体的数值，以方便阅读（该效果可以通过代码 10-2 实现）。

代码 10-2

```
1   from pyecharts import options as opts
2   from pyecharts.charts import Map
3   from pyecharts.globals import ThemeType
4   data = [('安徽省',58),('北京市',723),('福建省',167),('甘肃省',204),('广东省',310),
5   ('广西壮族自治区',83),('贵州省',82),('海南省',23),('河北省',97),('河南省',164),
6   ('黑龙江省',2),('湖北省',179),('湖南省',134),('吉林省',23),('江苏省',272),('江西
7   省',57),('辽宁省',47),('宁夏回族自治区',26),('青海省',32),('山东省',279),('山西省',65),
8   ('陕西省',123),('上海市',326),('四川省',254),('台湾省',5),('天津市',74),('内蒙古自
9   治区',36),('西藏自治区',27),('香港特别行政区',13),('新疆维吾尔自治区',38),('云南省',164),
    ('浙江省',215),('重庆市',123),('澳门特别行政区',7)]
10  c = (
11  Map(init_opts = opts.InitOpts(width = "2400px", height = "1800px", theme = ThemeType.CHALK))
12
13      .add('', data,
14          maptype = "china",
15          is_roam = False,
16          label_opts = opts.LabelOpts(color = 'green',
17                                      font_size = 10,
18                                      font_family = 'Microsoft YaHei',
19                                      font_weight = 'bold'),
20          itemstyle_opts = opts.ItemStyleOpts(color = 'green',
21                                              area_color = 'white',
22                                              border_color = 'white',
23                                              border_type = 'dotted',
24                                              border_width = 3))
25
26      .set_global_opts(
27          visualmap_opts = opts.VisualMapOpts(
28              is_piecewise = True,
29              min_ = 0, max_ = 750,
30              pos_left = '10%', pos_bottom = '10%',
31              range_text = ['High', 'Low'],
32              textstyle_opts = opts.TextStyleOpts(
33                                      font_size = 10,
34                                      color = "green")),
35          tooltip_opts = opts.TooltipOpts(
36                                      formatter = '{b}:{c}个',
37                                      textstyle_opts = opts.TextStyleOpts(font_size = 10)),
38          title_opts = opts.TitleOpts(
39              title = '中国某众筹平台项目地理分布情况',
40              title_textstyle_opts = opts.TextStyleOpts(font_size = 25),
41              pos_left = 'center'))
42      .render("geo_china_crowdfunding.html")
43  )
```

接下来,以江苏省为例,展示该众筹平台上,江苏省各市项目分布情况。实现的主要代码如代码 10-3 所示,绘制出的可视化效果如图 10-5 所示。

代码 10-3

```
1   from pyecharts import options as opts
2   from pyecharts.charts import Map
3   from pyecharts.globals import ThemeType
4   data = [('常州市',7),('淮安市',1),('连云港市',11),('南京市',69),('南通市',4),
5   ('苏州市',119),('宿迁市',3),('无锡市',32),('徐州市',12),('盐城市',7),('扬州市',3),
6   ('镇江市',2),('泰州市',0)]
7   c = (
8   Map(init_opts = opts.InitOpts(width = "2400px", height = "1800px", theme = ThemeType.CHALK))
9
10    .add('', data,
11        maptype = '江苏',
12        is_roam = False,
13        label_opts = opts.LabelOpts(color = 'green',
14                                    font_size = 10,
15                                    font_family = 'Microsoft YaHei',
16                                    font_weight = 'bold'),
17        itemstyle_opts = opts.ItemStyleOpts(color = 'green',
18                                            area_color = 'white',
19                                            border_color = 'white',
20                                            border_type = 'dotted',
21                                            border_width = 3))
22
23    .set_global_opts(
24        visualmap_opts = opts.VisualMapOpts(
25            is_piecewise = True,
26            min_ = 0, max_ = 750,
27            pos_left = '10%', pos_bottom = '10%',
28            range_text = ['High', 'Low'],
29            textstyle_opts = opts.TextStyleOpts(
30                                    font_size = 10,
31                                    color = "green")),
32        tooltip_opts = opts.TooltipOpts(
33                                    formatter = '{b}:{c}个',
34                                    textstyle_opts = opts.TextStyleOpts(font_size = 10)),
35        title_opts = opts.TitleOpts(
36            title = '中国某众筹平台项目江苏省各市分布情况',
37            title_textstyle_opts = opts.TextStyleOpts(font_size = 25),
38            pos_left = 'center'))
39    .render("geo_china_crowdfunding.html")
40  )
```

即测即练

思考题

1. 空间型数据可视化概念是什么？
2. 常见的投影方法有哪些？
3. 空间型数据可视化种类有哪些？
4. 空间型数据可视化图表有哪些？

应用篇

第 11 章
数据可视化在聚类分析中的应用

　　聚类分析是利用数据相似性或差异性实现数据分组的一种有效方法,广泛用于客户细分、文本归类、行为跟踪等现实问题的求解。将数据可视化手段应用于聚类分析过程,不仅有助于提升分析结果的质量,也可以提高结果的显示度,从而快速把握结果数据的内在含义。本章将可视化技术应用于船舶工业领域的专利数据聚类分析之中,拟通过该案例进一步阐明数据可视化在现实数据分析中的重要作用。本章主要包括案例背景介绍、数据可视化目标、设计、实现等内容,帮助读者进一步理解数据可视化理论及方法的现实应用。

本章学习目标

（1）了解数据可视化在聚类分析中的作用;

（2）理解在聚类分析中数据可视化的本质;

（3）熟悉和掌握数据可视化图表在聚类分析中的使用。

11.1 案例背景与可视化目标

　　当前诸如大数据、云计算等新兴技术与传统产业不断融合,对企业创新效率提出了更高要求。专利文献作为科技创新成果的重要外在物化载体,客观记录了企业创新活动涉及的关键知识和技术。由此,对专利文献(特别是高价值专利文献)展开分析对于企业创新驱动发展具有极其重要的意义,如追踪业内先进技术、定位自身技术优势、实施专利战略等。

扩展阅读 11-1
知识产权赋能高
质量发展

　　船舶工业是我国经济命脉的支柱产业之一,也是我国实施"海洋强国"战略、实现高质量发展的重要助力。现阶段专利数量呈现指数级增长,有必要对船舶工业的相关专利进行细致、系统的分析,使企业更好地追踪高价值专利、明确领域技术发展方向,从而

视频 11-1 海洋
强国

更加有效地实施管理活动。对此,本案例对海上浮式生产储油轮(floating production storage and offloading,FPSO)系泊相关专利展开聚类分析,主要目标如下。

　　（1）通过探索性分析结果可视化,探查专利文献数据集特点,为后续分析奠定基础。

　　（2）对专利文献外部特征进行聚类结果可视化,分析不同类别专利价值。

　　（3）对专利文献摘要进行文本分析和可视化,探查 FPSO 系泊领域主要技术发展方向。

　　对于所获得的数据集,本节主要通过基于 Python 语言的 pandas 库、numpy 库、seaborn 库和 matplotlib 库实现数据集的读取与存储,以及可视化分析。

11.2 聚类分析及可视化设计

11.2.1 聚类分析过程及方法

聚类分析的本质是通过衡量数据相似程度实现对所收集数据类别划分的一种方法,其分析过程主要包含四个阶段,即数据收集及预处理、数据相似度衡量方法的确定、数据聚类或分组的实施,以及结果的评估。

数据收集及预处理阶段中,首先需要明确数据来源及其数据的可获取性,必要时可通过其他来源对数据集进行补充。其次,针对所获取的初始数据集,通过数据预处理的相关方法(数据清洗、数据集成、数据规约、数据转换等)对其进行整理,提高数据质量,构造分析数据集。

数据相似性是聚类分析的基础,面向不同分析目的以及数据特点,采用合适的相似度计算方法往往会起到事半功倍的效果。例如,可映射为坐标系统的数据主要通过数据间的相异性获得聚类,相应欧式距离可以很好地刻画坐标系统中不同数据对象之间的相异性。然而,对于不依赖坐标系统构建网络图,将其映射到坐标系统是一项复杂的工程,通过复杂网络的相关算法(如共同邻居数量等)可以有效比较不同数据对象的相似性。

数据聚类或分组的实施是聚类分析的核心,主要通过特定的聚类方法将不同的数据划分到不同的分组之中。聚类方法主要包括层次法、划分法、密度法、网格法和模型法。各类聚类方法优缺点如表 11-1 所示,现实应用中可结合数据特点和分析目标,确定合适的聚类方法。

表 11-1　各类聚类方法优缺点

方　法	优　点	缺　点
层次法	方法具有一定的可扩展性;结果可包含大量聚簇	参数数量较多;算法效率较低;异常数据抗干扰性一般
划分法	方法具有可扩展性;参数数量较少;算法效率较高	聚簇数量不宜过多;异常数据抗干扰性一般
密度法	参数数量较少;异常数据抗干扰性高;结果可包含大量聚簇	方法可扩展性一般;算法效率较低
网格法	方法具有可扩展性;异常数据抗干扰性高	参数数量较多;算法效率一般;聚簇数量不宜过多
模型法	结果可包含大量聚簇;异常数据抗干扰性高	参数数量较多;方法可扩展性一般;算法效率一般

结果评估是分析聚类效果的重要阶段,通常聚类结果的评估可分为外部评估方法和内部评估方法两类。外部评估方法是指在知道数据真实类别的情况下来评估聚类结果的好坏,具体指标包括纯度、兰德系数、F 值等。内部评估法是不借助外部信息,仅根据聚类结果来进行评估,常见的指标有轮廓系数、Calinski-Harabasz(CH)准则等。进而,可根据评估结果选择满意的聚类结果。

11.2.2 可视化需求分析

正如本书理论部分所指出,数据可视化不仅有助于快速理解抽象数字背后的含义,也可以有效识别数据之间的关系和模式。与此同时,聚类分析的本质是探查不同形式数据之间潜在的关系和模式。由此,有必要将数据可视化手段运用于本章数据聚类分析过程,从而更好地分析专利数据所蕴含的知识。

数据收集及预处理阶段的根本任务是利用数据预处理方法准备高质量研究数据集,以提高分析结果的可靠性。然而,数据预处理方法的合理选择往往以初始数据状态(如分布情况、异常值等)的清晰洞察为前提,通过人眼直接观察的方式显然是不现实的,需要借助可视化图形对初始数据状态进行展示,进而辅助数据预处理方法的确定。例如,可以通过柱形图以及相应的曲线拟合探查数据的分布情况,从而选择合适的数据标准化方法。

在数据相似性计算阶段中,相似度算法的选择往往依赖于数据集特点(如数值型数据和非数值型数据、特征数量等)。因此,该阶段需要通过数据可视化进一步探索数据集的特点,从而有针对性地选择数据相似度算法。例如,数据集中的所有特征均是数值型数据,并且一些特征具有强相关性,可采用基于坐标系统的相似度算法,同时对强相关的特征进行一定的筛选。

聚类实施过程中,需要根据数据集规模,以及数据集状态的可视化结果选择合适的聚类方法。例如,当数据集中存在一定规模的离群点时,划分法显然不是最好的选择,而应选择对于异常数据具有较高抗干扰性的方法。

聚类结果评估阶段,不论是使用内部评估方法,还是使用外部评估方法,均需要通过可视化图形比较聚类效果的优劣。特别是使用内部评估方法时,有必要在较大的范围内观察评估指标的变化情况,相应可视化手段变得尤为重要。

11.3　数据可视化实现

11.3.1　探索性分析结果可视化

本节通过 incoPat 数据库收集了截至 2022 年 7 月 3 日的“FPSO 系泊”相关专利文献数据,共计 3 488 条记录,每条记录包含公开(公告)号、摘要、权利要求数量、首权字数、引证次数、简单同族个数、国际专利分类号(international patent classification,IPC)个数、发明人数量等信息,如表 11-2 所示。

表 11-2　数据集基本信息

序号	公开(公告)号	摘　要	权利要求数量	首权字数	引证次数	简单同族个数	IPC个数	发明人数量
1	CN112173011A	本发明公开了一种浮鼓型海上航标,其结构包括漂浮座……	6	1 240	6	2	2	1
...	...	...	...	...	...	...	...	...
3488	US3583354A	一种用于锚定浮动钻井船的系统。当暴风雨来临时,船尾锚链松弛,船与墙头断开,允许绕船头旋转。……	14	0	6	4	4	2

(1) 数据读取。利用 pandas 库中的 read_excel() 函数读取原始数据,构造数据结构 df,并在此基础上,针对量化数据构造数据结构 df1。其核心代码及结果分别如代码 11-1 和图 11-1所示。

代码 11-1

```
1    import pandas as pd
2    ♯ 读取原始数据构造数据结构 df
3    df = pd.read_excel(r'.\2022 - 07 - 03_FPSO.xls')
4    ♯构造只包含量化数据的数据结构 df1
5    df1 = df.drop(columns = ['公开(公告)号', '摘要',])
6    ♯ 显示 df1 的前 5 行
7    df1.head()
```

	权利要求数量	首权字数	引证次数	简单同族个数	IPC个数	发明人数量
0	6	1240	6	2	2	1
1	14	0	6	4	4	2
2	20	206	22	1	5	1
3	5	15	1	1	5	1
4	15	113	5	19	4	1

图 11-1　df1 数据结构

(2) 量化数据分布情况。利用 seaborn 库和 matplotlib 库中的 pyplot 模块对量化数据的分布情况进行探查,从而确定是否需要对这些数据进行进一步的处理。针对每一类别的数据,绘制不同数值占比的柱状图和整体分布曲线,核心代码及结果分别如代码 11-2 和图 11-2 所示。

代码 11-2

```
1     import seaborn as sns
2     import matplotlib.pyplot as plt
3     ♯绘图尺寸设置,并解决汉字乱码问题
4     plt.figure(figsize = [10,10])
5     sns.set_style('darkgrid',{'font.sans - serif':['simhei','Arial']})
6     plt.subplot(3,2,1)
7     plt.ylabel('占 比')
8     sns.distplot(df['权利要求数量'],color = 'darkred')
9     plt.subplot(3,2,2)
10    plt.ylabel('占 比')
11    sns.distplot(df['首权字数'],color = 'darkred')
12    plt.subplot(3,2,3)
13    plt.ylabel('占 比')
14    sns.distplot(df['引证次数'],color = 'darkred')
15    plt.subplot(3,2,4)
16    plt.ylabel('占 比')
17    sns.distplot(df['简单同族个数'],color = 'darkred')
18    plt.subplot(3,2,5)
```

```
19    plt.ylabel('占 比')
20    sns.distplot(df['IPC 个数'],color = 'darkred')
21    plt.subplot(3,2,6)
22    plt.ylabel('占 比')
23    sns.distplot(df['发明人数量'],color = 'darkred')
```

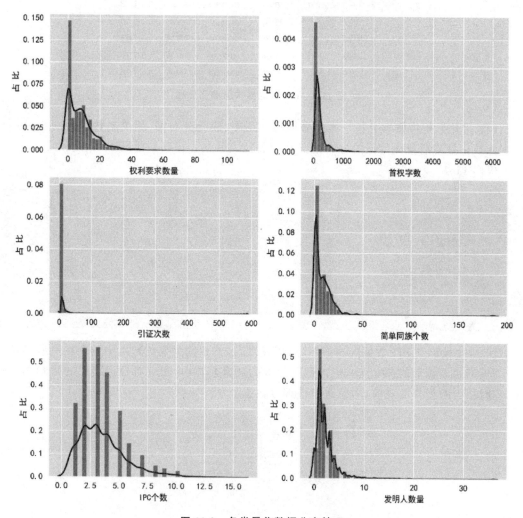

图 11-2　各类量化数据分布情况

　　从图 11-2 可以观察到,各类数据的分布并不均匀,特别是不同类别数据的量纲差异非常明显。例如,简单同族个数最大值接近 200,而首权字数最大值超过 6 000,且大多数专利的首权字数也不低于 100。因此,有必要对这些量化数据进行标准化处理,以尽可能避免量纲差异对分析结果造成的影响。

　　(3) 量化数据标准化处理。我们利用最小-最大方法对 df1 的数据进行标准化处理(代码 11-3),处理后的结果(图 11-3)中,所有量化数据的取值均介于 0 和 1 之间。

代码 11-3

```
1  df1 = (df1 - df1.min()) / (df1.max() - df1.min())
2  df1.head()
```

	权利要求数量	首权字数	引证次数	简单同族个数	IPC个数	发明人数量
0	0.055556	0.202813	0.010187	0.005405	0.071429	0.027778
1	0.129630	0.000000	0.010187	0.016216	0.214286	0.055556
2	0.185185	0.033693	0.037351	0.000000	0.285714	0.027778
3	0.046296	0.002453	0.001698	0.000000	0.285714	0.027778
4	0.138889	0.018482	0.008489	0.097297	0.214286	0.027778

图 11-3　df1 数据结构标准化处理

（4）量化数据探索性分析。本部分通过箱形图、联合分布图、相关系数热力图来进一步探查标准化处理后量化数据的分布情况及相关性。其核心代码如代码 11-4 所示。

代码 11-4

```
1  ♯ 箱形图
2  sns.catplot(data = df1, kind = "boxen")
3  ♯ 联合分布图
4  sns.pairplot(df1)
5  ♯ 热力图
6  cor_fig = df1.corr()
7  pal = sns.color_palette('YlGnBu', desat = 1)
8  sns.heatmap(cor_fig, vmin = 0, linewidths = .5, cmap = pal)
```

图 11-4 绘制了 df1 数据的箱形图，可以发现，虽然不同类别的数据中均存在一些异常数据（即远离每个箱形的孤立点），但该部分数据的数量非常小，相应对分析结果的影响相对较小，同时结合数据集的规模，考虑保留该部分数据。

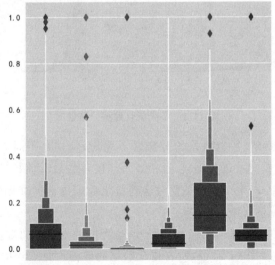

图 11-4　df1 数据箱形图

图 11-5 绘制了 df1 数据结构中类别数据两两联合分布的情况。从图中可以看出,除了权利要求数量和首权字数这个组合外,其余类别数据两两之间并不存在较为明显的线性关系。通过各类数据之间的相关系数热力图(图 11-6)也可以直观看出,仅权利要求数量和首权字数之间具有一定的相关性,但绝对数值并不高(相关系数在 0.4 左右)。上述结果说明,这些类别数据之间基本不存在替代的可能性,因此在后续分析中将使用所有的类别数据。

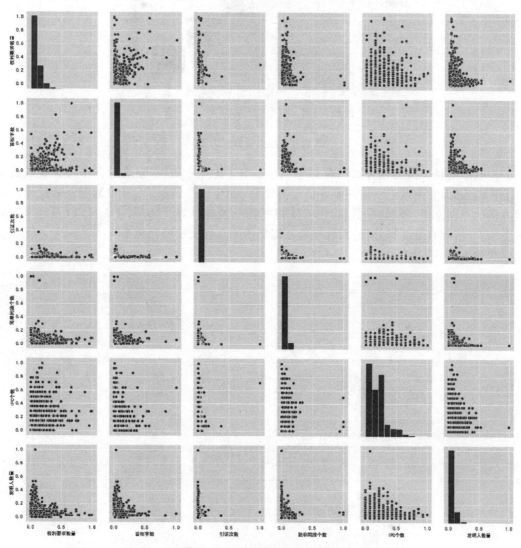

图 11-5　df1 数据联合分布情况

11.3.2　专利外部特征聚类结果可视化

许多实证研究工作表明,诸如引证次数、发明人数量、权利要求数量等专利文献的外部特征是专利价值的重要表征,如图 11-6 所示。对此,本节基于所获取的专利文献数据中外部特征数据,利用 sklearn 库中的 K 均值方法,展开聚类及可视化分析,以期实现专利价值的初步划分,减少企业需要追踪的专利数量。

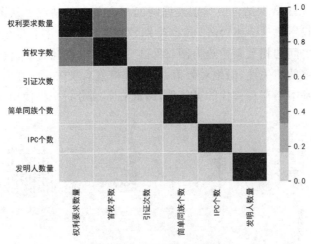

图 11-6　相关系数热力图

专利外部特征聚类分析如代码 11-5 所示。由于无先验知识，聚类过程中将聚簇数量由 2 逐渐增至 50，并通过 CH 准则来评估聚类效果，如图 11-7 所示。CH 准则主要通过分析聚簇之间的距离来评判聚类效果，相应 CH 指标得分越高越好。从图 11-7 可以看到，当聚簇数量为 2 时，拥有最高得分，进而选择将数据集中的专利文献聚为两类。

代码 11-5

```
1   from sklearn.cluster import KMeans
2   from sklearn import metrics
3
4   x = range(2,50)
5   y = []
6   for i in x:
7       category = KMeans(n_clusters = i, random_state = 15).fit_predict(df1)
8       y.append(metrics.calinski_harabaz_score(df1, category)))
9
10  cat1 = pd.DataFrame()
11  cat1['簇数'],cat1['得分'] = x,y
12  sns.scatterplot(x = '簇数', y = '得分', data = cat1,sizes = (500, 500), s = 50)
13  sns.regplot(x = '簇数', y = '得分', data = cat1, order = 3,color = 'red', scatter_kws = {'s':2})
```

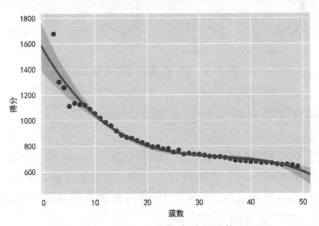

图 11-7　K 均值聚类结果评估

在聚类分析的基础上,考虑到数据拥有多维特征,因而采用雷达图(图 11-8)来展示不同聚类的特点。其中,核心代码如代码 11-6 所示。

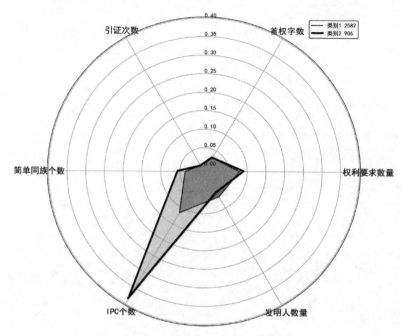

图 11-8　不同聚类的特征对比

代码 11-6

```
1   import numpy as np
2   import matplotlib.pyplot as plt
3   import matplotlib
4
5   centers = category.cluster_centers_
6   tl = ["权利要求数量","首权字数","引证次数","简单同族个数","IPC 个数","发明人数
7   量"]
8   data = []
9   for i in range(len(centers)):
10      temp = {}
11      for j in range(len(centers[i])):
12          temp[tl[j]] = centers[i][j]
13      data.append(temp)
14  plt.rcParams['font.sans-serif'] = ['SimHei']
15  plt.rcParams['axes.unicode_minus'] = False
16  data_length = len(data[0])
17  angles = np.linspace(0, 2 * np.pi, data_length, endpoint = False)
18  labels = [key for key in data[0].keys()]
19  score = [[v for v in d.values()] for d in data]
20  angles = np.concatenate((angles, [angles[0]]))
21  labels = np.concatenate((labels, [labels[0]]))
```

```
22    score1 = np.concatenate((score[0], [score[0][0]]))
23    score2 = np.concatenate((score[1], [score[1][0]]))
24    fig = plt.figure(figsize = (10, 10))
25    ax = plt.subplot(111, polar = True)
26    ax.plot(angles, score1, color = 'darkred')
27    ax.fill(angles, score1, 'r', alpha = 0.5)
28    ax.plot(angles, score2, color = 'b')
29    ax.fill(angles, score2, 'lightblue', alpha = 0.5)
30    ax.set_thetagrids(angles * 180 / np.pi, labels, fontsize = 15)
31    ax.set_theta_zero_location('E')
32    ax.set_rlabel_position(90)
33    xxx = category.labels_
34    lab1 = lab2 = 0
35    for i in xxx:
36        if i == 1:
37            lab2 += 1
38        else:
39            lab1 += 1
40    plt.legend(['类别1 {}'.format(lab1),'类别2 {}'.format(lab2)], loc = 'upper right',
      edgecolor = 'black')
      plt.show()
```

图 11-8 中,聚类结果的两个聚簇在外部特征上具有明确区别,类别 2 聚簇的 IPC 个数远高于类别 1 聚簇,简单同族个数和权利要求数量略高于类别 1,引证次数和首权字数与类别 1 接近,而发明人数量低于类别 1。此外,类别 2 聚簇包含的专利文献数量为 906 件,远低于类别 1 聚簇(2 582 件)。这说明相较于类别 1 的专利而言,类别 2 的专利可能拥有更高的价值,值得进一步分析和追踪。

11.3.3　专利文本信息聚类结果可视化

专利文献外部特征分析虽然可以在一定程度上对专利价值形成较好的把握,但专利的核心技术往往蕴含于专利文献的内部特征(即专利文献的文字信息)之中。因此,本节通过分析专利文献数据集中的摘要信息,进一步探查 FPSO 系泊领域主要的技术发展方向。其主要步骤包括:对专利文献摘要数据进行分词处理;将分词后的摘要数据转化为向量,并借助隐含狄利克雷分配模型实现主题聚类;提取不同主题高频词,展示聚类结果。

(1)专利文献摘要数据分词。利用 jieba 分词工具和停用词列表(stop_words)实现每条专利文献摘要的分词处理,核心代码如代码 11-7 所示。图 11-9 展示了分词后摘要数据的词云图。从图中可以看出,虽然存在一些领域中的关键词汇析出(如锚固、驳船、壳体等),但这些词汇往往被一些专利文献常见词汇(如发明、装置等)所掩盖,需要进一步分析。

代码 11-7

```
1    import jieba
2    from wordcloud import WordCloud
```

```
3    import matplotlib.pyplot as plt
4
5    content = list(df['摘要'])
6    with open(r'.\stop_words.txt', encoding = 'UTF - 8') as swords:
7        stop_words = [i.strip() for i in swords.readlines()]
8    words = ''
9    for i in content:
10       temp = jieba.cut(i)
11       for j in temp:
12           if j not in stop_words:
13               words += j + ''
14   font = r'C:\Windows\Fonts\simkai.ttf'
15   wordcloud = WordCloud(font_path = font, background_color = 'white',
16                           collocations = False).generate(words)
17   plt.imshow(wordcloud, interpolation = 'bilinear')
18   plt.axis("off")
```

图 11-9　摘要数据词云图

（2）分词数据聚类。基于分词后的专利摘要数据，利用 sklearn 库实现词向量转换和 LDA（隐含狄利克雷分布）主题聚类。由于同样缺少先验知识，将主题聚类数量由 1 逐渐增至 50，同时借助困惑度这一指标衡量主题聚类效果，核心代码如代码 11-8 所示。图 11-10 给出了不同主题聚类下的困惑度，困惑度数值越低，表示主题聚类效果越好。从图中可以观察到，主题聚类数量和困惑度之间存在非线性关系，当聚类数量在 10 左右时，拟合曲线（灰色实线）出现极小值，由此将主题聚类数量设置为 10。

代码 11-8

```
1    from sklearn.feature_extraction.text import CountVectorizer
2    from sklearn.decomposition import LatentDirichletAllocation
3
4    words = []
5    for i in content:
6        temp = ''.join(jieba.cut(i))
7        words.append(temp)
```

```
 8   c2vector = CountVectorizer(stop_words = stop_words)
 9   vf = c2vector.fit_transform(words)
10   tdic = {}
11   for i in range(1,51):
12       lda = LatentDirichletAllocation(n_topics = i, learning_offset = 50., random_state = 0)
13       lda.fit_transform(vf)
14       tdic[i] = lda.perplexity(vf)
15   cat2 = pd.DataFrame()
16   cat2['主题数'],cat2['困惑度'] = list(tdic.keys()),list(tdic.values())
17   sns.scatterplot(x = '主题数', y = '困惑度', data = cat2,sizes = (500, 500), s = 30,color = 'b')
18   sns.regplot(x = '主题数', y = '困惑度', data = cat2, order = 5, ci = 95,color = 'r', scatter_
     kws = {'s':0})
```

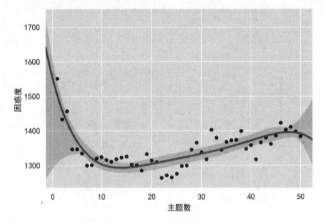

图 11-10 不同主题数量的困惑度

（3）聚类结果展示。图 11-11 绘制了主题聚类数量为 10 时，不同主题下高频主题词的占比情况，其核心代码如代码 11-9 所示。从图中可以观察到，不同主题下前 5 个高频主题词之间是几乎不重叠的。特别是，对于特定主题，前 5 个主题词的占比也并不完全相同，例如，主题 7 表示主要技术方向为平台、船用泵（e1h）和锚固，主题 9 则表示以液化天然气（liquefied natural gas，LNG）船舶为对象（船体、载体、翼梁等）展开的技术研发方向。这一结果表明，LDA 模型的聚类数量是较为合理的，相应不同主题的交叉较小。与此同时，在管理实践中，企业可结合自身专利情况，根据不同主题下主题词寻找自身定位或重点关注的技术发展方向；进而，对相应类别专利文献及其价值情况进行综合考虑，从而确定技术布局或需要持续追踪的关键技术。

代码 11-9

```
 1   import seaborn as sns, pandas as pd
 2   import numpy as np
 3
 4   tl = []
 5   for tm in lda_matrix:
```

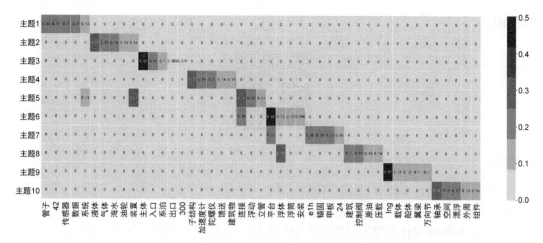

图 11-11　主题词在不同主题上的分布情况

```
6        tdic1 = [(name, tt) for name, tt in zip(f_word, tm)]
7        tdic1 = sorted(tdic1, key = lambda x: x[1], reverse = True)
8        tdic1 = tdic1[:5]
9        tl.append(tdic1)
10   fw = []
11   for topic in tl:
12       for word in topic:
13           if word[0] not in fw:
14               fw.append(word[0])
15   tarr = np.zeros((len(tl), len(fw)))
16   for i in range(len(tl)):
17       for word in tl[i]:
18           tarr[i][fw.index(word[0])] = round(word[1])
19   row_sums = tarr.sum(axis = 1)
20   new_arr = tarr / row_sums[:, np.newaxis]
21   x_label = fw
22   y_label = ['主题' + str(i) for i in range(1, 11)]
23   df = pd.DataFrame(new_arr, index = y_label, columns = x_label)
24   fig = plt.figure(figsize = [30, 10])
25   ax = fig.add_subplot(1, 1, 1)
26   ax.set_xticklabels(ax.get_xticklabels(), rotation = 90)
27   pal = sns.color_palette('YlGnBu', desat = 1)
28   sns.heatmap(df, annot = True, annot_kws = {"fontsize":12}, vmin = 0, vmax = .5,
29   linewidths = .5, cmap = pal)
30   plt.setp(ax.get_yticklabels(), size = 12, weight = 'bold', rotation = 360)
31   plt.xticks(fontsize = 20)
32   plt.yticks(fontsize = 20)
33   cax = plt.gcf().axes[-1]
34   cax.tick_params(labelsize = 20)
```

即测即练

思考题

1. 简述箱形图在聚类分析中的作用。
2. 思考本章图 11-11 能否使用雷达图进行展示。
3. 思考数据可视化在聚类分析过程中的作用。

第 12 章
数据可视化在预测中的应用

预测性分析是一种分析方法,它通过分析当前数据和历史数据,从而对未来的事件作出预测。预测性分析会运用诸如机器学习、统计建模和数据挖掘等分析技术来帮助企业识别趋势、行为、未来结果和商机。预测性分析既可应用于结构化数据,也可应用于非结构化数据。数据挖掘是指发现大型数据集的模式、趋势和行为的过程。将数据可视化手段应用于预测分析过程,能够帮助人们快速理解预测结果、发掘数据潜在的信息。本章将可视化技术应用于车辆行程时间数据预测分析之中,拟通过该案例进一步阐明数据可视化在现实数据分析中的重要作用。

本章学习目标

(1) 理解数据可视化在预测分析中的作用;

(2) 理解预测分析中数据可视化的关键环节;

(3) 掌握预测分析中相关图表可视化的过程。

12.1 案例背景与可视化目标

随着社会的进步、科技的发展和城市规模的不断扩大,人们对交通运输的需求逐渐提高。交通管理系统是否合理、交通运输系统是否完善、交通科学技术是否先进,已成为影响城市居民生活质量和物流发展的重要指标,也是衡量一个国家科学技术进步程度的标志之一。现代交通运输的发展给人们的生活带来便利的同时,也带来了一些消极的、负面的影响。随着汽车数量的增加,现有的道路交通设施已经不能满足现代社会的需求。道路和车辆的矛盾已经逐渐显现。尤其是在大中城市,城市居民都不同程度地受到交通拥堵的困扰。交通基础设施的建设也逐渐被各国政府高度重视起来。在高德地图交通大数据发布的《中国主要城市交通分析报告》中,以"拥堵延时指数"即旅行时间/自由流(畅通)旅行时间作为城市拥堵程度的评判指标。该报告显示,拥堵重灾区主要是一、二线城市及省会城市,同时小城市的拥堵延迟指数也在不断增加。面对巨大的交通拥堵压力,现有措施有改建、扩建城市道路以及限号出行,但是面对有限的道路面积以及有限的出行时间成本,以上措施并不能长远地解决道路问题,更加有效、长远、方便的措施是致力于现代发展技术的智能交通系统(intelligent traffic system,ITS)的发展。

车辆行程时间是指车辆通过某一路网的时间,是测算交通拥堵程度的重要指标,也是智能导航系统进行路线规划的重要目标变量。精确的车辆行程时间预测结果有助于城市交通管理者实时调整交通流量、及时发现拥堵,还有助于智能导航系统推荐最佳通行路线,提升用户体验,节省社会成本。但是道路因素、天气因素及人为因素具有突发性、不定性,导致车辆行程时间的变动,而车辆行程时间的变动会直接影响出行者的时间成本、交通运输部门和物流成本部门的经营与管理,因此对车辆行程时间预测研究显得尤为重要。对此,本案例拟展开及时有效的交通状况与车辆行程时间预测分析,主要目标如下。

(1) 通过数据可视化设计,对预测数据的异常值进行分析与处理。

(2) 对车辆行程时间预测中特征分析过程进行可视化展示。

(3) 准确预测交通状况,帮助企业在进行物品运输时选择相对通顺的道路,进而降低供应链成本、提高生产效率。

12.2 预测分析及可视化设计

12.2.1 预测分析过程及方法

预测性分析的工作原理是:先根据一组输入变量进行建模,再训练模型来对未来数据进行预测。随后,该模型会识别变量之间的关系和模式,并根据训练数据提供一个分值。该分值可用作商业智能,以评估一组条件的风险或潜在收益。它将被用来确定某些事件发生的可能性。预测性分析既可应用于结构化数据,也可应用于非结构化数据。一旦分析用的数据准备就绪,即可执行预测建模,也就是创建和测试预测性分析模型的过程。完成建模和评估后,就可以在将来重用此模型来应对有关类似数据的新情况。常见的预测建模技术包括回归技术、机器学习技术、决策树和神经网络,但实际还远不止这些。本节主要介绍 K 近邻算法(K-Nearest Neighbor,KNN)、随机森林(Random Forest,RF)和一般梯度提升回归树(Gradient Boosting Regression Tree,GBRT)。

1. K 近邻算法

K 近邻算法是一种非参数回归。通过处理历史数据形成历史数据库,将当前数据与处理过的数据进行匹配,进而找出与当前数据很相似的 K 个近邻点,最后进行预测。因此,K 近邻算法的基础是构建具有典型并且容量很大的历史数据库,而历史数据的采集是非常重要的,一般采集的数据是需要进行处理才能当作历史数据库,主要包括剔除重复值以及填充缺失值等,这样完整的数据库才能准确地反映出道路的车辆行程时间信息。

2. 随机森林

随机森林是 2001 年由 Breiman 提出的,它是 Bagging 的一个扩展变体。随机森林在以决策树为基学习器构建 Bagging 集成的基础上,进一步在决策树的训练过程中引入随机属性选择。随机森林是 Bagging 算法的代表,主要通过增加决策树的个数来降低过拟合的风险。随机森林因其样本集和特征的随机而具有较高的分类准确性。

3. 一般梯度提升回归树

一般梯度提升回归树是 Friedman 在 1999 年提出的组合决策树模型,是 Boosting 算法的组成部分,与传统的 Boosting 算法有所不同,它是一种改进算法。传统的 Boosting 算法是在开始时,为分成的 M 个样本训练集赋予同样大小的权重,保证最初的学习器的重要程度相同,通过训练得到学习误差率不同的弱学习器,然后根据学习误差率的不同再对权重进行处理,而处理的方式是,学习误差率较高的训练样本点就会被"严重关注",进而被赋予一个很高的权重。这样重复进行 N 次,可得到 N 个基础学习器,最后根据学习误差率的不同进行加权(学习误差率越大则赋予的权重就越大,学习误差率越小则赋予的权重就越小)或者根据其他结合策略得到最终的模型。

12.2.2　可视化需求分析

数据可视化技术有三个鲜明的特点:①与用户的交互性强。用户不再是信息传播中的受者,还可以方便地以交互的方式管理和开发数据。②数据显示的多维性。在可视化的分析下,数据将每一维的值分类、排序、组合和显示,这样就可以看到表示对象或事件的数据的多个属性或变量。③直观的可视性特点。数据可以用图像、曲线、二维图形、三维体和动画来显示,并对其模式和相互关系进行可视化分析。在预测分析中,可以让分析员根据可视化分析和数据挖掘的结果作出一些预测性的判断。大数据分析最终要实现的应用领域之一就是预测性分析,可视化分析是前期铺垫工作,只要在大数据中挖掘出信息的特点与联系,就可以建立科学的数据模型,通过模型代入新的数据,从而预测未来的数据。因此,可视化在预测中应用的主要环节有异常值的可视化分析、特征分析与模型预测性能分析。

12.3　数据可视化实现

本案例采用国际数据挖掘领域顶级赛事 KDD CUP 2017(2017 年国际知识发现和数据挖掘竞赛)数据集作为研究数据。该数据集记录了车辆在不同时间的多个固定线路中行驶所用时间。其数据主要包括三部分:道路基本信息、车辆通行时间信息和天气信息。竞赛中将数据集划分为两个样本:训练样本和测试样本。训练样本时间段是 2016 年 7 月 19 日至 10 月 17 日,测试样本为 2016 年 10 月 18 日至 24 日。道路的网络拓扑图如图 12-1 所示,道路包含 3 个收费站 Tollgate 1、Tollgate 2、Tollgate 3,其中,Tollgate 1 和 Tollgate 3 两个收费站都可以双向行驶,而 Tollgate 2 只允许单向行驶。交叉口包含 3 个,分别是 Intersection A、Intersection B、Intersection C。其数据集基本信息如表 12-1 所示。

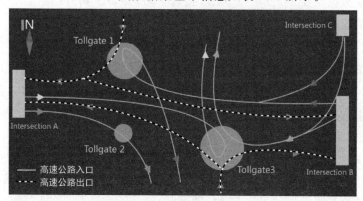

图 12-1　道路网络拓扑图

表 12-1　数据集基本信息

序　号	道　路　信　息	车辆通行时间信息	天　气　信　息	
1	从交叉口到收费站连接的线路 ID 号 link_id	交叉口 ID 号 intersection_id	日期 date	
2	从交叉口到收费站经过的每条线路长度(米) length	收费站 ID 号 tollgate_id	小时 hour	
3	从交叉口到收费站的连接线路的宽度(米) width	车辆 ID 号 vehicle_id	大气压力(hPa;Hundred Pa) pressure	
4	车道数 lanes	开始时间 starting_time	海压 sea_pressure	
5	从交叉口进入收费站时的经过的交叉口数量 in_top	车辆行程时间 travel_time	风向 wind_direction	
6	出收费站时连接的交叉口数量 out_top		风速(米/秒) wind_speed	
7	连接线路的宽度 lane_width		温度(℃) temperature	
8			相对湿度 rel_humidity	
9			降雨(毫米) precipitation	

12.3.1　异常值可视化分析

本节先对数据进行基本的分析,观察数据中的异常值以及缺失值,通过预处理提高数据的实用价值,以提高预测值的真实性。

1. 车辆行程时间数据分析

道路的历史车辆行程时间是主要的交通数据,主要包括 7 月 19 日至 10 月 17 日 6 条线路车辆行程时间数据。6 条线路的车辆行程时间转化后的数据记录共 25 144 条,线路 B1、C1 和 C3 的记录数据均在 4 000 条以下,B3 接近 5 000 条,A2 和 A3 均达 5 000 条以上,说明不同的线路车辆通过的数量有很大差异。

利用 25 144 个数据样本,对总体的车辆行程时间进行排序,发现前 25 000 个样本的车辆行程时间分布如图 12-2 所示,所有样本数据的车辆行程时间如图 12-3 所示。通过对比得知,异常值数据和正常值数据差距较大。前 25 000 个数据都在 350 秒以内,图 12-3 中的异常值数据超过 1 400 秒,需要对车辆行程时间数据继续进行探索,将车辆行程时间按时间段分析,得出结果如图 12-4 所示。

由图 12-4 可知,小于 200 秒的数据占大多数,有 22 892 个,200～300 秒的数据有 1 917 个,300～400 秒的数据有 238 个,400 秒以上的数据有 97 个。其中,最短车辆行程时间为 10.6 秒,最长车辆行程时间为 1 514.89 秒。

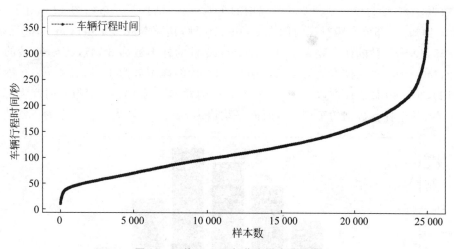

图 12-2　前 2.5 万个道路样本曲线图

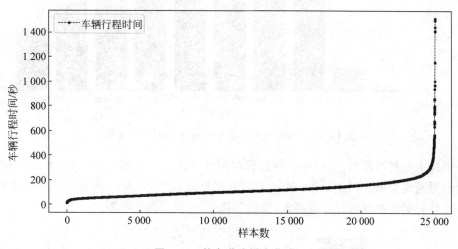

图 12-3　整个道路样本曲线图

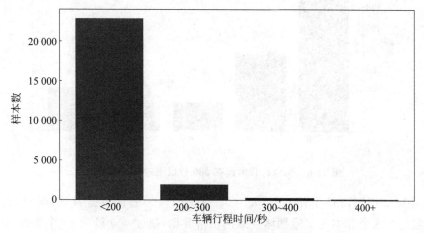

图 12-4　各个道路样本数量柱状图

对数据以 20 秒为单位划分 200 秒以内的车辆行程时间,其分布如图 12-5 所示,通过观察图 12-5 得知,大部分车辆行程时间在 100～120 秒,其样本数为 4 141,80～100 秒的样本数为 3 855,60～80 秒的样本数为 3 415,120～140 秒的样本数为 3 147,40～60 秒的样本数为 2 742,140～160 秒的样本数为 2 231,160～180 秒的样本数为 1 675,180～200 秒的样本数为 1 189,20～40 秒的样本数为 457,小于 20 秒的样本数为 40。车辆行程时间大部分都在60～140 秒,整个样本数据的车辆行程时间平均值为 120.47 秒,大部分数据为正常值。

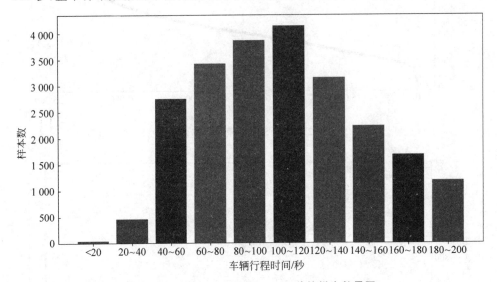

图 12-5　车辆行程时间在 0～200 秒的样本数量图

根据以上的判断得知,大部分车辆行程时间处于正常的数据范围,当道路出现拥堵时,车辆行程时间值会增大,但是 300 秒以上的数据样本量相对较少,需要对这 335 个样本数据,以 50 秒为单位继续进行分析探索,绘制如图 12-6 所示的柱状图。

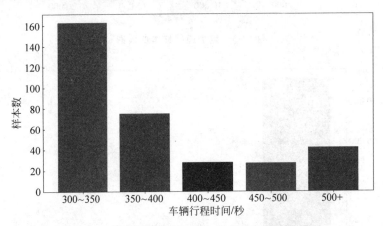

图 12-6　车辆行程时间在 300 秒以上的样本数量图

通过图 12-6 得知,335 个样本中,大于 300 秒小于 400 秒的数据为 163＋75,共计 238 个样本。暂定这 238 个样本为交通拥堵导致的正常数据,超过 400 秒的 97 个数据认为是异常值,其数量整体占比相对较小,并且远离平均值。计算 6 条线路的均值曲线,如图 12-7 所示,6 条线路中最大的均值为 187.24 秒,6 条线路均没有 400 秒以上的均值数据,由此得知,没有道路可以达到如此大的车辆行程时间值,可以肯定地认为这些过大的数据为异常值,需要进行处理。

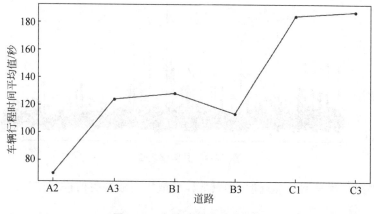

图 12-7　各线路的均值曲线图

继续对超过 400 秒的车辆行程时间数据进行探索,希望寻求更多可以利用的信息。通过对剩余的 97 个数据进行深度探索发现,出现这种过大数据的来源比较集中,但这些道路因车辆拥堵会导致数据过大,所以不能将过大数据都视为异常值,观察发现异常值可以分为两种情况。

(1) 在连续进行的时间段,车辆行程时间平均值由小到大逐渐增大,突然出现一个过大值,接着又降至正常水平,在突然增大的区域没有缓冲时间,突然增到 1 400 秒左右的高峰值,降至正常值时也没有缓冲时间,如图 12-8 所示。

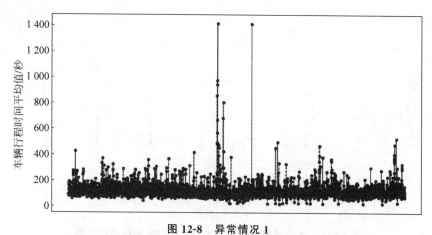

图 12-8　异常情况 1

(2) 在连续进行的时间段中,异常数据不是突然生成的,而是逐步增长的,如图 12-9 所示。出现这种异常数据时,前后时间段均有明显逐渐升高的趋势。

造成第一种异常情况的可能原因是进出收费站的过程中设备异常,或者抓拍过程中没有拍到驶出道路,或者在高速公路的休息区休息等,这种状况一般不是车祸或者拥堵。造成第二种异常情况的原因可能是出现车祸、正在施工等。以上两种情况导致的异常值均偏离

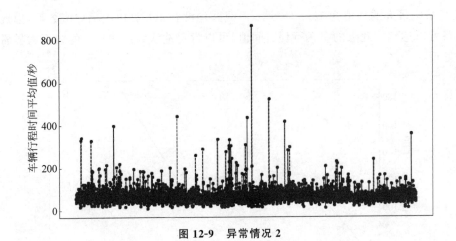

图 12-9　异常情况 2

了正常值，为提高预测模型的准确度，将以上异常值均当成缺失值进行填补。

2．每条道路的异常值数据识别

原始数据中一些小的异常值对整体的预测效果可能会产生非常大的影响，甚至有些模型在预测时因为过多的异常值而导致过拟合。某条线路一星期的车辆行程时间数据的箱形图如图 12-10 所示。通过观察图 12-10 得知，6 条线路中都会有部分车辆拥堵数据，这条线路中的车辆行程时间有部分达到了 200 秒以上，但是这条线路中有接近 400 秒的数据同样会对车辆通过的预测模型造成一定的影响。本案例采用把每条道路中接近 400 秒的值作为缺失值进行重新填补。

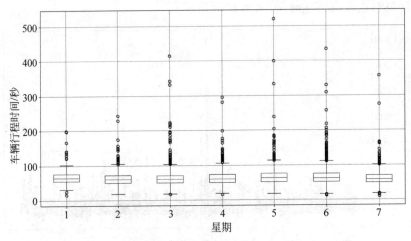

图 12-10　某条线路一星期的车辆行程时间数据的箱形图

3．节假日数据分析

以上分析都是基于道路角度分析异常数据的，本小节从日期角度分析异常数据。因本案例的数据期间是 7 月 19 日到 10 月 17 日，包含中国的特殊节日，即国庆节，众所周知国庆节 7 天假期人流车流都会急剧增长，会给原本的道路状况带来很大压力，图 12-11 为国庆节期间某条道路的车辆行程时间图。由图 12-11 得知,特殊节日不稳定性因素过多,数据的波动较大,本案例采用的测试集为 10 月 18 日至 24 日,训练集为 7 月 19 日至 10 月 17 日,因测试数据没有包含国庆节期间的数据且国庆节期间的数据与预测集数据相隔较近,如果将其删除可能会影响预测模型。因此本案例采用保留策略。将 10 月 1 日至 7 日以及国庆节前后的 9 月 30 日和 10 月 8 日的数据作为解释变量,应用到案例中。

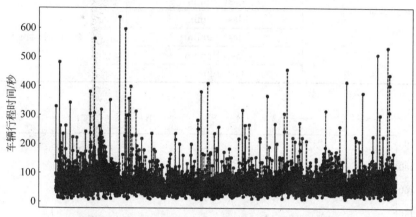

图 12-11　国庆节期间某条道路的车辆行程时间图

12.3.2　特征构建可视化与分析

在对天气因素和车辆行程时间进行归一化处理变成同一量纲的基础上,根据车辆行程时间预测问题的特点,本案例构建的特征主要分为三个部分:时间特征、道路特征以及天气特征。时间特征是指某天、某时间段以及某时刻的时间因素对车辆行程时间的影响;道路特征是指不随时间的推动而变化,道路的基本信息对车辆行程时间的影响;天气特征是指天气因素对车辆行程时间的影响。

1. 时间特征的构建

时间信息是时间序列分析中常用的特征,同时也是模型预测时非常重要的因素。时间特征如表 12-2 所示。基本的时间信息还有很多,不同的时间段、不同的星期会呈现不同的车辆行程时间,图 12-12 和图 12-13 描述了不同时间段和星期对车辆行程时间平均值的影响。通过图 12-12 得知,从凌晨 0 点到深夜 24 点车辆行程时间呈现显著不同的数值,因此构建时间特征:小时值(hour)。通过图 12-13 可以得知,不同的星期,曲线图的波动有所不同,周一至周日、一天中不同的时间段对车辆行程时间都有很鲜明的影响,所以构建时间特征:星期(week)。12.3.1 节已经指出,国庆节以及国庆节前后对车辆行程平均时间影响也较大,结合星期分为工作日与非工作日,因此构建另一个时间特征:是否工作日(is_workday)。是否工作日分为三类:is_workday_1 代表周一至周五,is_workday_2 代表周六、周日,is_workday_3 代表国庆节和国庆节前后两天。

表 12-2　时间特征

类　　型	字　　段	描　　述
时间特征	week	星期
	is_workday	是否工作日
	hour	小时值
	last_40min	时间窗
	last_60min	
	last_80min	
	last_100min	
	last_120min	

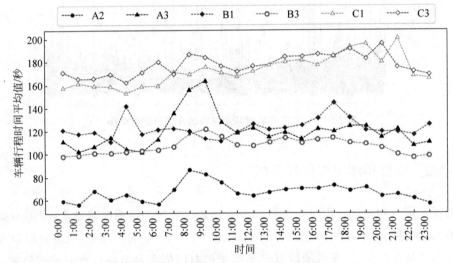

图 12-12　时间段对车辆行程时间的影响

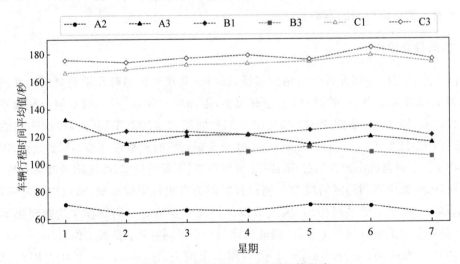

图 12-13　星期对车辆行程时间的影响

2．道路特征的构建

道路信息是指道路本身的基本信息，不随时间的变化而变化。本案例所用的道路特征主要包括车道长度、线路总长度、车道数量以及道路两端路口的特征。构建道路特征，如表 12-3 所示。

表 12-3　道路特征

类　　型	字　　段	描　　述
道路特征	length	车道长度
	width	线路总长度
	lanes_count	车道数量
	link_count	从交叉口到收费站连接的线路数量
	in_link_cross_count	进入交叉口连接道路数量
	out_link_cross_count	出交叉口连接道路数量
	lines	从交叉口到收费站组成的 6 条线路

3．天气特征的构建

天气对人们的生活以及是否出行游玩有很大的影响。不利天气对车辆通行的影响与道路施工、交通事故对车辆通行的影响不同，其影响范围较广，甚至会对整个城市交通路网造成影响，进而导致大面积的交通拥堵，制约出行者的日常活动。为有效控制天气因素对车辆行程时间的影响，本案例使用基本天气数据，再结合实际问题提取相关指标，构建人体舒适度指数和人体舒适度指数等级。其中，人体舒适度指数是描述温度、风速和相对湿度对人体的综合影响指标之一，它是较为常用的表征人体舒适度的方法[49]。因此得出天气特征，如表 12-4 所示。

表 12-4　天气特征

类　　型	字　　段	描　　述
天气特征	pressure	气压
	sea_pressure	海平面压力
	wind_direction	风向
	wind_speed	风速
	temperature	温度
	rel_humidity	相对湿度
	Precipitation	降雨量
	SSD	人体舒适度指数
	SSD_level	人体舒适度指数等级

4．特征分析

本案例采用集成学习算法对特征值进一步分析。由于集成学习模型的主要优势是能够得到特征的重要性排序，因此本节采用集成学习算法中的随机森林和 GBRT（一般梯度提升回归树)进行特征重要性排序,特征重要性的选择可以在一定程度上筛选特征,进而提高模型的鲁棒性。本案例的重要因素选择主要应用到训练集阶段。下面将对本案例的影响因素重要性排序进行详细分析。

1) 随机森林分析

本案例采用 Python 软件 sklearn 模块中的 feature_importances_ 方法应用到随机森林分析特征重要性排序,随机森林判断特征重要性的主要思想是通过判断随机森林的分支特征的贡献值,然后对比特征之间贡献值的平均值大小,得出特征的重要性排序。其中,基尼指数或袋外数据的错误率能够计算贡献值的大小。在拟合随机森林模型的过程中,主要参数包括弱学习器个数(92)、最大树深(6)、袋外数据(False)。随机森林运行结果为,道路因素的占比是 73.73%,前 3 名中道路因素占据两个,其中,线路总长度的占比为 66.82%,远远高于其他变量,重要性程度占据整个变量的一半以上;其次是车道长度,占比为 6.10%。再者,时间因素的占比 19.56%,其中划分的 5 个时间窗口和小时值排名相对靠前,共占据模型变量性的 18.74%;时间因素中的星期变量占比相对较小,天气因素的总占比为 6.71%,而温度、相对湿度、风速和人体舒适度指数的占比为 6.08%,降雨量的占比相对较低。分析得知,随机森林中,道路因素整体占比较大,天气因素整体的占比相对较小。

2) GBRT 算法

本案例采用 Python 软件中 sklearn 模块中的 feature_importances_ 方法分析 GBRT 特征重要性排序分析。GBRT 模型在选择好训练参数后能够输出所使用特征的相对重要性,其中,GBRT 在训练过程中主要参数包括弱学习器个数(610)、最大树深(6)、学习率(0.1)。通过以上参数拟合的模型中,GBRT 算法结果为,道路因素的总占比为 86.34%,道路因素中的线路总长度和车道长度占据前两位;时间因素的总占比为 13.02%;天气因素的总占比为 0.59%,与随机森林的结果类似。通过 GBRT 分析得知,道路因素是影响车辆行程时间的主要因素,时间因素是次要因素,天气因素影响最弱。

12.3.3 预测可视化分析

将训练样本采用交叉验证法进行训练集模型的验证,即将训练集随机均分成 K 个子训练集,各个机器模型在每个子训练集中训练 K 次,这样能够防止模型的过拟合,每次选取一个子训练集作为验证集,$K-1$ 个子训练集作为训练集,然后将 K 次的拟合结果作为验证集的预测精度结果,10 折交叉验证是比较常用的,因此本案例选取 K 等于 10,即进行 10 折交叉验证。10 折交叉验证算法采用 Python 软件中 sklearn. cross_validation 的 cross_val_score 来实现。

1. K 近邻算法

本小节将基于分析得到的重要影响因素使用 K 近邻算法对车辆行程时间进行预测。在 K 近邻算法的学习中,本案例根据训练集的 10 折交叉验证,找出最小平均绝对误差(MAE)对应的 K 值,并使用平均法(对 K 个训练子集的输出值平均)计算当前样本的最终输出。通过实验得出训练集中的预测结果如图 12-14 所示。由图 12-14 得知,随着 K 值的增大,MAE 逐渐减小。考虑模型的精度和效率,本案例选取 K 等于 31,通过平均 10 次指标对应值,最终得到 MAE 为 22.04,RMSE(均方根误差)为 41.27,MAPE(平均绝对百分比误差)为 0.188。

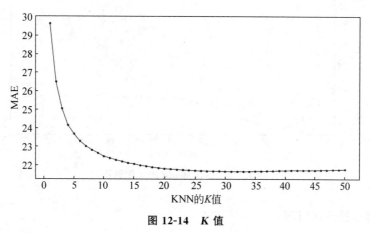

图 12-14　K 值

2. 随机森林模型

本小节将基于分析得到的重要影响因素使用随机森林算法对车辆行程时间进行预测。Python 软件运行随机森林时,其参数中 oob_score 用来表示在对模型进行评估时是否采用袋外数据,是随机森林内部对误差建立的一个无偏估计,本案例采用默认值 False。n_estimators 表示弱学习器的个数,该参数设置的大小会影响学习效果是过拟合还是欠拟合,当设置过大时将增大整个运算过程的计算量,因此需要选择一个适中的值,该参数的默认值为 10。max_depth 表示决策树的最大深度,如果该参数采用默认值 None,则在训练过程中节点将会一直扩展,直到所有的叶子节点不能再分裂。由于随机森林的基学习器具有偏差低并且预测效果较好的特点,因此本案例对基学习器中树的深度采用默认值。随机森林在训练过程中以降低方差为目的,而学习器的多少对方差影响较大。因此本案例在随机森林调参过程中主要考虑基学习器的个数(n_estimators)和最大树深(max_depth)对验证集结果的影响。其 n_estimators 和 max_depth 的训练结果如图 12-15 和图 12-16 所示。由图得知,当 n_estimators=92,max_depth=6 时,MAE 均达到最小。通过 10 折交叉结果的平均,最终得到 MAE 为 21.29,RMSE 为 40.38,MAPE 为 0.173。

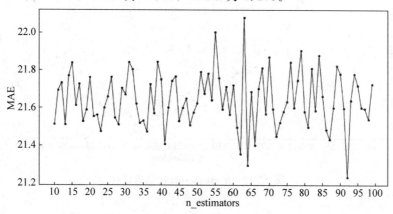

图 12-15　n_estimators 的训练过程

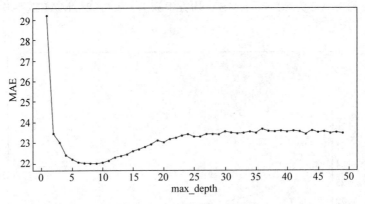

图 12-16 **max_depth** 的训练过程

3. 一般梯度提升回归树

本小节将基于分析得到的重要影响因素使用一般梯度提升回归树对车辆行程时间进行预测。Python 软件运行一般性梯度提升回归树时，其参数 n_estimators 表示弱学习的个数，一般默认值为 100；参数 learning_rate 表示学习率，这个参数决定了参数达到最优值的速度，默认值为 1，learning_rate 与 n_estimators 成反比，即弱学习器数量越多，其对应的学习率就越低；max_depth 表示每棵树的最大深度；与 Bagging 的随机森林不同的是，Boosting 的 GBRT 算法的学习器都为弱学习器。GBRT 算法的主要目的是降低学习器的方差，而对应的偏差较高。因此，GBRT 在训练过程中需要增加弱学习器的个数以降低偏差，n_estimators 的默认值比随机森林中的默认值大。在调参过程中，主要考虑基学习器的个数（n_estimators）对验证集结果的影响。由图 12-17 得知，当 n_estimators 等于 610 时，对应的 MAE 最小。通过 10 折交叉验证的平均，最终得到 MAE 为 20.55，RMSE 为 40.23，MAPE 为 0.17。

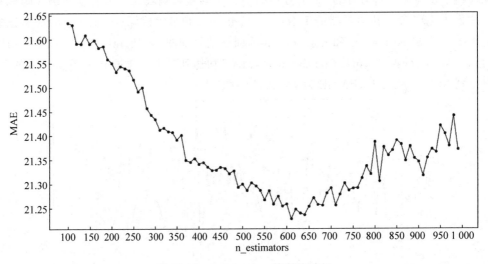

图 12-17 **n_estimators** 的训练过程

4. 预测性能比较

采用每一折的验证集产生的平均预测误差,每种模型的主要参数设置和 10 折交叉验证中的评估指标如表 12-5 所示。由训练的过程可以得出,GBRT 在车辆通过时间数据集上的预测效果最好,KNN 得到的预测效果最差。在训练速度上,KNN 模型的训练速度最慢、耗时最长,GBRT 模型的训练速度最快,随机森林次之。KNN 的运算效率最差是因为 KNN 训练过程是把样本存储起来,当到测试样本后再进行训练。因此单个模型中 GBRT 模型相对优于其他单个模型,评估指标更优,更适用于车辆行程时间的短时预测。

表 12-5　各模型参数设置

算　法	参数 1	参数 2	参数 3	MAE	RMSE	MAPE
KNN	$K=31$			22.04	41.27	0.188
RF	n_estimators$=92$	max_depth$=6$		21.29	40.38	0.173
GBRT	n_estimators$=610$	max_depth$=6$	learn_rate$=0.1$	20.55	40.23	0.170

即测即练

思考题

1. 简述数据可视化在预测分析中的作用。
2. 预测分析中数据可视化的关键环节有哪些?
3. 预测可视化的其他应用场景有哪些?

第 13 章
数据可视化在评价中的应用

　　评价是在多因素或多个指标相互作用下对一个事物的综合判断,这是决策过程中具有普遍意义的问题。评价是为了更好地决策,需要汇集反映评价事物的多项指标信息,得到一个综合指标,以此来反映被评价事物的整体情况,即多指标综合评价方法。进而,通过评价结果排序,形成有效决策。本章以中国、韩国和日本三个国家的船舶工业国际竞争力评价为案例,介绍数据可视化在评价过程和评价结果中的应用。

本章学习目标

(1) 理解综合评价的含义及评价过程;

(2) 理解数据可视化在评价过程中的作用;

(3) 掌握评价过程中常用的数据可视化方法。

13.1 案例背景与可视化目标

　　建设海洋强国是实现中华民族伟大复兴的重大战略任务。

——习近平①

扩展阅读 13-1
摆脱低潮 逆流
而上——2022 年
国际造船市场回
顾及 2023 年展望

　　发展壮大我国的船舶制造业、提升我国造船行业的国际竞争力是建设海洋强国的重要内容之一。近年来,中国船舶产业造船手持订单量、新增订单量、造船完工量三大指标均位居世界第一,国际市场占有率不断提高。中国船舶产业具有劳动力充足、原材料丰富、国内需求量大等优势。但与韩国和日本等国的先进造船企业相比,中国造船企业存在技术水平低、生产效率低、配套设施不完善、附加值低等劣势,如韩国液化天然气船的接单量远高于中国。总体而言,中国船舶产业的国际竞争力低于韩国、日本等造船业发达国家。

　　目前,中国、韩国、日本在世界造船市场中处于主导地位。但是,近年来,受到世界经济下行、贸易保护主义盛行、海洋环境保护日益严格等原因的影响,全球造船业面临新船接单难、造船交付难、船企融资难等困境,船舶产业在未来的竞争也将更加激烈。如韩国总统提出"经济活力"公约,强调要像培育半导体产业一样发展海运业和造船业,实现新海洋强国的

---

①　2022 年 4 月 10 日,习近平在中国海洋大学三亚海洋研究院调研考察时的讲话。

再腾飞[50]。面对巨大的竞争压力,中国要想继续保持或进一步提升船舶产业国际竞争力,就必须认清与韩国、日本等造船强国的差距,客观评价我国与这些国家船舶制造业的国际竞争力,以达到识别船舶工业国际竞争风险的目的,不仅从规模方面,更要从技术、产品、获利能力和市场占有能力等方面成为世界造船第一强国。同时,采取必要的风险防范及控制措施,帮助我国船舶工业持续、快速、健康、协调发展,提升船舶工业的整体经济效益水平。

对此,本章将我国与韩国、日本的船舶工业国际竞争力进行评价与对比,将数据可视化方法应用于该评价过程,主要实现如下目标。

(1) 通过可视化展现评价过程,直观展现评价过程的指标体系及指标权重的确定,确保评价过程的科学合理,为准确评价船舶工业国际竞争力奠定基础。

(2) 以可视化方式从多角度展现中国、韩国与日本船舶工业国际竞争力的差异,为提升我国船舶工业国际竞争力提供政策建议。

13.2　综合评价及可视化设计

13.2.1　综合评价的过程及方法

1. 综合评价过程

从操作程序角度讲,综合评价通常要经历确定评价对象和评价目标,构建综合评价指标体系,选择定性或定量评价方法,选择或构建综合评价模型,分析综合得出的结论,提出评价报告等过程。针对一般的综合评价实际问题,具体的程序如下。

(1) 确定评价对象:评价的对象通常是同类事物(横向)或同一事物在不同时期(纵向)的表现。

(2) 明确评价目标:评价目标不同,所考虑的因素就有所不同。

(3) 组织评价小组:评价小组通常由评价所需要的技术专家、管理专家和评价专家组成。参加评价工作的专家资格、组成以及工作方式等都应满足评价目标的要求,以保证评价结论的有效性和权威性。

(4) 确定评价指标体系:指标体系是从总的或一系列目标出发,逐级发展子目标,最终确定各专项指标。当然,这里还必须包括收集评价指标的原始数据或对评价指标数据进行若干预处理。

(5) 选择或设计评价方法:评价方法根据评价对象的具体要求不同而有所不同。总的来说,要选择成熟的、公认的评价方法,并注意评价方法与评价目的的匹配,注意评价方法的内在约束,掌握不同方法的评价角度与评价途径。

(6) 选择和建立评价模型:评价问题的关键是在于从众多的方法模型中选择一种恰当的方法模型。任何一种综合评价方法,都要依据一定的权数对各单项指标评判结果进行综合,权数比例的改变会变更综合评价的结果。

(7) 评价结果分析:综合评价工作是一件主观性很强的工作,我们在评价工作中必须以客观性为基础,提高评价方法的科学性,保证评价结果的有效性。当然,由于综合方法的局限性,它的结论只能作为认识事物、分析事物的参考,而不能作为决策的唯一依据。

综上,综合评价的过程不是随意的简单事情,而是一个对评价者和实际问题的主客观信息综合集成的复杂过程。只有在充分占有有关被评价对象及其相关因素的信息基础上,才有可能作出较为可靠的评价。

2. 层次分析法

评价方法的种类很多,其中层次分析法(Analytic Hierarchy Process,AHP)是一种处理多目标、多准则、多因素、多层次的复杂问题,进行决策分析、综合评价的简单、实用而有效的方法。该方法于 20 世纪 70 年代由美国运筹学学家 T. L. Satty 提出。该方法是将决策问题的有关元素分解成目标、准则、方案等层次,在此基础上进行定性与定量分析的一种决策方法。该方法的特点是在对复杂决策问题的本质、影响因素及其内在关系等进行深入分析之后,构建一个层次结构模型,然后利用较少的定量信息,把决策的思维过程量化,为求解多准则或无结构特性的复杂决策问题提供一种简便的决策方法。

一般而言,层次分析法的基本步骤包括以下几步。

扩展阅读 13-2
AHP 方法的详细步骤

1)建立层次分析结构

在深入分析实际问题的基础上,将有关的各个因素按照不同属性自上而下地分解成若干层次,同一层的诸因素从属于上一层的因素或对上层因素有影响,同时又支配下一层的因素或受到下层因素的作用。最上层为目标层,通常只有一个因素,最下层通常为方案层或对象层,中间可以有一个或多个层次,通常为准则层或指标层。当准则过多时,应进一步分解出子准则层。

2)构造成对比较矩阵

从层次结构模型的第二层开始,对于从属于(或影响)上一层每个因素的同一层诸因素,用成对比较法和1～9比较尺度构造成对比较矩阵,直到最下层。

设有 m 个目标(方案或元素),根据某一准则,将这 m 个目标两两进行比较,把第 i 个目标($i=1,2,\cdots,m$)对第 j 个目标的相对重要性记为 a_{ij},($j=1,2,\cdots,m$)。如此构造的 m 阶矩阵用于求解各个目标关于某准则的优先权重,成为权重解析判断矩阵,简称判断矩阵,记作 $\boldsymbol{A}=(a_{ij})_{m\times m}$。

3)判断矩阵的一致性检验

对于每一个成对比较矩阵计算最大特征根及对应特征向量,利用一致性指标、随机一致性指标和一致性比率做一致性检验。若检验通过,特征向量(归一化后)即为权向量;若不通过,需重新构造成对比较矩阵。

4)计算组合权向量并做组合一致性检验

计算最下层对目标的组合权向量,并根据公式做组合一致性检验,若检验通过,则可按照组合权向量表示的结果进行决策,否则需要重新考虑模型或重新构造那些一致性比率较大的成对比较矩阵。

13.2.2　船舶工业国际竞争力评价的可视化需求分析

对船舶工业国际竞争力的评价分为三个步骤:第一步是构建评价竞争力的指标体系,

这是一个筛选过程,即从多个指标中筛选出重要的少量指标构成综合评价的指标体系,并为不同的指标赋予不同的权重;第二步是基于该指标体系收集数据,从不同角度对船舶工业国际竞争力进行评价,得到多维度的评价结果;第三步是基于评价结果找出我国船舶工业国际竞争力与其他发达国家的差距,并由此提出政策建议。对该评价过程的可视化分析主要从评价过程的可视化和评价结果的可视化展开。

1. 评价过程的可视化

评价过程包括评价指标体系的确定和基于该指标体系收集数据并评价计算。指标体系的确定需要从初步确定的指标中筛选出重要的指标,构成指标体系。在该过程的可视化需要将指标体系的筛选过程表示出来,本案例根据专家打分法,将多个专家的打分情况进行可视化。最终将具有不同权重的指标体系及其关系表达出来,适宜使用旭日图或面积图进行可视化。

2. 评价结果的可视化

评价结果的可视化是对评价计算结果的可视化。由于评价的结果往往是基于指标体系的多维度排序结果,因此评价结果的可视化是从多个角度对排序结果进行可视化,适宜使用柱状图、条形图、面积图等。

13.3　数据可视化实现

13.3.1　数据收集及处理

在对船舶工业国际竞争力评价的案例中,需要获取两方面的数据:一方面是评价指标体系确定过程的数据,该部分在相关文献研读的基础上,主要采用向领域专家发放问卷、专家打分的方式获取数据;另一方面是在确定评价指标体系的基础上,收集不同指标的评分数据。

1. 指标体系的确定

影响船舶工业国际竞争力的因素很多,借鉴相关文献,将这些影响因素归纳为两个层次:第一层次是国际竞争力的综合反映,直接显示竞争力高低,包括船舶工业和造船企业的市场占有能力和获利能力。第二层次因素包括规模、环境、技术能力和产品,它们决定第一层次的两个因素[51]。从这两个层次初步设计了船舶工业竞争力评价指标体系,该指标体系有 6 个一级指标和 41 个二级指标。而后运用德尔菲法对初步设计的指标体系进行重要性筛选,保留重要指标,剔除对评价结果相对不重要的指标。筛选方法是请 12 位领域专家对 41 个二级指标的重要程度分别从 1 分到 5 分进行打分,5 分表示很重要,1 分表示不重要。然后对每个指标的专家打分求平均值,根据一定的临界值(4 分)对指标进行筛选。最后把 12 位专家对 41 个指标不同的打分人数进行统计,并计算不同指标的平均值。由此,确定评价船舶工业国际竞争力的指标体系。

2. 船舶工业国际竞争力的计算

基于以上确定的竞争力评价指标体系收集中国、日本和韩国三个主要造船国家的相关数据。其中,船舶产业层次的定量指标值(包括国际市场占有率、净资产收益率、前三家市场集中度、研发投入占销售收入的比重、生产效率、价格-成本竞争力指数、VLCC 建造周期)主要来自不同国家的官方统计数据,中国船舶工业数据来源于国防科学技术工业委员会出版的《中国船舶工业统计年鉴》,韩国的船舶工业数据来源于韩国造船工业协会出版的《造船资料集》,日本船舶工业数据来源于国土交通省海事局出版的《造船统计要览》。指标体系中的定性指标值(包括法规体系健全程度、本土化设备装船率、设计技术水平、制造技术水平、管理水平、经济性、安全性)的获取主要采取专家问卷评分的方法,从低到高划为 1~5 分,由专家分别给三个国家的各指标打分。

在本案例中,数据关系相对简单,无须过多的数据预处理,可视化需求也以比较为主,以常用的柱状图(或条形图)对比较结果进行可视化即可,因此,以 Excel 为主要工具对评价数据进行可视化。

13.3.2　评价过程可视化

1. 船舶工业国际竞争力评价指标体系可视化

其可视化结果如表 13-1 所示,每个指标的不同分值打分人数以不同的颜色进行可视化,平均分以不同长短的数据条表示数据的大小。

表 13-1　船舶工业国际竞争力评价指标重要性评分结果

一级指标	二级指标体系	重要性程度:专家集中评价值					
		5分	4分	3分	2分	1分	平均分
市场占有能力	国内市场占有率	5	1	2	0	4	3.25
	国际市场占有率	9	2	1	0	0	4.67
获利能力	资产总额收益率	1	6	5	0	0	3.67
	净资产收益率	8	0	2	2	0	4.17
	销售收益率	7	1	1	0	3	3.75
	成本费用净利润率	7	0	3	0	2	3.83
	利润总额增长率	6	2	0	0	4	3.50
环境	法规体系健全程度	8	0	0	4	0	4.00
	本土化设备装船率	4	6	1	1	0	4.08
	投融资政策环境	1	8	3	0	0	3.83
	钢材、电力产业的支持程度	6	0	0	3	3	3.25
	利率水平对船舶工业的影响	0	9	3	0	0	3.75
	汇率水平对船舶工业的影响	2	4	2	1	3	3.08
	船用配套设备产值	6	0	1	1	4	3.25
	船用柴油机产量	5	2	0	1	4	3.25
规模	资产总计	3	4	0	0	5	3.00
	负债合计	7	0	0	0	5	3.33
	新增固定资产	0	1	9	1	1	2.83
	从业人员总数	2	4	4	2	0	3.50
	前三家市场集中度	6	3	2	1	0	4.17
	工业总产值	3	2	4	3	0	3.42

一级指标	二级指标体系	重要性程度：专家集中评价值					
		5 分	4 分	3 分	2 分	1 分	平均分
技术	研发投入比重	6	4	2	0	0	4.33
	科技人员占从业人员比重	5	3	0	0	4	3.42
	双高船比例	4	0	0	8	0	3.00
	高中级技术职称人员占从业人员比例	1	5	1	2	3	2.92
	从业人员中本科及以上学历比例	1	2	4	4	1	2.83
	设计技术水平	9	1	2	0	0	4.58
	制造技术水平	10	1	1	0	0	4.75
	营销技术水平	0	2	6	3	1	2.75
	管理水平	5	5	2	0	0	4.25
	人均造船量	1	0	5	5	1	2.58
	生产效率	5	4	2	1	0	4.08
	价格-成本竞争力指数	3	8	1	0	0	4.17
	VLCC 建造周期	8	1	1	2	0	4.25
产品	可靠性	3	4	4	0	1	3.67
	经济性	9	1	0	0	2	4.25
	安全性	8	2	2	0	0	4.50
	环保性	7	0	0	2	3	3.50
	设计周期	5	2	4	1	0	3.92
	建造同期船台周期	7	1	0	4	0	3.92
	签约至交船周期	7	2	0	0	3	3.83

根据临界值(4 分)从上述 41 个二级指标中筛选出 14 个评分均值在 4 分以上的指标,连同其所属的一级指标,共同构成了船舶工业国际竞争力评价指标体系,如表 13-2 所示。

表 13-2　船舶工业国际竞争力评价指标体系

一级指标	二级指标
市场占有能力 A1	国际市场占有率 B1
获利能力 A2	净资产收益率 B2
环境 A3	法规体系健全程度 B3
	本土化设备装船率 B4
规模 A4	前三家市场集中度 B5
技术能力 A5	研发投入比重 B6
	设计技术水平 B7
	制造技术水平 B8
	管理水平 B9
	生产效率 B10
	价格-成本竞争力指数 B11
	VLCC 建造周期 B12
产品 A6	经济性 B13
	安全性 B14

这种具有层级关系的数据适宜使用思维导图方式对其进行可视化展示，如图 13-1 所示。

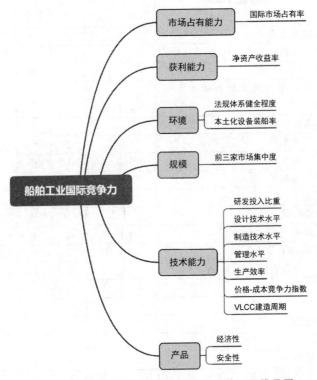

图 13-1　船舶工业国际竞争力评价指标体系思维导图

2. 船舶工业国际竞争力评价指标权重可视化

基于 AHP 为上述指标体系中的每个指标赋予权重。首先明确船舶工业国际竞争力指标体系的层次，如图 13-2 所示。用 9 分制对每一层的不同指标进行两两比较，形成多个判断矩阵。

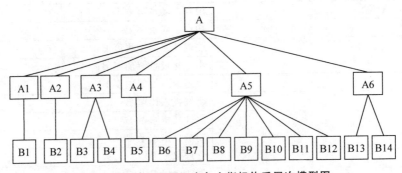

图 13-2　船舶工业国际竞争力指标体系层次模型图

根据专家给出的判断矩阵，将判断矩阵中的每个值进行平均，得到最终的判断矩阵，然后计算该判断矩阵的最大特征值和对应特征向量。对特征值进行一致性检验，而后将对应的特征相量归一化处理即为该层次指标的权重。最终多个指标的权重如表 13-3 所示。

表 13-3　船舶工业国际竞争力评价指标体系

一级指标	权重	二级指标	权重	绝对权重
市场占有能力	0.202	国际市场占有率	1.000	0.202
获利能力	0.122	净资产收益率	1.000	0.122
环境	0.075	法规体系健全程度	0.333	0.025
		本土化设备装船率	0.667	0.050
规模	0.049	前三家市场集中度	1.000	0.049
技术能力	0.346	研发投入比重	0.088	0.030
		设计技术水平	0.161	0.056
		制造技术水平	0.161	0.056
		管理水平	0.161	0.056
		生产效率	0.290	0.100
		价格-成本竞争力指数	0.088	0.030
		VLCC 建造周期	0.051	0.018
产品	0.206	经济性	0.500	0.103
		安全性	0.500	0.103

可以用旭日图或树状图对表示层级关系的数据进行可视化。旭日图的内层圆环表示一级指标,外层圆环表示二级指标体系,圆环中扇形的大小表示权重大小,如图 13-3 所示。图中可见部分指标名称(法规体系健全程度)未显示出来,这是由于该指标的权重比较小,难以在大小有限的扇形中显示出所有的文字。用户在利用旭日图或扇形图进行可视化时需要注

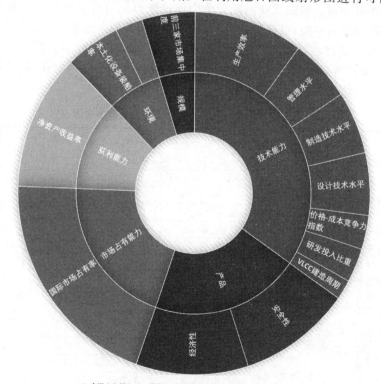

■市场占有能力　■获利能力　■环境　■规模　■技术能力　■产品

图 13-3　船舶工业国际竞争力评价指标体系旭日图

意,如果有必要,可以将若干个份额比较小的部分合并为"其他"。

树状图用同一种颜色的矩形框表示同属于一级指标,在同一种颜色的矩形框中以不同的小矩形表示不同的二级指标,矩形的大小表示该指标的权重大小。如图 13-4 所示。与旭日图类似,树状图中可能会有部分指标名称(VLCC 建造周期)不能完全显示出来。

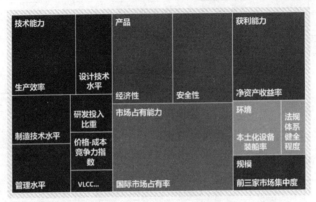

图 13-4　船舶工业国际竞争力评价指标体系树状图

13.3.3 · 评价结果可视化

1. 中日韩船舶工业竞争力比较分析可视化

采取加权指数法建立船舶工业国际竞争力评价模型。为便于比较和分析中国与韩国、日本等先进造船国家的差距,以韩国船舶工业作为标杆,设韩国船舶工业国际竞争力各项指标值的指数为100,通过数据之间的换算得出日本和中国船舶工业国际竞争力各项指标的对应指数,然后根据各项指标的权重对各项指标进行加权平均,就得到中日韩船舶工业国际竞争力的评价值。其结果如表 13-4 所示。

表 13-4　中日韩船舶工业国际竞争力指数测评表

一级指标	二 级 指 标	韩国数值	日本数值	中国数值	韩国指数	日本指数	中国指数
市场占有能力	国际市场占有率	33.9%	15.3%	40.8%	100	45.1	120.4
获利能力	净资产收益率	7.3%	3.4%	6.6%	100	46.0	90.4
环境	法规体系健全程度	4.0	4.70	3.2	100	117.5	80.0
	本土化设备装船率	85.0%	90.0%	60%	100	105.9	70.6
规模	前三家市场集中度	72.0%	29.0%	48.2%	100	40.3	66.9
技术能力	研发投入比重	1.1%	1.0%	2.4%	100	89.5	214.0
	设计技术水平	4.0	4.7	2.3	100	117.5	57.5
	制造技术水平	4.3	4.7	2.7	100	109.3	62.8
	管理水平	4.2	4.8	2.5	100	114.3	59.5
	生产效率	0.2	0.3	0.08	100	150.0	40.0
	价格-成本竞争力指数	1.1	1.00	1.07	100	90.9	97.3
	VLCC 建造周期	0.13	0.11	0.09	100	88.9	75.2
产品	经济性	4.2	4.3	3.3	100	102.4	78.6
	安全性	4.0	4.3	3.3	100	107.5	82.5

对表 13-4 的数据进行可视化最常用的是用柱状图（图 13-5）。需要注意的是，应该选择"指数"列来绘制柱状图，而不是"数值"列。这是因为"数值"列的数据具有不同的数量级，如管理水平和研发投入比重等。如果用"数值"列绘制柱状图，会使诸如研发投入比重等指标对应的柱子很短，难以看出其差异（图 13-6）。

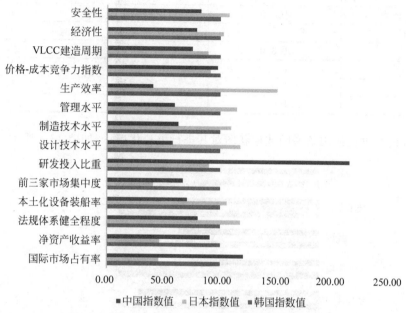

图 13-5　中日韩船舶工业国际竞争力测评指数可视化

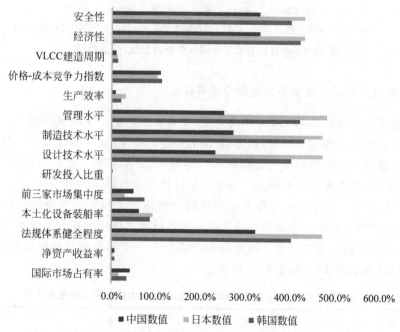

图 13-6　中日韩船舶工业国际竞争力数值可视化

在表 13-4 中日韩船舶工业各项指标数据基础上,根据表 13-3 中二级指标的权重,得到一级指标的指数值,结果如表 13-5 所示。

表 13-5　中日韩船舶工业国际竞争力指数测评表(一级指标)

一 级 指 标	韩　　国	日　　本	中　　国
市场占有能力	100.0	45.1	120.4
获利能力	100.0	46.0	90.4
环境	100.0	109.8	73.7
规模	100.0	40.3	70.6
技术能力	100.0	118.8	71.8
产品	100.0	104.9	80.5

表 13-5 的数据也适用条形图或柱状图对其进行可视化展示,如图 13-7 所示。

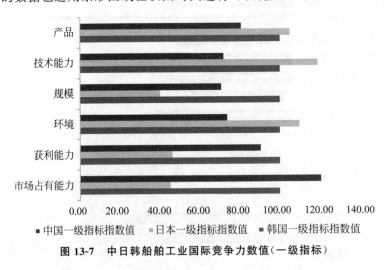

图 13-7　中日韩船舶工业国际竞争力数值(一级指标)

2. 中国与日韩船舶工业竞争力差距分析可视化

为了分析中国与日韩船舶工业竞争力差距,发现我国船舶工业的薄弱之处,找出制约我国船舶工业国际竞争力的主要因素,引入"竞争力差距影响度"这一指标。中国与韩国、日本船舶工业国际竞争力差距影响度是指影响中国与韩国、日本船舶工业国际竞争力各项分指标的差距对竞争力总差距的贡献程度。为了分别计算中国与韩国和日本船舶工业竞争力差距影响度,基于表 13-3 中船舶工业竞争力评价的二级指标的相对权重及绝对权重,以及一级指标的权重,将中国船舶工业国际竞争力按一级指标和二级指标指数值分别与韩国、日本逐一比较,计算其差值。而后计算一级指标和二级指标下中国与韩国船舶工业竞争力差距的影响度。其结果如表 13-6 和表 13-7 所示。

表 13-6　各二级指标对中国与韩国船舶工业竞争力差距的影响度及排序

一 级 指 标	分差距	影响度/%	二 级 指 标	分差距	影响度/%
市场占有能力	−4.11	−28.51	国际市场占有率	−4.11	−28.51
获利能力	1.17	8.11	净资产收益率	1.17	8.11

续表

一 级 指 标	分差距	影响度/%	二 级 指 标	分差距	影响度/%
环境	1.97	13.66	法规体系健全程度	0.50	3.46
			本土化设备装船率	1.47	10.20
规模	1.62	11.23	前三家市场集中度	1.62	11.23
技术能力	9.76	67.70	研发投入比重	−3.47	−24.07
			设计技术水平	2.37	16.42
			制造技术水平	2.07	14.37
			管理水平	2.25	15.63
			生产效率	6.02	41.74
			价格-成本竞争力指数	0.08	0.58
			VLCC 建造周期	0.44	3.03
产品	4.01	27.80	经济性	2.21	15.30
			安全性	1.80	12.50
总计	14.42	100		14.42	100

表 13-7　各二级指标对中国与日本船舶工业竞争力差距的影响度及排序

一 级 指 标	分差距	影响度/%	二 级 指 标	分差距	影响度/%
市场占有能力	−15.19	−727.08	国际市场占有率	−15.19	−727.08
获利能力	−5.41	−259.10	净资产收益率	−5.41	−259.10
环境	2.71	129.30	法规体系健全程度	0.94	44.82
			本土化设备装船率	1.77	84.48
规模	−1.31	−62.52	前三家市场集中度	−1.31	−62.52
技术能力	16.28	778.84	研发投入比重	−3.79	−181.48
			设计技术水平	3.34	159.93
			制造技术水平	2.59	123.98
			管理水平	3.05	145.97
			生产效率	11.04	528.15
			价格-成本竞争力指数	−0.19	−9.27
			VLCC 建造周期	0.24	11.56
产品	5.03	240.57	经济性	2.45	117.35
			安全性	2.58	123.22
总计	2.09	100		2.09	100

　　表 13-6 所列的中国与韩国船舶工业竞争力差距数据可以用条形图进行可视化。其一级指标和二级指标所衡量的竞争力差距可视化结果分别如图 13-8 和图 13-9 所示。从一级指标所体现的差距来看,中国船舶工业与韩国最大的差距在于船舶建造的技术能力,其次是产品、环境、规模、获利能力等。而在市场占有能力方面,中国则超越了韩国。具体到二级指标而言,除了国际市场占有率和研发投入比重两个指标,在其他指标上中国均落后于韩国。

　　按照同样的方式,计算出中国与日本船舶工业竞争力的差距,结果如表 13-7 所示。对

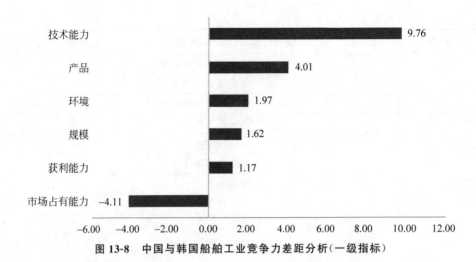

图 13-8 中国与韩国船舶工业竞争力差距分析（一级指标）

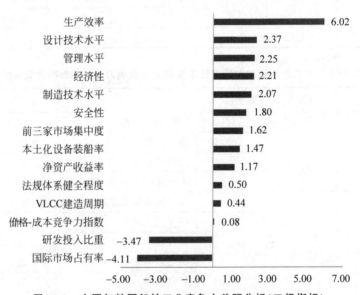

图 13-9 中国与韩国船舶工业竞争力差距分析（二级指标）

其进行可视化分析的结果如图 13-10 和图 13-11 所示。表 13-6 和表 13-7 的"总计"行都是正值，表明中国的船舶工业竞争力总体上与韩国和日本仍然有一些差距，与日本的差距较小，与韩国的差距较大。

从图 13-10 所示的一级指标来看，中国与日本船舶工业竞争力的差距主要体现在技术能力、产品和环境三个方面，而在市场占有能力、获利能力和规模三个指标上均已超过日本。从图 13-11 所示的二级指标来看，中国与日本船舶工业的生产效率仍然有不小差距，此外在设计技术水平、管理水平、制造技术水平等方面也有一定的差距；而在国际市场占有率、净资产收益率和研发投入比重等方面则超越了日本。

以上使用条形图来可视化中国与韩国、日本船舶工业竞争力的差距是比较常用的方式。由于引入竞争力差距影响度这一概念，因此可以使用扇形图或面积图来表示不同的竞争力影响度。但是需要注意的是，由于本案例中存在负数，在使用扇形图时，负数所对应的扇形

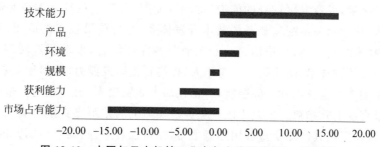

图 13-10　中国与日本船舶工业竞争力差距分析（一级指标）

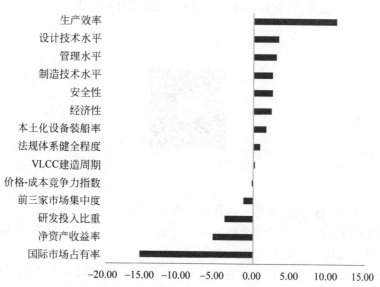

图 13-11　中国与日本船舶工业竞争力差距分析（二级指标）

会以其绝对值来代替,这容易给读者造成混淆。而使用面积图时,负数的面积会显示在横轴的下方。

13.4　可视化结果应用

可视化结果应用主要体现在基于可视化结果对提升我国船舶工业国际竞争力给出建议。从以上分析结果来看,我国船舶工业的国际竞争力有优势也有劣势。其中,优势主要体现在市场占有能力方面,这与我国船舶绝大部分为劳动密集型产品、以出口为主、加工贸易的格局相符。但是,随着我国劳动力成本的逐步提升,这一优势可能难以为继。因此,企业需要加大生产技术投入,减少劳动力投入,加快推进船舶制造、检测、维修自动化和智能化水平等,减少劳动成本,提高工作效率[52]。

另外,我国船舶工业在环境、产品、生产效率、设计技术水平和管理水平等方面与日本、韩国还有一定差距。出口产品的价值和附加值,以及科技含量在国际市场上相比较而言并没有竞争优势。中国的造船业有待在做大的基础上进一步做强,需要优化产品的结构,需要造船企业自身及时根据市场环境的变化改变战略侧重点,加大研发投入,加大高技术含量的创新型产品的研发,以及强化自身的能力,推动智能船厂、智能及环保船舶和海上工厂等造船技术的进步,建立相关系统和装备的技术开发体系,支持前沿技术的应用,支持新型船舶设计,开发新技术和新产品,加快信息化和工业化的深度结合,推动船厂转型[53]。此外,还要重点发展核心关键技术,防止技术受制于人,提高自主研发能力,以满足未来市场需求。

中国的船舶企业也意识到了问题所在,正在加大研发投入、努力赶超。造船企业的研发生产费用都呈直线上升趋势。但是中国企业经济实力上的差距将直接影响到企业对新产品的研发投入,进而影响其产品质量和国际竞争力,使得强者愈强、弱者愈弱。因此,这需要在社会层面构建良好的船企融资环境和政府的政策支持。政府有关部门也应根据当地企业的实际情况提供政策上的支持,帮助企业转型升级,提高综合竞争力水平。

即测即练

思考题

1. 结合评价的过程,阐述数据可视化在评价中的作用。

2. 在评价的过程中,可视化元素的选择由什么来决定?除了本书所阐述的数据可视化元素,还可以用什么其他可视化元素?试举例说明。

3. 在评价过程中,各指标权重设置的差异或指标打分的差异可能会对评价结果产生较大影响,思考一下,如何用数据可视化方法展现这种差异。

第 14 章
可视化在关联性分析中的应用

    企业信息系统(Enterprise Information Systems,EIS)作为企业的中枢神经系统,是核心竞争能力的重要体现。当前,企业不断加强对信息系统的投资以优化业务流程、提高管理与决策水平、增强综合竞争能力,最终实现经营效率和效益的提升。在此背景下,有效地分析企业信息系统使用情况,通过可视化的方式展示信息系统使用的活动特征,能够为企业信息系统的管理提供有力的决策支持。本章以我国某大型船舶修造企业的成本控制系统为案例对象,使用关联规则方法探索该信息系统多个功能模块之间复杂的关系,并采取多种数据可视化方式进行展示,为掌握数据可视化在关联性分析中的应用提供参考。

本章学习目标

(1)了解案例企业成本管理系统的功能结构和使用情况,并进行可视化展示;

(2)了解系统重要用户和核心功能的识别方法,并通过可视化的方式展示用户和功能之间的使用关系网络结构;

(3)掌握可视化在关联性分析中的方法与应用能力。

14.1 关联规则分析及可视化设计

14.1.1 关联规则分析概述

    关联规则是由 Agrawal 和 Srikant 于 1994 年在研究交易数据中不同商品之间的联系时首次提出[54]。关联规则分析作为一种基于规则的机器学习方法,主要目的是通过一定的测量方法识别数据集中的强规则,并已广泛应用于营销管理、数据挖掘、用户行为分析、特征分类和知识发现等领域[55]。设 $I=\{i_1,i_2,\cdots,i_m\}$ 是项的集合,任务相关的数据 D 是数据库事务的集合,其中,每个事务 T 是一个非空项集,使得 $T \in I$。每一个事务有一个标识符记为 ID,如表 14-1 所示。

表 14-1 事务数据库示例

ID	项 的 列 表	ID	项 的 列 表
1	i_1,i_2	4	i_1,i_2,i_3,i_5
2	i_1,i_3,i_4	5	i_1,i_3,i_4,i_m
3	i_2,i_3,i_4,i_5		

设 X 是一个项集,当且仅当 $X \in T$,关联规则是形如 $X \rightarrow Y$ 的蕴含表达式,其中 X、Y 是非空项集,并且二者不相交。关联规则的强度通过支持度(Support)和置信度(Confidence)进行度量,分别反映所发现规则的有用性和确定性,规则 $X \rightarrow Y$ 在事务集 D 中成立,具有支持度 s,s 是 D 中事务包含 $X \bigcup Y$ 的百分比,它是概率 $P(X \bigcup Y)$;规则 $X \rightarrow Y$ 在事务集 D 中成立,具有置信度 c,c 是 D 中包含 X 的事务同时也包含 Y 的事务的百分比,它是条件概率 $P(Y|X)$,这两种度量的形式定义如下:

$$\text{Support}(X \rightarrow Y) = \text{Support}(X \bigcup Y) = P(X \bigcup Y) \tag{14-1}$$

$$\text{Confidence}(X \rightarrow Y) = P(Y \mid X) = \frac{\text{Support}(X \bigcup Y)}{\text{Support}(X)} \tag{14-2}$$

同时满足最小支持度阈值 min_support 和最小置信度阈值 min_confidence 的规则称为强规则。项的集合称为项集(itemset),包含 k 个项的项集称为 k-项集。满足最小支持度 min_support 的项集称为频繁项集(frequent itemset)。关联规则的挖掘问题通常可以分解为以下两个子问题。

(1) 产生频繁项集:发现满足最小支持度阈值的所有项集,这些项集被称为频繁项集。

(2) 规则的产生:从上一步发现的频繁项集中提取所有满足要求的置信度的规则,这些规则称作强规则。

关联规则分析旨在从海量的结构化数据中,挖掘出隐藏的、具有潜在关联关系的信息或知识的过程,所发现的信息或知识通过关联规则或频繁项集的形式表示[56]。随着收集和存储在数据库中的数据规模不断增大,其蕴藏的潜在关联价值越发凸显。从大量的商业交易记录中发现有价值的关联知识,能够帮助企业进行交叉营销、客户关系管理或辅助相关的商业决策。在数据挖掘与分析领域,最为经典的莫过于购物篮分析。美国沃尔玛超市对顾客购物记录分析后发现,很多订单中出现啤酒和尿不湿同时被购买的情况。经过调查得知,许多男性来给孩子买尿不湿时,会顺带给自己买几瓶啤酒来"犒劳"自己。后来管理者将啤酒和尿不湿摆放在相邻的货架上,进一步提升了购买尿不湿的男性顾客同时购买啤酒的概率。通过对用户消费记录数据的挖掘和分析,找出用户购买习惯的一些潜在规律,从而可以为用户提供他们想要的组合或套餐,套餐销量的提升会带来客单价的提升,从而提高公司收益。除了购物篮分析外,关联分析也可以应用于其他领域,如生物信息学、医疗诊断、网页挖掘和科学分析等。

14.1.2　关联规则分析算法

1. Apriori 算法

Apriori 算法由 Agrawal 和 Srikant 在 1994 年提出,因其使用频繁项集的先验性质(Apriori property)得到广泛的应用[57]。Apriori 算法使用逐层搜索的迭代策略,利用 k-项集探索 $(k+1)$-项集。首先扫描数据库,累计每个项的计数,并收集满足最小支持度 min_support 的项,找出频繁 1-项集的集合,该集合记为 L_1;然后,利用 L_1 找出 2-频繁项集的集合 L_2,进一步利用 L_2 找出 L_3,依次进行,直至无法找出频繁 k-项集为止。每次频繁项集

L_k 的产生都需要对数据库进行一次完整的扫描,为了提高频繁项集逐层产生的效率,利用先验性质(即频繁项集的所有非空子集也不一定是频繁的)压缩搜索空间,从而提高 Apriori 算法的运行效率。令 C_k 为候选 k-项集的集合,F_k 为频繁 k-项集的集合,$\sigma(c)$ 是支持度计数,Apriori 算法产生频繁项集的过程描述如伪代码 14-1 所示。

代码 14-1

```
输入: 事务数据库 D; 最小支持度阈值 min_support
输出: D 中的频繁项集 L。
过程:
 1
 2    k = 1
 3    Fₖ = {i | i ∈ I ∩ σ({i}) ≥ N × min_support}     //搜寻频繁 1 - 项集
 4    repeat
 5    k = k + 1
 6    Cₖ = apriori - gen(Fₖ₋₁)                          //产生候选 k - 项集
 7
 8    for 每个事务 t ∈ Tdo
 9    Cₜ = subset(Cₖ, t)                                //识别 t 的子集作为候选
10      for 每个候选项集 c ∈ Cₜ do
11      σ(c) = σ(c) + 1                                 //支持度计数增加
12
13    end for
14    end for
15    Fₖ = {c | c ∈ Cₖ ∧ σ(c) ≥ N × min_support}       //产生频繁 k - 项集
16    until Fₖ = ∅
17    Result = UFₖ
```

步骤(5)中的 apriori-gen 函数将通过连接和剪枝两个动作产生候选项集。其中,连接部分的操作是由前一次迭代发现的频繁 $(k-1)$-项集与自身连接产生候选 k-项集的集合。剪枝部分的操作依据最小支持度进行,删除候选 k-项集中的部分数据,控制候选项集的指数增长。可以发现,频繁项集的产生是关联规则挖掘的核心任务,因此几乎所有的关联规则挖掘算法都围绕频繁项集开展。

2. FP-Tree 算法

FP-Tree(Frequent Pattern Tree,频繁模式树)算法是对 Apriori 算法的一种改进算法,该算法主要思想是:先将事务数据集通过压缩到一个树状结构,记为 FP-Tree,原有项目集的关联信息继续保存;然后将树中的项目集分为不同的条件项目集,其中每个条件项目集与一个频繁项进行关联,对某个项目集进行扫描即可得到该项目集的出现次数。FP-Tree 算法具体步骤是:第一次扫描项目事务集,发现全部频繁 1-项目集 L1,并且把它们的支持度计数按递减序列进行排序;第二次扫描数据集,按 L1 中出现的频繁项构造 FP-Tree;最后采用自底向上的迭代方式挖掘 FP-Tree,依次找出所有频繁项目集,FP-Tree 构造流程详见表 14-2。

表 14-2　FP-Tree 构造流程描述

算法	构造 FP-Tree
输入	用户事务数据集合 D,最小支持度计算阈值 minSup
	1. 第一次扫描 D 事务数据集。并对得到的频繁一项集按支持度降序排序,构造项头表 L 2. 构造 FP-Tree 的根节点 Root,令 NULL 为节点数据值 3. 第二次扫描 D 事务数据集。将事务数据集 D 中不是频繁一阶项集中的项集过滤掉,将过滤后项集按照项头表 L 的顺序排序 4. 以项头表 L 的对应元素为 head,根据 FP-Tree 中相同项集元素构造链表
输出	包含频繁项集的 FP-Tree

14.1.3　数据可视化设计

本章在对案例系统结构功能进行可视化展示的基础上,通过关联规则方法探索案例系统功能之间复杂的关系,采取多种数据可视化方式展示数据可视化在关联性分析中的应用过程与结果,本案例数据可视化设计如下。

(1) 分析目的:探索并可视化展示企业系统功能之间的关联关系。

(2) 分析对象:企业信息系统的模块功能。

(3) 指标维度:系统使用频次、使用数量、使用时长、最小支持度、置信度和提升度。

(4) 数据来源:我国某大型船舶修造企业成本管理系统。

(5) 展现方式:饼图、折线图、网络图等。

(6) 关联分析和可视化工具:SPSS Modeler、EXCEL、Python 和 Pajek 等。

14.2　数据可视化实现

14.2.1　案例数据收集与处理

本案例从我国某大型船舶修造企业成本管理系统日志数据中提取 2018 年 1 月 1 日至 12 月 31 日的 256 206 条使用记录,时间为 2018 年 1 月 1 日至 12 月 31 日。通过 select 查询语句提取 SQL 备份数据中的使用记录,如图 14-1 所示。每条使用记录包含 9 个属性:ID、用户 ID、登录 ID、用户名称、登录时间、登出时间、机器 ID、机器名称和系统功能名称。

而后,对原始使用记录数据进行处理,删除 26 209 条无效数据,如缺失用户名、登录时间、登出时间、功能名称等的使用记录。最终,本案例的数据集为该成本管理系统的 229 997 条使用记录,该系统拥有 7 个子系统模块和 140 个系统功能,涉及 311 名系统用户,相关统计分析如表 14-3 所示。

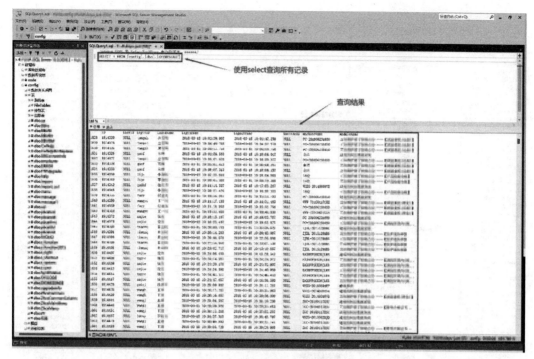

图 14-1　成本管理系统数据提取

表 14-3　成本管理系统统计分析

编　号	子系统名称	用户数量/个	系统功能数量/个	使用频次/次	使用时长/小时
1	基础代码系统	14	6	4 587	1 826.85
2	财务核算系统	203	23	33 500	8 195.45
3	物资管理系统	315	59	190 173	81 544.72
4	成本核算系统	7	18	702	212.78
5	目标成本系统	7	5	278	19.96
6	船舶报价系统	5	16	56	2.38
7	成本分析系统	13	13	701	203.72

14.2.2　系统使用数据探索的可视化

分别采用树状图、饼图和折线图对该成本管理系统的模块功能结构、用户分布、使用情况等进行可视化分析与展示。首先,如图 14-2 所示,通过树状图的方式可视化展示了该成本控制系统的模块功能结构。该方式能够展现不同模块的构成以及模块内功能情况,有助于快速了解系统结构与功能。该系统由 7 个子系统构成:基础代码系统、财务核算系统、物资管理系统、成本核算系统、目标成本系统、船舶报价系统和成本分析系统。每个子系统模块又由若干系统功能组成。例如,基础代码子系统包含客户代码、工程代码、产品代码、外币币种维护等系统功能。

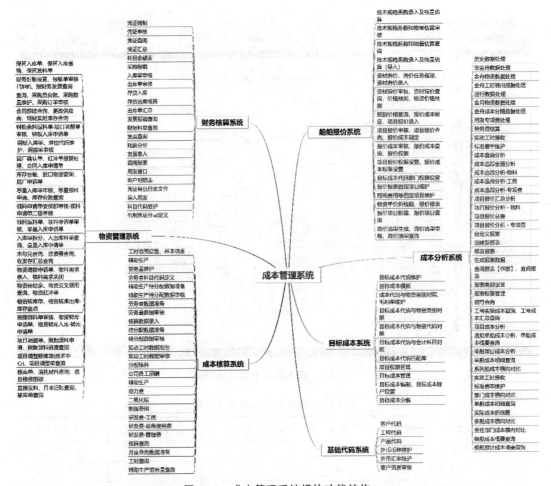

图 14-2　成本管理系统模块功能结构

　　图 14-3 通过饼图的方式展示了该系统 311 位用户的性别、年龄、学历和工作部门的分布情况。具体而言,311 位系统用户中,女性用户 84 人,男性用户 227 人,男性用户人数明显多于女性,符合大型制造企业中男性职工人数多于女性的一般规律。就年龄分布而言,154位用户的年龄为 30～39 岁,87 人为 40～49 岁,说明该系统用户中中青年用户占比较大,而20～29 岁的用户仅为 42 人。为此,相关部门需要引进更多的青年人才,进一步优化员工年龄结构,为企业的可持续发展提供人才保障。学历方面,本科及以上有 146 人,大专有 103人,表明目前员工团队拥有较好的教育结构。从所在部门来看,行政管理部有 34 人,物资管理部有 100 人,生产保障与管理部有 72 人,船舶维修部有 58 人。图 14-3 能够直观地反映 311位系统用户的学历、年龄等分布结构,为企业进行人力资源相关的管理活动提供支撑。

　　进一步利用折线图对该系统的使用次数和使用时长进行可视化分析,发现该系统的使用程度规律。如图 14-4 所示,无论是使用次数还是使用时长,均表现出以周为单位的周期性特征。同时,可以发现 2 月底和 10 月初的使用次数和使用时长均出现低值,几乎接近 0。事实上 2 月底为当年的春节,10 月初则为国庆节,均是法定节假日,因此该系统的使用程度较低。此外,每当月末或季度末,该系统普遍呈现较高的使用次数和使用时长。通过对系统使用次数和使用时长进行可视化分析,能够反映企业实际的运行状态和业务量等指标。当

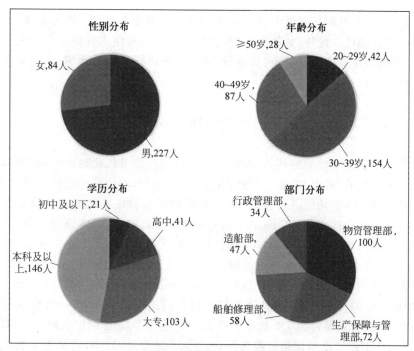

图 14-3　成本管理系统模块功能结构

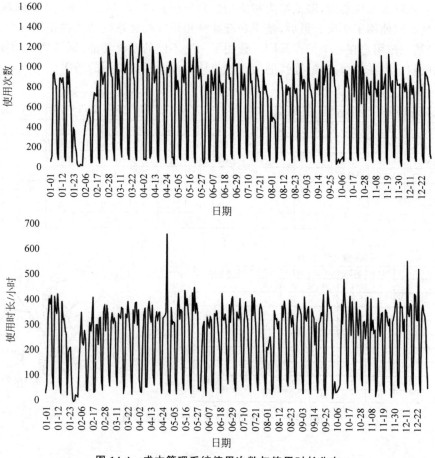

图 14-4　成本管理系统使用次数与使用时长分布

企业业务量较多时,必然需要频繁并长时间地使用相应的业务系统;而当业务量较少时,系统的使用程度则会降低。此外,如果对长期、大量的企业系统使用数据进行分析并结合相关的技术方法,能够对企业的运营状态、订单量、销售额等进行有效的预测,从而为企业的管理与决策提供技术支撑和数据支持。

14.2.3　系统功能使用关系分析的可视化

功能作为企业信息系统的组件,一般情况下部分功能集可以代表系统的核心功能,其余部分则可被视为系统的"外围"功能。因此,在了解系统基本模块结构与使用情况的基础上,本案例将对系统的 140 个功能进行分析,进一步识别系统的核心功能以及功能之间的使用关系。此处将采用社会网络分析(social network analysis,SNA)的逻辑与方法,从关系网络视角探索系统功能间的关系,网络的基本概念与可视化形式已在 5.3.5 节介绍。

首先,需要对收集的样本数据进行处理,将现有基于二维表形式的系统使用记录数据转换为对称矩阵形式的系统功能共使用网络(co-used network)数据,如图 14-5 所示。具体而言,首先将原始 229 997 条日志数据整理为用户每日的使用记录表,每一行代表每位用户在某天使用的系统功能,如编号为 U1 的用户在某一天使用了功能 M1.1、M1.5、M1.6、M2.2 和 M2.3。其次将用户日使用记录转换为用户-功能关系列表,其中,数值为 1 表明该用户使用了相应功能,数值为 0 则表示未使用该功能。在此基础上生成系统功能共使用矩阵,行和列分别代表不同的系统功能,取值则为相应功能共使用频次,如 M1.5 和 M2.1 的取值为 2,表明它们被共同使用了 2 次。最后,基于功能共使用矩阵构建系统功能共使用网络,在该网络中,如果某一位用户在一个工作日同时使用了两个不同的系统功能,则该两个功能所代表的节点之间将会存在一条连线,连线的值则代表该功能共同被使用的频次。

用户日使用记录

用户ID	功能ID	功能ID	功能ID	功能ID	功能ID
U1	M1.1	M1.5	M1.6	M2.2	M2.3
U2	M2.3	M4.6			
U3	M1.5	M3.6	M3.7		
U4	M2.2	M4.6	M4.7		
U5	M1.5	M2.3			
U6	M1.6				
U7	M3.6	M3.7			

用户-功能关系列表

	M1.1	M1.5	M1.6	M2.2	M2.3	M3.6	M3.7	M4.6	M4.7
U1	1	1	1	1	1	0	0	0	0
U2	0	0	0	0	1	0	0	1	0
U3	0	1	0	0	0	1	1	0	0
U4	0	0	0	1	0	0	0	1	1
U5	0	1	0	0	1	0	0	0	0
U6	0	0	1	0	0	0	0	0	0
U7	0	0	0	0	0	1	1	0	0

系统功能共使用矩阵

	M1.1	M1.5	M1.6	M2.2	M2.3	M3.6	M3.7	M4.6	M4.7
M1.1	—	1	1	1	1	0	0	0	0
M1.5	1	—	1	1	2	1	1	0	0
M1.6	1	1	—	1	1	0	0	0	0
M2.2	1	1	1	—	1	0	0	1	1
M2.3	1	2	1	1	—	0	0	1	0
M3.6	0	1	0	0	0	—	2	0	0
M3.7	0	1	0	0	0	2	—	0	0
M4.6	0	0	0	1	1	0	0	—	1
M4.7	0	0	0	1	0	0	0	1	—

系统功能共使用网络

图 14-5　系统功能共使用矩阵构建示例

　　鉴于本案例系统的用户数量较大,为了便于案例的理解与可视化结果的展示,将借鉴已有相关的研究,考虑系统用户和功能的重要性程度,从 311 位系统用户和 140 个系统功能中识别出核心用户与核心功能,并以此为对象进行可视化分析与展示。具体而言,基于帕累托定律(20/80 定律)将使用频次和使用时长同时位于前 20% 的用户视为该系统的核心用户,得到 41 位核心用户。同时,以 41 位核心用户为对象,提取他们的使用记录,对 41 位用户所使用的 78 个系统功能进行识别,将 78 个功能中使用频次和时长位于前 20% 的 24 个功能视为该系统的核心功能,剩余 54 个功能视为普通功能。在识别核心功能的基础上,利用图 14-6 的方式构建系统功能共使用矩阵,矩阵的构建通过 Python 完成。

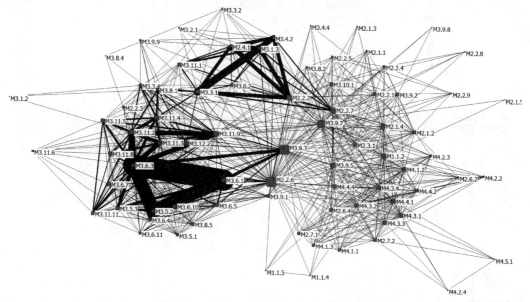

图 14-6　78 个系统功能共使用关系网络图

　　图 14-6 可视化展示了 41 位核心用户所使用的 78 个系统功能共使用网络结构。该图使用社会网络分析软件 Pajek[①]绘制。Pajek 是大型复杂网络分析和研究的有力工具,可用于对上千乃至数百万个节点的大型网络进行分析和可视化操作。图 14-6 中的各节点代表不同的系统功能(通过节点编号进行区分),节点自身的大小表示该节点与其他节点共使用频次的程度,节点之间的连线则表示功能共同使用关系,连线的粗细代表共同使用的强度,功能共同被使用的频次越高,相应的连线越粗。明显可以发现,编号为 M3.6.3、M3.6.1、M3.6.10、M3.5.2 之间的共使用关系更为密切,而图 14-6 右侧的大多节点之间的关系相对较弱。这一方面说明核心用户在完成日常工作时,会频繁地使用 M3.6.3、M3.6.1、M3.6.10、M3.5.2 等功能,另一方面说明上述功能可能会拥有相近的业务特征。同时,在图 14-6 的基础上,通过热力矩阵可视化的方式丰富可视化的结果,如图 14-7 所示,图中颜色的深浅代表功能间关系的强度,颜色越深,表明相应功能间的关系强度越高,相比网络关系图,热力图在直观表达大量变量间的关系强度方面具有一定的优势。热力图的 Python 代码如代码 14-2 所示。

---

　　① Pajek:http://vlado.fmf.uni-lj.si/pub/networks/pajek/。

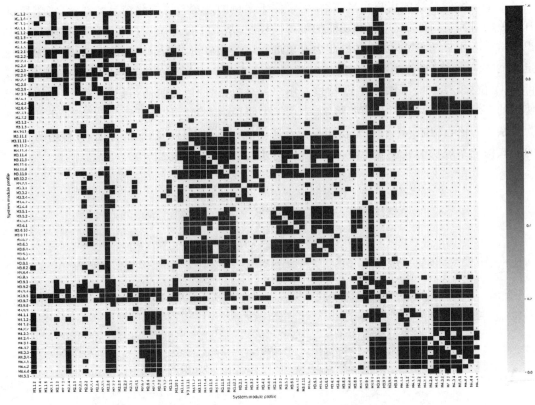

图 14-7　78 个系统功能共使用关系热力图

代码 14-2

```
1   import seaborn as sns
2   import numpy as np
3   import pandas as pd
4   import matplotlib.pyplot as plt
5   Relationship = pd.read_csv("hetmap.csv")
6   Relationship = Relationship.pivot("Module 1","Module 2","Correlation")
7   plt.subplots(figsize = (40,33))
8   ax = sns.heatmap (Jaccard, annot = True, cmap = "Blues", vmin = 0, vmax = 1, annot_kws =
9   {'size':8, 'color':'black'}, linewidths = 0.5,)
10  ax.set_xlabel('System module profile', fontsize = 16)
11  ax.set_ylabel('System module profile', fontsize = 16)
12  fig = plt.gcf()
13  plt.show()
14  fig.savefig('hetmap.png', dpi = 600)
```

为了进一步分析普通功能和核心功能使用模式的差异,将图 14-6 中的网络抽取为核心功能共使用网络和普通功能共使用网络,分别如图 14-8 和图 14-9 所示。

网络密度作为社会网络分析中重要的指标,是指网络中节点之间的实际连接数与最大连接数之比。Abrahamson 和 Rosenkopf[58]认为,网络密度高于 0.5 的网络为高密度网络,

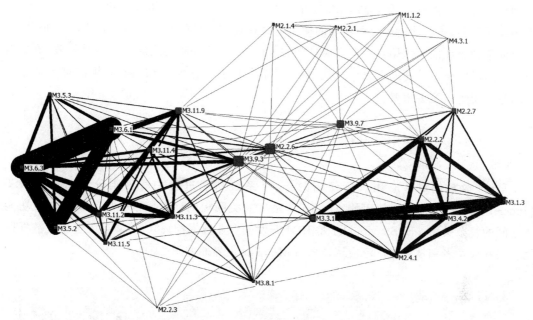

图 14-8　24 个核心功能共使用关系网络图

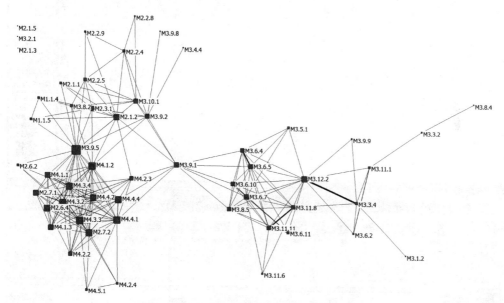

图 14-9　54 个普通功能共使用关系网络图

低于 0.5 则表示为低密度网络。经测算,本案例的核心功能共使用网络的密度为 0.514,而普通功能共使用网络的密度仅为 0.150。十分明显的是,核心功能使用网络的网络密度和连通性远高于普通功能共使用网络。与核心功能共使用网络相比,普通功能共使用网络整体稀疏,并且存在孤立点的现象(M2.1.5、M3.2.1 和 M2.1.3)。此外,在核心功能共使用网络中,核心功能之间的连接更为紧密,并且不存在孤立的节点。与此同时,核心功能间的平均共使用频次为 1 445.375 次,而普通功能之间的平均共使用频次仅为 19.074 次。24 个核心功能的日均使用频次为 13.71 次,其中,功能 M3.6.3 日均使用频次最高,为 86.48 次。上述结果表明,核心功能和普通功能的使用模式存在着明显的差异。对于核心功能而言,用户倾向于频繁地同时使用它们来完成日常的工作任务,而普通功能的使用相对分散,更多地发挥着"辅助"核心功能的角色。因此,保障核心功能集的正常运作与有效维护对于企业发挥信息系统价值至关重要。

14.2.4 系统使用关联性分析

最终,本案例对核心用户所使用的 78 个系统功能进行关联规则分析,使用 SPSS Modeler[①] 软件,采用广泛使用的 Apriori 算法生成关联规则以挖掘核心功能集和普通功能集之间的复杂关系。SPSS Modeler 是 IBM 开发的专业数据挖掘软件,涵盖大量主流数据挖掘算法并被学者和从业者广泛应用,SPSS Modeler 主界面如图 14-10 所示。

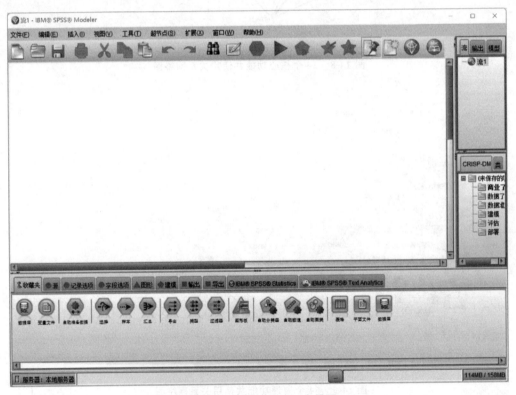

图 14-10 SPSS Modeler 主界面

在规则设置中,前述识别的 24 个核心功能设置为规则前因(antecedents),54 个普通功能则设为结果(consequents)。同时,将最小支持度、置信度和提升度分别设定为 5%、10% 和 1%,确保所识别关联规则的实践意义和预测能力。此外,仅关注满足最小支持度、置信度和提升度的强关联规则,最终共获得 13 条强关联规则,详见表 14-4。

---

① IBM SPSS Modeler:https://www.ibm.com/products/spss-modeler。

表 14-4　13 条强关联规则 ％

后　　项	前　　项	支持度	置信度	提升度
M3.11.1	M2.2.2；M2.4.1；M3.1.3；M3.4.2	5.970	13.344	3.618
	M3.1.3；M3.3.1	15.068	10.966	2.973
M3.11.11	M3.11.2；M3.11.3；M3.6.3	6.462	24.505	7.482
	M3.11.2；M3.11.4	5.419	19.238	5.874
	M3.6.3；M3.11.2；M3.11.9	7.564	18.596	5.678
M3.11.8	M3.6.3；M3.11.2；M3.11.3	6.462	21.309	7.878
	M3.6.3；M3.11.2；M3.11.9	7.564	10.273	3.798
M3.12.2	M3.11.2；M3.11.4	5.419	12.160	7.064
M3.3.4	M3.11.2；M3.11.4	5.419	29.038	7.114
M3.6.2	M2.2.2；M2.4.1；M3.1.3；M3.3.1；M3.4.2	5.183	12.524	7.812
M3.6.4	M3.5.3；M3.6.1	5.105	10.983	3.190
	M3.5.2；M3.6.1；M3.6.3	26.320	10.015	2.909
M3.6.5	M3.6.3；M3.9.3	5.842	13.468	5.226

系统功能描述：M2.2.2(入库单审核)；M2.4.1(发票录入)；M3.1.3(采购数量维护)；M3.3.1(合同入库申请单)；M3.3.4(项目调整单)；M3.4.2(未勾兑查询)；M3.5.2(直接发料)；M3.5.3(物资调拨申请单)；M3.6.1(保管入库单)；M3.6.2(保管入库撤销)；M3.6.3(保管发料单)；M3.6.4(库存盘点)；M3.6.5(转库申请单)；M3.9.3(库存台账查询)；M3.11.1(钢板入库申请单)；M3.11.2(钢板入库单)；M3.11.3(移库单)；M3.11.4(回厂申请单)；M3.11.8(移库单查询)；M3.11.9(钢材实时库存查询)；M3.11.11(堆位代码维护)；M3.12.2(限额领料进度查询)。

由表 14-4 可知，以下普通功能与核心功能之间构成了强关联规则：M3.11.1(钢板入库申请单)，M3.11.11(堆位代码维护)，M3.11.8(移库单查询)，M3.12.2(限额领料进度查询)，M3.3.4(项目调整单)，M3.6.2(保管入库撤销)，M3.6.4(库存盘点)和 M3.6.5(转库申请单)。例如，规则{M3.1.3,M3.3.1→M3.11.1}表明，在 15.068％的概率下核心用户在同一天使用了功能 M3.1.3、M3.3.1 和 M3.11.1，因为该关联规则的支持度为 15.068％。此外，核心用户使用了功能 M3.1.3 和 M3.3.1 的前提下，有 10.966％的概率同时会使用功能 M3.11.1，因为该关联规则的置信度为 10.966％。该规则可以表明，当某一用户使用功能 M3.1.3 和 M3.3.1，他/她有很大的概率会同时使用功能 M3.11.1。以此类推能够发现，当核心用户使用功能集(M3.11.2、M3.11.3 和 M3.6.3)、(M3.11.2 和 M3.11.4)和(M3.6.3、M3.11.2 和 M3.11.9)，他们有很大概率会使用功能 M3.11.11。此外，当用户使用功能集(M3.11.2 和 M3.11.4)时，他/她很可能会使用功能 M3.11.11(19.238％的概率)、M3.12.2(12.16％的概率)和 M3.3.4(29.038％的概率)。因此，对于系统开发者而言，所挖掘的关联规则能够为他们进一步优化和改进系统模块结构提供一定的帮助。

即测即练

思考题

1. 关于关联性分析的可视化还可以在哪些场景进行应用？

2. 在进行网络关系可视化应用时，除了通过连边的粗细表示关系强度，还可以通过哪些方式表示？

3. 思考并总结关联规则挖掘的一般过程是什么。

4. 除了采用 SPSS Modeler 软件之外，还可以采取哪些关联规则分析工具？

第 15 章
数据可视化在状态监控中的应用

本章主要以某船舶物资有限公司企业经营可视化需求为导向,以某一年度的运营数据为例,从总体运营可视化、经营绩效可视化和风险控制可视化三个方面对企业运营状态进行动态监控。该案例讲解可视化需求分析与功能设计、可视化模型构建、工具选择与实现路径,以及最终展示界面的全过程。读者通过本案例能够有效结合船舶物资枢纽企业数据开展运营状态监控。

本章学习目标

(1) 了解数据可视化以及商业智能技术在企业运营状态监控中的具体应用;

(2) 掌握具体开展企业总体运营分析的流程;

(3) 掌握 FineBI 的基本操作,体会自助分析工具开展可视化分析应用的过程和使用特点。

15.1 案例介绍:某船舶物资枢纽企业经营状态监控可视化

某船舶物资有限公司是一家物资供应链枢纽企业,主要为船舶行业企业提供集中采购、按需预加工、智能仓储以及专业化配送等服务,是目前国内船舶工业领域最大、最重要的物资供应商。为满足公司管理层对企业运营状态的监控和分析要求,基于企业的 ERP 系统和集中采购平台等信息系统中的数据,通过构建数据可视化分析平台,使管理层及时掌握企业经营活动状况并辅助决策。

15.2 需求分析和设计

15.2.1 系统目标

数据可视化平台需要反映企业运营状态,具体包括总体运营可视化、经营绩效可视化和风险控制可视化,其中,总体运营可视化关注年度指标完成情况和相应业务板块的数据,经营绩效可视化关注各个部门、物资的销售与利润情况、资金周转率等,风险控制可视化关注资金、库存以及价格等方面的风险分析。

15.2.2　总体需求

　　企业运营状态核心在于通过可视化的方式跟踪企业日常业务的相关数据,把握数据的沉淀价值以促进优化配置,实现企业运营的精准控制与管理分析。运营能力分析包括运营指标分析、运营业绩分析和财务分析。运营指标分析是指对企业不同的业务流程和业务环节的指标进行分析;运营业绩分析是指对各部门的营业额、销售量等进行统计,并在此基础上进行同期比较分析、应收分析、盈亏分析和各种商品的风险分析等;财务分析是指对利润、费用支出、资金占用以及其他经济指标进行分析,及时掌握企业在资金使用方面的实际情况,调整和降低企业成本。

　　商业智能的战略决策支持是根据公司各战略业务单元的经营业绩和定位,选择一种合理的投资组合战略。企业可以利用业务运营的数据,通过营销、生产、财务和人力资源等方式来实现决策支持。

　　结合某船舶物资有限公司主体业务概述,按照业务流、资金流和物流为主线梳理企业的运营状态,构建可视化需求总体分析模型,如图 15-1 所示。

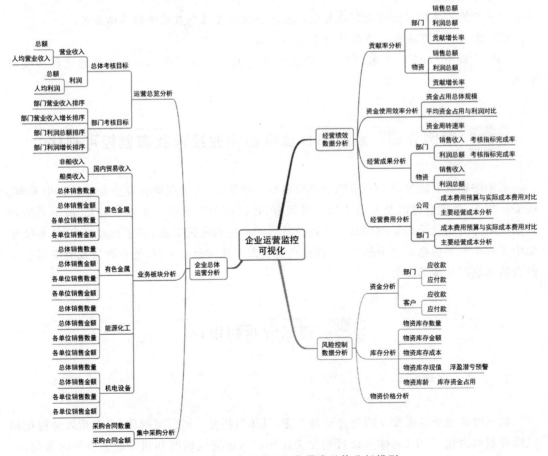

图 15-1　企业运营状态可视化需求总体分析模型

在可视化主题数据库的基础上,以企业现有的业务建立不同的分析主线,借助数据可视化分析平台丰富的图表加上文字说明,直观、清晰和多方位全景展示企业各项业务环节的状态和趋势。企业在运营活动中,通过信息系统记录与积累大量的运营数据,要挖掘这些数据背后的内在信息,发现企业生产运营发展变化情况、各种指标的增长完成情况以及各个部门间基础数据的内在联系等,对其进行定量分析。

扩展阅读 15-1
"一图读懂|2022
年上半年船舶统
计数据"

15.2.3   功能设计

企业运营数据可视化分析的应用,将围绕某船舶物资有限公司业务数据进行指标量化和模型化,通过数据的图表来展现企业运营状态,为领导层的辅助决策提供参考。

1. 企业总体运营可视化

对某船舶物资有限公司企业运营总体的相关内容,从总体运营、部门分析和业务板块三个方面进行需求梳理,通过 ERP 系统和集中采购平台中的数据实现企业运营状况的准实时分析。

2. 经营绩效可视化

关注各个部门、物资的销售与利润情况,分析产品的贡献率,以及部门的资金周转率、成本费用等,利用分析结果来辅助开展运营决策和管理决策。

3. 风险控制可视化

对资金、库存、价格等可能存在风险的因素进行分析,并由分析得出一些预测性的结论,从而有效地规避一些企业运营中的风险。

15.3   数据可视化实现

15.3.1   模型构建

企业运营活动分析要对反映企业运营过程及运营成果的主要技术指标,采用不同的技术分析方法,进行定性分析,揭示这些运营指标变化的趋势和具体原因,评价各项因素对主要经营成果指标的影响程度,并预测各项指标发展变化趋势和可能达到的规模及水平,本案例中企业运营总体分析的模型如下。

(1)分析目的:企业领导层了解企业整体经营状况。

(2)指标维度:营业收入总额及同比、人均营业收入、利润总额及同比、人均利润、年度考核指标。

(3)分析维度:集团(总体指标),总部业务部门。

（4）计算方法：

① 人均营业收入＝营业收入总额/企业人数

② 人均利润＝利润总额/企业人数

③ 营业收入增长率＝（当期的营业收入－上期的营业收入）/上期的营业收入

④ 利润增长率＝（当期的利润－上期的利润）/上期的利润

（5）数据来源：ERP 系统。

（6）展现方式：气泡图、柱形图等。

（7）权限控制：董事长、总经理。

15.3.2　可视化工具

FineBI 的定位是让业务人员、数据分析师自主制作仪表板，以便进行探索分析。其中，可视化探索分析是面向分析用户，让其以最直观快速的方式了解自己的数据并发现数据问题的模块。用户只需要进行简单的拖曳操作，选择自己需要分析的字段，所见即所得看到自己的数据，并且通过层级的收起和展开、下钻和上卷，可以迅速地了解数据的汇总情况，如图 15-2 所示。

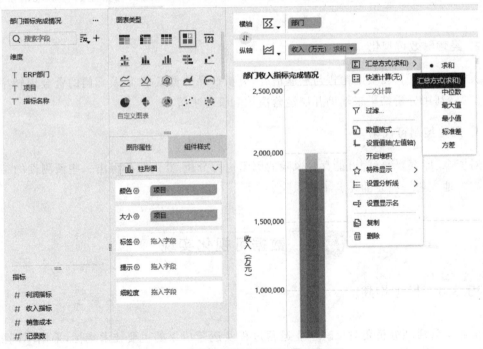

图 15-2　自助式可视化分析工具（FineBI）

15.3.3　图表实现

1. 案例数据准备

进入大数据分析软件 FineBI，打开"数据准备"。数据分析人员可以直接使用给定的业务包进行数据加工和处理，单击"添加业务包"按钮，将业务包命名为"运营总览"，单击"添加表"按钮,将本书提供的 Excel 数据表"组织机构表"(organization)和"销售数据表"(sales)添加到业务包,如图 15-3 所示。

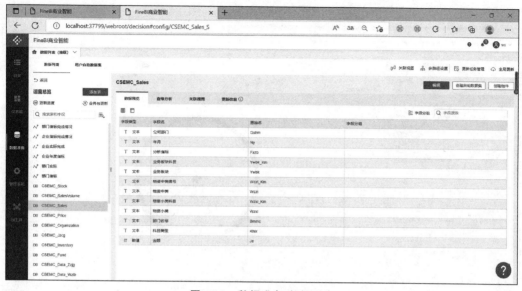

图 15-3　数据准备-数据列表

为方便数据处理和加工,数据分析人员可以创建自助数据集,如需要对收入和利润指标数据汇总并计算,可单击"创建自助数据集"按钮进入编辑界面,将自助数据集命名为"企业指标完成情况",通过表格数据合并、新增列和分组汇总等操作完成自助数据集的创建,如图 15-4 所示。

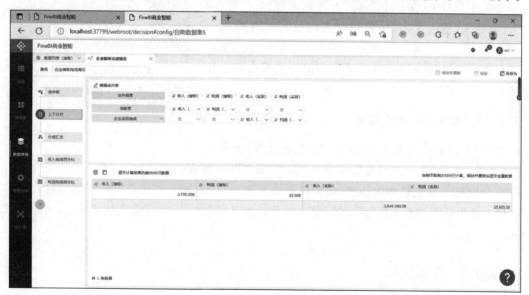

图 15-4　数据准备-创建自助数据集

2. 收入指标完成比分析

选择"企业指标完成情况"自助数据集,单击"创建组件"按钮,将创建的组件增加到"企业运营"仪表板。将组件命名为"收入指标完成比",选择图表类型为"仪表盘图",将"收入

（指标）"和"收入（实际）"指标分别设置为目标值与指针值，再将"收入完成百分比"拖入标签，由此得到收入完成指标分析图，如图 15-5 所示。

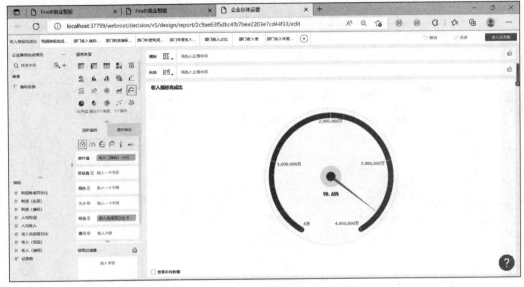

图 15-5 收入指标完成比分析

3. KPI 指标卡

创建"人均收入"组件增加到"企业运营"仪表板，选择图表类型为"KPI 指标卡"，将"人均收入"设置指标，再将"人均收入"拖入文本，由此得到人均收入 KPI 指标分析图，如图 15-6 所示。其他的人均利润、收入增长率等 KPI 指标（关键绩效指标）可以采用类似的步骤在 FineBI 中操作。

4. 部门收入指标完成情况

图 15-6 收入和利润 KPI 指标卡

创建"部门收入指标完成情况"组件增加到"企业运营"仪表板，选择"自定义图表"，将字段"部门"和"收入指标""实际收入"拖入分析栏，再将"项目"分别拖入颜色栏和大小栏，设置颜色透明度为 60%，对大小栏中"项目"字段自定义排序，将"本年指标"与"本年实际"调换顺序，由此得到部门收入指标完成情况子弹图，如图 15-7 所示。

15.3.4 交互实现

对于企业运营监控分析的应用领域，可视化要完成的任务和达到的目的是从整体与局部角度全面展示企业的数据，交互能让用户更好地参与对数据的理解和分析。

1. 滚动和缩放交互控制

可视化图表需要适配 PC 和移动端，以保证数据在当前分辨率的设备上完整展示，也可

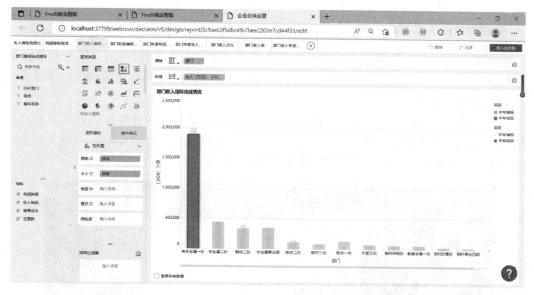

图 15-7　部门收入指标完成情况

以通过滚动和缩放等有效的交互方式,如地图、折线图的信息细节等。

2. 颜色、大小等映射交互控制

在自助分析工具中,提供丰富的图表属性,业务人员可以采用默认的配置,也可以由专业的设计师来负责这项工作,从而使可视化的视觉传达具有美感。如图 15-8 所示,玫瑰图属性包括颜色、半径、角度、标签等。

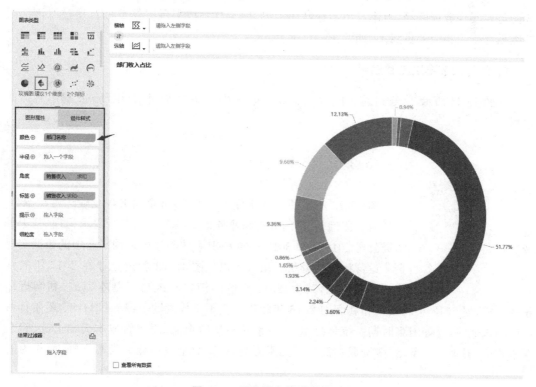

图 15-8　图表颜色等映射控制

3. 数据映射方式交互控制

数据映射方式交互控制是指用户对数据可视化映射元素的选择,一般一个数据集是具有多组特征的,提供灵活的数据映射方式给用户,可以方便用户按照自己感兴趣的维度去探索数据背后的信息。

(1)过滤:根据条件展示部分数据。如图 15-9 所示,物资价格走势分析折线图反映了企业两年的船用钢板价格变化情况,自助式 BI 工具可提供过滤组件展示数据和提供过滤的交互分析,具有更全的过滤条件选择和更精细的分析力度。

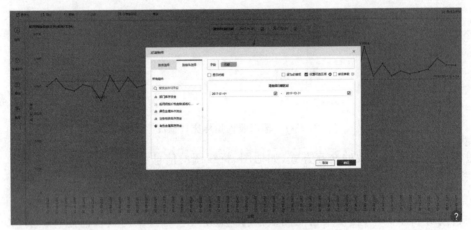

图 15-9　时间区间过滤组件

(2)关联:展示相关数据。"部门收入指标完成情况"柱状图和"部门年度收入情况"折线图需要实现数据联动,当用户单击柱状图上的某一部门时,平台根据数据自动过滤该部门的数据并生成相应的折线图,如图 15-10 所示。

4. 数据细节层次交互控制

如图 15-11 所示,隐藏利润完成百分比等数据细节,当单击时才弹出 Hover 提示具体的数据。

扩展阅读 15-2
"2002—2021 年中国造船三大指标"和"2016—2021 年我国主要造船板和新船价格走势图"

15.3.5　结果分析

图 15-12 所示的可视化分析仪表板,可全面展现企业运营状态。

对总体运营、部门分析和业务板块三个方面进行需求梳理,基于某物资公司 2016 年和 2017 年的 ERP 系统与集中采购平台中的数据实现企业运营状况的分析。用户可以从图 15-12 看出企业在 2017 年的整体的经营情况,其中,2017 年度的销售收入指标基本完成,利润指标超额完成,但 2017 年的收入和利润同 2016 年相比产生了小幅度的下滑。2017 年,船舶行业整体陷入低谷,身处困难时期。统计显示,受新船价格持续走低、原材料成本大幅上涨、船东频繁改单、船企开工不足、融资成本高企等因素影响,我国船企盈利能力大幅下降,而作为船

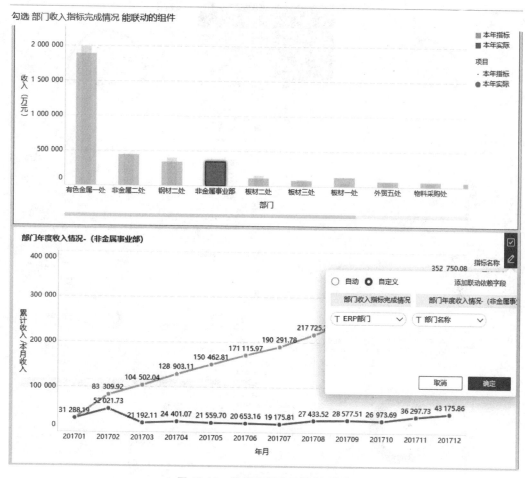

图 15-10 数据映射交互控制-联动

利润指标完成情况

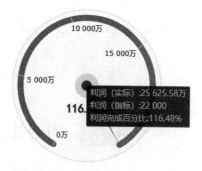

图 15-11 数据细节层级交互

舶行业物资枢纽企业的某物资公司虽然也深受影响,但企业通过发展非船产业等举措,积极转型升级,完成了年度既定的指标。

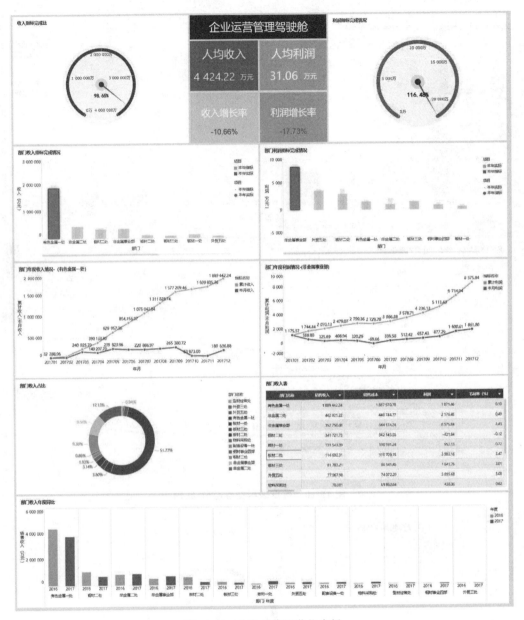

图 15-12　企业总体运营仪表板

15.4　可视化展示

通过可视化分析平台,用户不仅能看到统计数据,还可以通过交互的方法观察到企业运营的状态、规律和趋势。

1. 业务板块分析

关注企业各业务板块的收入及利润,特别是企业的核心业务板块,包括黑色金属、有色金属、能源化工、机电设备等,从销售金额、销售数量等维度展开分析,同时通过同期对比展现各板块业务的运营情况,便于领导层根据市场趋势及时调整板块的运营策略,以保证各项指标的完成。如图 15-13 所示,分析各板块的销售收入和同年数据对比,特别关注黑色金属和有色金属板块的销售数量以及核心板块的销售情况。

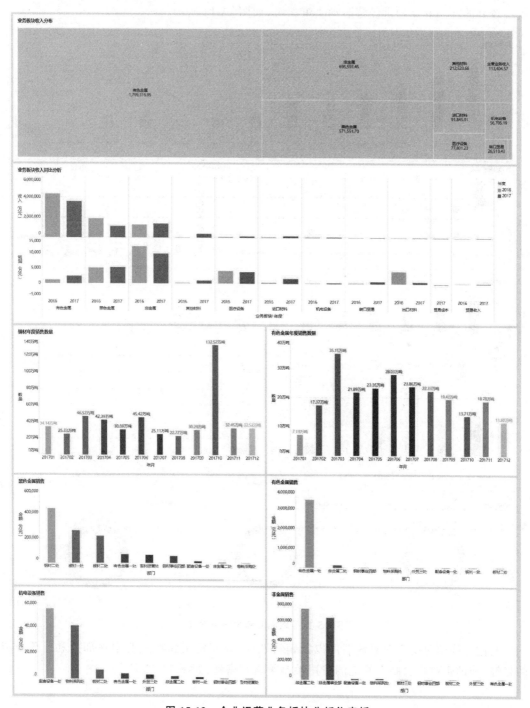

图 15-13　企业运营业务板块分析仪表板

2. 经营绩效类数据分析

关注各个部门、物资的销售与利润情况,分析产品的贡献率,以及部门的资金周转率、成本费用等,利用分析结果来辅助开展营运决策和管理决策。通过柱状图分析贡献率,筛选出效益较好的部门和品种供经营活动决策参考,如图 15-14 所示。

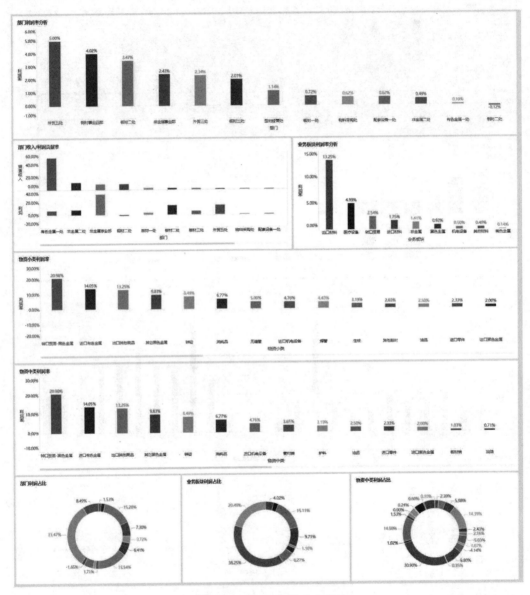

图 15-14 利润率和贡献率分析

通过折线图分析企业总体费用以及销售费用、仓储费用和物流费用在部门和月份维度的趋势,辅助企业高层制定相应的费用控制策略和措施,如图 15-15 所示。

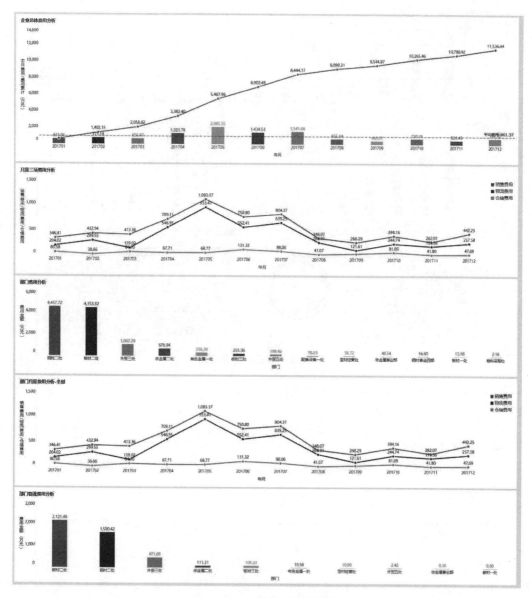

图 15-15　企业经营费用分析

3. 风险控制类数据分析

通过对资金、库存、价格等可能存在风险的因素进行分析,得出一些预测性的结论,从而有效地规避一些企业运营中的风险。可以通过分析应收账款和应付账款的金额,分析企业在资金上存在的风险。通过分析库存的成本和现值,以及库存数量,分析库存风险,反映目前各个物资的库存分布数量,如图 15-16 所示。还可以通过分析近期重点物资的价格变化趋势来预判未来的价格走势,调整各物资的库存和销售情况,从而规避可能存在的风险,如图 15-17 所示。

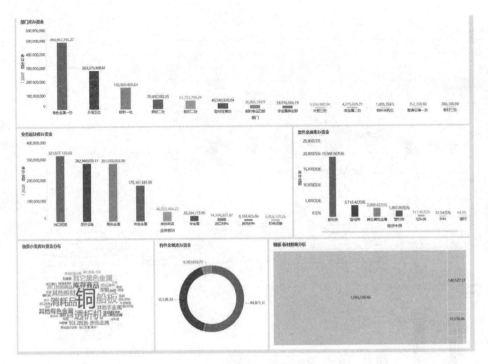

图 15-16　物资库存分析图

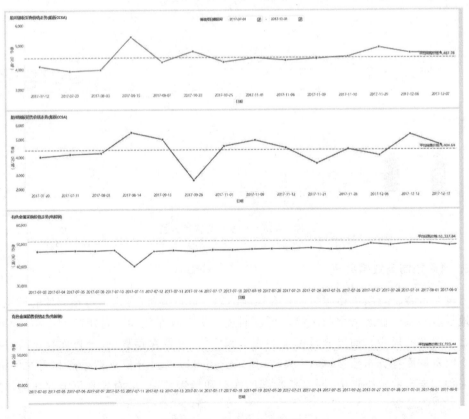

图 15-17　物资价格分析图

即测即练

思考题

1. 开展物流企业运营状态监控有哪些值得参考的数据分析模型?

2. 开展企业运营状态监控对企业而言有什么必要性?

3. 与传统 BI 软件相比,利用 FineBI 等自助分析工具实现数据可视化分析有什么优点和缺点?

参 考 文 献

[1] DERVIN B. Sense-making theory and practice: an overview of user interests in knowledge seeking and use [J]. Journal of knowledge management,1998,2(2): 36-46.

[2] DERVIN B. On studying information seeking methodologically: the implications of connecting metatheory to method [J]. Information processing & management,1999,35(6): 727-750.

[3] PIAGET J. Intellectual evolution from adolescence to adulthood [J]. Human development, 2008, 51(1): 40-47.

[4] PIROLLI P,CARD S. Information foraging in information access environments[C]//Proceedings of the SIGCHI Conference on Human Factors in Computing Systems. New York: 1995.

[5] PIROLLI P,CARD S. The sensemaking process and leverage points for analyst technology as identified through cognitive task analysis[C]//Proceedings of International Conference on Intelligence Analysis. McLean,VA: MITRE,2005.

[6] CARD S K,PIROLLI P, VAN DER WEGE M,et al. Information scent as a driver of web behavior graphs: results of a protocol analysis method for web usability[C]//Proceedings of the SIGCHI Conference on Human Factors in Computing Systems. Seattle,Washington: ACM,2001.

[7] SUNDAR S S,KNOBLOCH-WESTERWICK S,HASTALL M R. News cues: information scent and cognitive heuristics [J]. Journal of the American Society for Information Science and Technology, 2007,58(3): 366-378.

[8] HOLLAN J,HUTCHINS E,KIRSH D. Distributed cognition: toward a new foundation for human-computer interaction research [J]. ACM transactions on computer-human interaction,2000,7(2): 174-196.

[9] KIRSH D,MAGLIO P. On distinguishing epistemic from pragmatic action [J]. Cognitive science, 1994,18(4): 513-549.

[10] LIU Z, NERSESSIAN N, STASKO J. Distributed cognition as a theoretical framework for information visualization [J]. IEEE transactions on visualization and computer graphics,2008,14(6): 1173-1180.

[11] GREEN T M,RIBARSKY W, FISHER B. Visual analytics for complex concepts using a human cognition model[C]//Proceedings of the 2008 IEEE Symposium on Visual Analytics Science and Technology. Columbus,OH: IEEE,2008.

[12] HABER R B,MCNABB D A. Visualization idioms: a conceptual model for scientific visualization systems [J]. Visualization in scientific computing,1990,74: 93.

[13] CARD M. Readings in information visualization: using vision to think [M]. San Francisco,CA: Morgan Kaufmann,1999.

[14] MUNZNER T. A nested model for visualization design and validation [J]. IEEE transactions on visualization and computer graphics,2009,15(6): 921-928.

[15] MCGUFFIN M J, BALAKRISHNAN R. Interactive visualization of genealogical graphs [C]// Proceedings of the 2005 IEEE Symposium on Information Visualization, INFOVIS 2005, Minneapolis,MN: IEEE,2005.

[16] KEIM D,ANDRIENKO G,FEKETE J D,et al. Visual analytics: definition,process,and challenges [M]//KERREN A,STASKO J T,FEKETE J D,et al. Information visualization: human-centered issues and perspectives. Berlin: Springer,2008: 154-175.

[17] ANDRIENKO N,LAMMARSCH T, ANDRIENKO G, et al. Viewing visual analytics as model building [J]. Computer graphics forum,2018,37(6): 275-299.

[18] 藤井直弥,大山啓介.Excel 最强教科书〔M〕.北京:中国青年出版社,2019.

[19] 米洛瓦诺维奇,富雷斯,韦蒂格利.Python 数据可视化编程实战〔M〕.北京:人民邮电出版社,2015.

[20] CHAMBERLIN D D,BOYCE R F. SEQUEL:a structured english query language〔C〕//Proceedings of the 1974 ACM SIGFIDET(now SIGMOD) Workshop on Data Description,Access and Control. New York:ACM,1974.

[21] 陈为,沈则潜,陶煜波.数据可视化〔M〕.北京:电子工业出版社,2019.

[22] WARD M O,GRINSTEIN G,KEIM D. Interactive data visualization:foundations,techniques,and applications〔M〕.New York:AK Peters/CRC Press,2010.

[23] SALTON G,WONG A,YANG C S. A vector space model for automatic indexing〔J〕. Communications of the ACM,1975,18(11):613-620.

[24] DEERWESTER S,DUMAIS S T,FURNAS G W,et al. Indexing by latent semantic analysis〔J〕. Journal of the American Society for Information Science,1990,41(6):391-407.

[25] CHUANG J,RAMAGE D,MANNING C,et al. Interpretation and trust:designing model-driven visualizations for text analysis〔C〕//Proceedings of the SIGCHI Conference on Human Factors in Computing Systems. Austin,Texas:Association for Computing Machinery,2012.

[26] 包琛,汪云海.词云可视化综述〔J〕.计算机辅助设计与图形学学报,2021,33(4):532-544.

[27] LIU S,ZHOU M X,PAN S,et al. TIARA:interactive,topic-based visual text summarization and analysis〔J〕. ACM transactions on intelligent systems and technology,2012,3(2):1-28.

[28] LEE B,RICHE N H,KARLSON A K,et al. SparkClouds:visualizing trends in tag clouds〔J〕. IEEE transactions on visualization and computer graphics,2010,16(6):1182-1189.

[29] 王知津.信息存储与检索〔M〕.北京:机械工业出版社,2009.

[30] 尚翔,杨尊琦.数据可视化原理与应用〔M〕.北京:科学出版社,2021.

[31] WATTENBERG M. Arc diagrams:visualizing structure in strings〔C〕//Proceedings of the IEEE Symposium on Information Visualization,2002,INFOVIS 2002,Boston,MA:IEEE,2002.

[32] BERGSTROM T,KARAHALIOS K,HART J C. Isochords:visualizing structure in music〔C〕// Proceedings of Graphics Interface 2007. Montreal:Association for Computing Machinery,2007.

[33] NGUYEN G P,WORRING M. Interactive access to large image collections using similarity-based visualization〔J〕. Journal of visual languages & computing,2008,19(2):203-224.

[34] KIM G,XING E P. Reconstructing storyline graphs for image recommendation from web community photos〔C〕//Proceedings of the IEEE Conference on Computer Vision and Pattern Recognition,2014.

[35] DANIEL G,CHEN M. Video visualization〔C〕//Proceedings of IEEE Visualization. Washington,DC: IEEE Computer Society,2003.

[36] PLESS R. Image spaces and video trajectories:using isomap to explore video sequences〔C〕// Proceedings of the Ninth IEEE International Conference on Computer Vision,2003.

[37] PIRINGER H,BUCHETICS M,BENEDIK R. Alvis:situation awareness in the surveillance of road tunnels〔C〕//Proceedings of the 2012 IEEE Conference on Visual Analytics Science and Technology (VAST). Seattle,WA:IEEE,2012.

[38] BREHMER M,LEE B,BACH B,et al. Timelines revisited:a design space and considerations for expressive storytelling〔J〕. IEEE transactions on visualization and computer graphics,2016,23(9): 2151-2164.

[39] HAROZ S,KOSARA R,FRANCONERI S L. The connected scatterplot for presenting paired time series〔J〕. IEEE transactions on visualization and computer graphics,2015,22(9):2174-2186.

[40] AIGNER W,MIKSCH S,MÜLLER W,et al. Visual methods for analyzing time-oriented data〔J〕. IEEE transactions on visualization and computer graphics,2007,14(1):47-60.

[41] SHEN Z Q,MA K L. MobiVis:a visualization system for exploring mobile data〔C〕//2008 IEEE

Pacific Visualization Symposium. New York：IEEE,2008.

[42] AL-DOHUKI S,WU Y,KAMW F,et al. Semantictraj：a new approach to interacting with massive taxi trajectories [J]. IEEE transactions on visualization and computer graphics,2016,23(1)：11-20.

[43] RAJARAMAN A,ULLMAN J D. Mining of massive datasets ［M］. Cambridge：Cambridge University Press,2011.

[44] AGGARWAL C C. Data streams：models and algorithms [M]. Berlin：Springer,2007.

[45] DATAR M,GIONIS A,INDYK P,et al. Maintaining stream statistics over sliding windows[J]. SIAM journal on computing,2002,31(6)：1794-1813.

[46] COHEN E,STRAUSS M. Maintaining time-decaying stream aggregates[C]//Proceedings of the Twenty-Second ACM SIGMOD-SIGACT-SIGART Symposium on Principles of Database Systems. San Diego,California：Association for Computing Machinery,2003.

[47] HOCHHEISER H,SHNEIDERMAN B. Dynamic query tools for time series data sets：timebox widgets for interactive exploration [J]. Information visualization,2004,3(1)：1-18.

[48] MCLACHLAN P,MUNZNER T,KOUTSOFIOS E,et al. LiveRAC：interactive visual exploration of system management time-series data[C]//Proceedings of the SIGCHI Conference on Human Factors in Computing Systems. Florence,Italy,2008.

[49] STATHOPOULOS T,WU H,ZACHARIAS J. Outdoor human comfort in an urban climate [J]. Building and environment,2004,39(3)：297-305.

[50] 谭松. 从新三大造船指标看中日韩造船发展态势 [J]. 船舶物资与市场,2017,6：19-23.

[51] 柯王俊. 我国船舶工业国际竞争力评价和竞争风险研究 [D]. 哈尔滨：哈尔滨工程大学,2006.

[52] 郗金波,谢新,韩涛,等. 中韩造船业国际竞争力对标分析 [J]. 造船技术,2021,49(4)：51-54,61.

[53] 张怀富. 造船企业竞争力评价指数及实证研究 [D]. 镇江：江苏科技大学,2019.

[54] AGRAWAL R,SRIKANT R. Fast algorithms for mining association rules[C]//Proceedings of the 20th International Conference on Very Large Data Bases,Santiago,1994.

[55] 唐中君,崔骏夫,唐孝文,等. 融合内容分析和关联分析的短生命周期体验品需求特征模式挖掘方法研究 [J]. 中国管理科学,2019,27(11)：166-175.

[56] AGRAWAL R,IMIELINSKI T,SWAMI A. Mining association rules between sets of items in large databases[C]//Proceedings of the 1993 ACM SIGMOD International Conference on Management of Data. Washington：ACM Press,1993.

[57] ABRAHAMSON E,ROSENKOPF L. Social network effects on the extent of innovation diffusion：a computer simulation [J]. Organization science,1997,8(3)：289-309.

教师服务

感谢您选用清华大学出版社的教材！为了更好地服务教学，我们为授课教师提供本书的教学辅助资源，以及本学科重点教材信息。请您扫码获取。

≫ 教辅获取

本书教辅资源，授课教师扫码获取

≫ 样书赠送

管理科学与工程类重点教材，教师扫码获取样书

 清华大学出版社

E-mail: tupfuwu@163.com
电话：010-83470332 / 83470142
地址：北京市海淀区双清路学研大厦 B 座 509

网址：http://www.tup.com.cn/
传真：8610-83470107
邮编：100084